应用型本科院校人才培养实验系列教材

高等学校"十三五"规划教材

仪器分析实验

刘雪静 主 编
吴鸿伟 闫春燕 黄 刚 副主编

化学工业出版社
·北京·

《仪器分析实验》共十八章，每章包括仪器基本原理、仪器组成与结构、实验部分和知识拓展等内容。每类分析仪器分别安排了有代表性的实验，每个实验反映了该类仪器的重要功能或重要应用，在实验内容方面，既保留了成熟的典型实验，又增加了国家标准和环境监测中涉及的实验，具有较强的实用性。结合实际应用要求，在知识拓展中介绍了各种仪器分析方法的发展历程、仪器的维护及配件的选择、实验方法的选择等内容。全书共47个基本实验、3个设计性实验，通过基本实验到设计性实验两个层次的实验，培养学生的动手及创新能力。

《仪器分析实验》可作为化学、化工、材料、环境科学、生命科学、食品、农业等专业的教材，也可供相关人员参考使用。

图书在版编目（CIP）数据

仪器分析实验/刘雪静主编．—北京：化学工业出版社，2019.9（2024.8重印）
高等学校"十三五"规划教材
ISBN 978-7-122-34598-1

Ⅰ.①仪⋯　Ⅱ.①刘⋯　Ⅲ.①仪器分析-实验-高等学校-教材　Ⅳ.①O657-33

中国版本图书馆 CIP 数据核字（2019）第 104526 号

责任编辑：李　琰　　　　　　　　　　　　装帧设计：刘丽华
责任校对：边　涛

出版发行：化学工业出版社（北京市东城区青年湖南街13号　邮政编码100011）
印　　装：北京七彩京通数码快印有限公司
787mm×1092mm　1/16　印张18　字数451千字　2024年8月北京第1版第3次印刷

购书咨询：010-64518888　　　　　售后服务：010-64518899
网　　址：http://www.cip.com.cn
凡购买本书，如有缺损质量问题，本社销售中心负责调换。

定　价：39.80元　　　　　　　　　　　　　　　　　版权所有　违者必究

《应用型本科院校人才培养实验系列教材》
编委会

主　　任：李丽清
副 主 任：刘雪静　徐　伟　刘春丽
委　　员：周峰岩　任崇桂　黄　薇　伊文涛
　　　　　鞠彩霞　王　峰　王　文　赵玉亮

《仪器分析实验》编写组

主　　编：刘雪静
副 主 编：吴鸿伟　闫春燕　黄　刚
编　　者：刘雪静　吴鸿伟　闫春燕　黄　刚
　　　　　伊文涛　闫　鹏　董运勤　裘　娜

前言

仪器分析实验课程是化学、化工、材料、环境科学、生命科学、食品、农业等多个专业领域的基础实验课程之一，是仪器分析课程的重要组成部分。该课程不仅培养学生的基本技能、实践能力、科学素养，而且可以增强学生的创新能力。加强仪器分析实验教学对于全面提高学生素质非常重要，仪器分析实验教材则是实验教学质量的重要保障。

《仪器分析实验》根据普通高等应用型本科院校教学要求，以及化工产品质量保证的需要，在总结多年教学实践经验的基础上编写而成。

《仪器分析实验》在内容上，力求既结合实际，又面向未来，更加突出实验方法"实用、适用、简便和先进性"的特点；分析对象选取了水体、食品、药品、土壤、煤等，兼顾各个专业的特点和需要；通过仪器分析实验，使学生加深对仪器分析基本原理的理解，掌握常见分析仪器的基本构造、使用方法及其在分析测试中的应用；让学生学会正确地使用分析仪器，合理地选择实验条件，正确处理数据和表达实验结果；培养学生严谨求实的科学态度和独立创新的能力。

《仪器分析实验》共十八章，每一章包括基本原理、仪器组成与结构、实验部分和知识拓展等内容。实验部分包括基本实验47个，设计性实验3个。每类分析仪器分别安排了有代表性的实验，每个实验反映了该类仪器的重要功能或重要应用，在教学项目中，既保留了成熟的典型实验，又增加了国家标准和环境监测中涉及的实验，具有较强的实用性。结合实际应用要求，在知识拓展中介绍了各种仪器分析方法的发展历程、仪器的维护及配件的选择、实验方法的选择等内容，力求反映理工科特色，努力联系工程、社会和生活实际，实现基础与前沿、经典与现代的有机结合，培养学生从事科学研究的能力和综合实践能力。

《仪器分析实验》由枣庄学院化学化工与材料科学学院与枣庄市环境监测站专业技术人员共同编写。刘雪静任主编，吴鸿伟、闫春燕、黄刚任副主编，另外，伊文涛、闫鹏、董运勤、裴娜等教师参与了部分仪器分析实验内容的编写，在此深表谢意。

由于编者水平有限，书中的不当和疏漏之处在所难免，诚恳地希望读者批评指正。

编者
2019年5月

目 录

第一章 紫外-可见分光光度分析法 ———— 1
- 一、基本原理 ———— 1
- 二、仪器组成与结构 ———— 2
  - 1. 基本部件 ———— 2
  - 2. 紫外-可见分光光度计的种类 ———— 3
- 三、实验部分 ———— 5
  - 实验一 邻二氮菲分光光度法测定铁的条件选择及含量测定 ———— 5
  - 实验二 分光光度法测定食品中亚硝酸盐含量 ———— 8
  - 实验三 分光光度法同时测定维生素C和维生素E ———— 11
  - 实验四 有机化合物的紫外吸收光谱及溶剂效应 ———— 13
  - 实验五 紫外分光光度法对未知药品的定性鉴别与含量测定 ———— 16
- 四、知识拓展 ———— 16
  - 1. 紫外-可见分光光度计稳定性测试 ———— 17
  - 2. 仪器校正检定 ———— 17
  - 3. 紫外-可见分光光度法的应用 ———— 19
- 参考文献 ———— 24

第二章 分子荧光分析法 ———— 25
- 一、基本原理 ———— 25
  - 1. 荧光光谱的产生 ———— 25
  - 2. 激发光谱曲线和荧光光谱曲线 ———— 26
  - 3. 荧光强度与荧光物质浓度的关系 ———— 26
- 二、仪器组成与结构 ———— 27
  - 1. 激发光源 ———— 27
  - 2. 单色器 ———— 27
  - 3. 样品池 ———— 28
  - 4. 检测器 ———— 28
  - 5. 读出装置 ———— 28
- 三、实验部分 ———— 28
  - 实验一 分子荧光法测定奎宁的含量 ———— 28
  - 实验二 荧光法测定药物中乙酰水杨酸和水杨酸 ———— 30
- 四、知识拓展 ———— 32

  1. 荧光分析法的发展历程 32
  2. 荧光分析法的应用 32
  3. 荧光定量分析方法 33
  4. RF-5301 型荧光仪操作说明 34
 参考文献 35

第三章 红外光谱分析 36

 一、基本原理 36
 二、仪器组成与结构 37
  1. 光源 37
  2. 干涉仪（光谱仪的"心脏"） 38
  3. 检测器 38
  4. 计算机及记录系统 38
 三、实验部分 39
  实验一　2-萘酚红外光谱的测定及解析 39
  实验二　正己醇-环己烷溶液中正己醇含量的测定 41
 四、知识拓展 42
 参考文献 42

第四章 原子发射光谱法 43

 一、基本原理 43
 二、仪器组成与结构 44
  1. 激发光源 44
  2. 光谱仪 46
  3. 光谱定性分析 47
 三、实验部分 48
  实验一　电感耦合高频等离子发射光谱法测定人发中微量铜、铅、锌 48
  实验二　原子发射光谱法测定溶液中的银和铬的含量 50
  实验三　微波消解-等离子体原子发射光谱法测定小麦中铅、铝元素含量 51
  实验四　土壤典型重金属的环境活性评价 52
 四、知识拓展 55
  1. 我国原子发射光谱的发展历程 55
  2. Optima ICP 光谱仪操作规程 56
 参考文献 58

第五章 原子吸收光谱法 59

 一、基本原理 59
 二、仪器组成与结构 60

         1. 光源系统 ··· 61
         2. 原子化系统 ·· 61
    三、实验部分 ··· 64
         实验一　原子吸收光谱法测定自来水中钙、镁的含量 ········· 64
         实验二　火焰原子吸收光谱法测定人发中的微量锌 ············ 67
         实验三　原子吸收标准加入法测定黄酒中铜含量 ·············· 69
         实验四　石墨炉原子吸收光谱法测定水中铅的含量 ··········· 71
         实验五　茶叶中重金属含量的测定 ···································· 74
    四、知识拓展 ··· 74
         1. 原子吸收光谱分析中的分析条件选择 ··························· 74
         2. 原子吸收光谱分析方法介绍 ··· 78
         3. 原子吸收分光光度计日常维护 ······································ 79
         4. 原子吸收光谱分析的应用 ··· 80
    参考文献 ··· 81

第六章　电位分析法 ·· 82

    一、基本原理 ··· 82
         1. 电极 ··· 83
         2. 分析方法 ·· 84
    二、仪器组成与结构 ··· 86
         1. 直接电位法常用仪器 ·· 86
         2. 电位滴定法常用仪器 ·· 87
    三、实验部分 ··· 87
         实验一　直接电位法测定水溶液 pH 值 ····························· 87
         实验二　电位滴定法测定工业废水氯化物含量 ·················· 89
         实验三　牙膏中可溶性氟及游离氟的测定 ························ 91
         实验四　可乐型饮料中总酸的测定 ···································· 94
    四、知识拓展 ··· 95
    附一　pHS-3C 型酸度计的使用 ··· 97
    附二　ZD-2 型自动电位滴定仪的使用 ·· 101
    参考文献 ·· 102

第七章　伏安分析法 ·· 103

    一、基本原理 ·· 103
         1. 循环伏安法 ··· 104
         2. 溶出伏安法 ··· 105
    二、仪器组成与结构 ·· 106
    三、实验部分 ·· 107
         实验一　循环伏安法测定电极反应参数 ·························· 107

实验二　阳极溶出伏安法测定工业废水中铅、镉含量 ……………………… 109
　　实验三　库仑滴定法测定砷 ……………………………………………………… 111
　　实验四　微分脉冲伏安法测定维生素C ……………………………………… 113
四、知识拓展 ……………………………………………………………………………… 114
附　CHI电化学工作站操作规程 ……………………………………………………… 116
参考文献 ………………………………………………………………………………… 120

第八章　气相色谱分析 ……………………………………………………………… 121

一、基本原理 ……………………………………………………………………………… 121
二、仪器组成与结构 ……………………………………………………………………… 122
　　1. 气路系统 ………………………………………………………………………… 122
　　2. 进样系统 ………………………………………………………………………… 123
　　3. 分离系统（色谱柱）……………………………………………………………… 123
　　4. 检测系统 ………………………………………………………………………… 123
　　5. 温控系统 ………………………………………………………………………… 124
三、实验部分 ……………………………………………………………………………… 124
　　实验一　气相色谱气路系统的连接、检漏及载气流速的测量与校正 …… 124
　　实验二　归一化法测定苯、甲苯、乙酸乙酯混合样品 ……………………… 127
　　实验三　药物中残留有机溶剂的气相色谱分析——
　　　　　　内标法测定乙酸正丁酯中的杂质含量 ……………………………… 129
　　实验四　气相色谱法测定涂料中苯、甲苯、二甲苯 ………………………… 132
　　实验五　蔬菜中有机磷农药残留量的气相色谱分析
　　　　　　（GB/T 5009.20—2003食品中有机磷农药残留量的测定）……… 135
四、知识扩展 ……………………………………………………………………………… 137
　　1. 气相色谱中钢瓶的使用 ………………………………………………………… 137
　　2. 气相色谱分析方法的建立步骤 ………………………………………………… 141
　　3. 气相色谱柱的选择 ……………………………………………………………… 143
参考文献 ………………………………………………………………………………… 143

第九章　高效液相色谱分析 ………………………………………………………… 145

一、基本原理 ……………………………………………………………………………… 145
二、仪器组成与结构 ……………………………………………………………………… 146
　　1. 高压输液系统 …………………………………………………………………… 147
　　2. 进样系统 ………………………………………………………………………… 147
　　3. 色谱柱 …………………………………………………………………………… 147
　　4. 检测器 …………………………………………………………………………… 148
　　5. 数据处理系统 …………………………………………………………………… 148
三、实验部分 ……………………………………………………………………………… 148
　　实验一　高效液相色谱柱效能的测定 ………………………………………… 148

  实验二 高效液相色谱法定量测定萘和硝基苯 ······ 151
  实验三 高效液相色谱法测定阿司匹林有效成分 ······ 153
  实验四 维生素 E 胶囊中 α-维生素含量的正相 HPLC 分析 ······ 156
  实验五 反相高效液相色谱法测定 VE 胶囊中 α-VE 的含量 ······ 158
 四、知识扩展 ······ 160
  1. 高效液相色谱法发展 ······ 160
  2. 高效液相色谱仪操作注意事项 ······ 161
  3. 高效液相色谱紫外检测器检测波长的选择 ······ 162
  4. 选择高效液相色谱柱的方法 ······ 162
参考文献 ······ 163

第十章 离子色谱分析 ······ 164

 一、基本原理 ······ 164
 二、仪器组成与结构 ······ 164
  1. 淋洗液系统 ······ 165
  2. 色谱泵系统 ······ 165
  3. 进样系统 ······ 166
  4. 流路系统 ······ 166
  5. 分离系统 ······ 166
  6. 化学抑制系统 ······ 166
  7. 检测系统 ······ 167
  8. 数据处理系统 ······ 167
 三、实验部分 ······ 167
  实验一 降水中阳离子（Na^+、NH_4^+、K^+、Mg^{2+}、Ca^{2+}）的离子色谱法测定 ······ 167
  实验二 降水中有机酸（乙酸、甲酸和草酸）的测定 ······ 171
  实验三 微波消解-离子色谱法测定茶叶中痕量氟、氯离子的含量 ······ 174
 四、知识拓展 ······ 176
  1. 离子色谱发展史 ······ 176
  2. 离子色谱的特点及应用 ······ 177
参考文献 ······ 177

第十一章 气相色谱-质谱联用技术 ······ 178

 一、基本原理 ······ 178
 二、仪器组成与结构 ······ 179
 三、实验部分 ······ 181
  实验一 苯类衍生物的混合物分离及鉴定 ······ 181
  实验二 饮料中邻苯二甲酸酯的定量测定 ······ 182
 四、知识拓展 ······ 184
参考文献 ······ 185

第十二章　液相色谱-质谱联用技术　186

一、基本原理　186
二、仪器组成与结构　187
三、实验部分　189
　　实验一　药品中非法添加布洛芬的检测　189
　　实验二　食品中苯甲酸、山梨酸等防腐剂的检测　190
四、知识拓展　192
参考文献　194

第十三章　扫描电子显微镜　195

一、基本原理　195
二、仪器组成与结构　196
　　1. 电子光学系统　196
　　2. 信号探测处理和显示系统　197
　　3. 真空系统　198
三、实验部分　198
　　实验　Ag_3PO_4 粉末样品的形貌测定　198
四、知识拓展　201
　　1. 扫描电子显微镜的主要性能参数　202
　　2. 扫描电子显微镜的应用　202
参考文献　204

第十四章　X 射线衍射分析法　205

一、基本原理　205
　　1. XRD 基本理论基础　205
　　2. 晶体结构　207
　　3. X 射线衍射分析　208
二、仪器组成与结构　209
三、实验部分　210
　　实验　TiO_2 粉末 X 射线衍射分析　210
四、知识拓展　212
　　1. XRD 测定对样品要求　213
　　2. X 射线衍射的应用　213
参考文献　215

第十五章　热重分析 ... 216

一、基本原理 ... 216
二、仪器组成与结构 ... 217
三、实验部分 ... 219
　　实验　$CuSO_4 \cdot 5H_2O$ 脱水的热重分析 ... 219
四、知识拓展 ... 221
　　1. 热重分析仪的常见故障和解决方法 ... 221
　　2. 影响热分析结果准确度的因素 ... 222
　　3. 应用 ... 223
参考文献 ... 224

第十六章　激光粒度分析法 ... 225

一、基本原理 ... 225
二、仪器组成与结构 ... 226
三、实验部分 ... 227
　　实验　纳米粉体的粒度分析 ... 227
四、知识拓展 ... 229
　　1. 表示粒度特性的关键指标 ... 229
　　2. 应用 ... 230
参考文献 ... 230

第十七章　元素分析 ... 231

一、基本原理 ... 231
二、仪器组成与结构 ... 231
三、实验部分 ... 233
　　实验一　对氨基苯磺酸中各元素的定量测定 ... 233
　　实验二　煤样中碳氢氮硫元素的定量测定 ... 236
四、知识拓展 ... 239
参考文献 ... 240

第十八章　核磁共振波谱分析 ... 241

一、基本原理 ... 241
二、仪器组成与结构 ... 242
三、实验部分 ... 242
　　实验　对甲氧基苯甲醛核磁共振氢谱的测定及谱峰归属 ... 242
四、知识拓展 ... 244
参考文献 ... 246

附录

附录一	实验室常用酸、碱的浓度	247
附录二	一些溶剂与水形成的二元共沸物	247
附录三	常见的各种有机溶剂的极性、黏度、沸点	248
附录四	常用溶剂的极限波长	249
附录五	典型发色团的最大吸收	250
附录六	典型有机物的特征吸收带	250
附录七	缓冲溶液的pH值与温度关系	250
附录八	金属-无机配位体配合物的稳定常数	251
附录九	金属-有机配位体配合物的稳定常数	256
附录十	官能团红外特征吸收峰	262
附录十一	元素常用光谱特征线	266
附录十二	25℃下水溶液中的条件电势（V，相当于NHE）	268
附录十三	常用参比电极在水溶液中的电极电位	269
附录十四	一些无机去极剂的极谱半波电位	269
附录十五	标准电极电位（25℃）	270
附录十六	不同温度时水的饱和蒸气压	274
附录十七	氢谱中常见溶剂在不同氘代溶剂中的化学位移值	274
附录十八	碳谱中常见溶剂在不同氘代溶剂中的化学位移值	275

第一章
紫外-可见分光光度分析法

紫外-可见分光光度分析法（ultraviolet and visible spectrophotometry，UV-Vis）是基于溶液中物质分子或离子对紫外光（波长在 200～400nm）或可见光（波长在 400～780nm）的吸收现象来研究物质的组成和结构的方法，又称紫外-可见吸收光谱法（ultraviolet and visible absorption spectrometry）。

紫外-可见分光光度分析法是仪器分析中应用最为广泛的分析方法之一，它具有如下特点。

① 灵敏度高。常用于测定试样中 0.001%～1% 的微量成分，甚至可测定低至 10^{-7}～10^{-6} 的痕量成分。

② 准确度较高。测定的相对误差为 2%～5%，采用精密的分光光度计测量，相对误差可减少至 1%～2%。

③ 适用范围广。几乎所有的无机离子和许多有机化合物都可以直接或间接地用分光光度分析法测定。

④ 操作简便、快速。

一、基本原理

当一束光照射到某物质的溶液上时，一部分光会被吸收或被反射。物质对光的吸收是选择性的，利用被测物质对某波长光的吸收来了解物质的特性，这就是光谱法的基础。通过测定被测物质对不同波长光的吸收强度（吸光度），以波长（λ）为横坐标，以吸光度（A）为纵坐标作图，可得该物质在测定波长范围的吸收曲线。

具有不同分子结构的物质，在紫外-可见光区内，有其特异的吸收光谱，即吸收曲线的形状和物质的特性有关，故可作为物质定性的依据。根据物质吸收曲线的特性，选择适宜的波长（λ_{max}）测量其吸光度，则可对物质进行定量分析。

紫外-可见分光光度分析法定量分析的基础是朗伯-比尔（Lambert-Beer）定律。即当一束平行单色光通过含有吸光物质的稀溶液时，溶液的吸光度与吸光物质浓度、液层厚度乘积成正比。它的数学表达式为：

$$A = Kbc \tag{1-1}$$

式中 A——吸光度；

K——吸光系数，常用摩尔吸光系数 ε 表示；

b——液层厚度，cm；

c——被测物质的浓度，常用物质的量浓度表示。

吸光系数（吸收系数）仅与入射光波长、被测物质性质、所用试剂和温度等因素有关，在一定条件下是被测物质的特征性常数。

在紫外-可见分光光度分析法测定中，通常都是将液层厚度固定，根据吸光度的大小来确定物质的浓度的高低，即吸光度（A）与溶液浓度（c）成正比。

二、仪器组成与结构

1. 基本部件

紫外-可见分光光度计主要由光源、单色器、吸收池、检测器和信号显示器组成，如图1-1 所示。

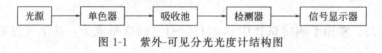

图1-1　紫外-可见分光光度计结构图

(1) 光源

光源的功能是提供足够强度的、稳定的连续光谱。理想光源要求其能够提供足够的辐射强度、良好的稳定性、较长的使用寿命，且辐射能量随波长变化小。

紫外-可见分光光度计同时具有可见和紫外两种光源。常用的光源有热辐射光源和气体放电光源两类。利用固体灯丝材料高温放热产生的辐射作为光源的是热辐射光源，它用于可见光区。最常用的热辐射光源是钨灯和卤钨灯，波长范围是320～2500nm。一般来说，卤钨灯的使用寿命及发光效率高于钨灯。

气体放电光源是指在低压直流电条件下，氢气或氘气放电所产生的连续辐射。氢灯和氘灯是紫外区的常用光源，波长范围是180～370nm。氘灯是紫外光区应用最广泛的一种光源，其光谱分布与氢灯类似，但光强度比相同功率的氢灯要大3～5倍。

为获得稳定的具有一定强度的光源，仪器上还配有稳压电源和稳流电源设备。通常光源在使用前需预热。

(2) 单色器

单色器是从光源辐射的复合光中分出单色光的装置，其主要功能是产生光谱纯度高且波长在紫外可见区域内任意可调的单色光。单色器主要组成部分有：①入射狭缝；②准直透镜，它使入射光束变为平行光束；③色散元件，它使不同波长的入射光色散，起分光作用；④聚焦透镜，它使不同波长的光聚焦在焦面的不同位置；⑤出射狭缝，作用是输出测定所需的某一波长的单色光。其核心部分是色散元件。单色器的性能直接影响入射光的单色性，从而也影响到测定的灵敏度、选择性及校准曲线的线性关系等。单色器质量的优劣，主要取决于色散元件的质量。

色散元件有棱镜和光栅两种类型。棱镜常用的材料有玻璃和石英。它们的色散原理是不同波长的光，通过棱镜时有不同的折射率从而将不同波长的光分开。由于玻璃可吸收紫外光，所以玻璃棱镜只能用于可见光区域内。玻璃棱镜的色散率随波长变化，得到的光谱呈非均匀排列，且传递光的效率较低。石英棱镜适用的波长范围较宽，为185～4000nm，即可用于紫外、可见和近红外三个光域。

光栅是利用光的衍射与干涉原理制成的。它可用于紫外、可见及近红外光域，而且在整个波长区具有良好的、均匀一致的分辨能力。它具有色散波长范围宽、分辨本领高、成本低、便于保存和易于制备等优点。缺点是各级光谱会重叠而产生干扰。与棱镜相比，光栅在固定狭缝宽度后，所获的单色光都具有同样宽的谱带，并且受温度影响较小，使波长具有较高的精确度。因此，现在紫外-可见分光光度计多采用光栅作为色散元件。

(3) 吸收池

吸收池（比色皿）是用于盛放溶液并提供一定吸光厚度的器皿。它由透明的光学玻璃或石英材料制成。玻璃吸收池只能用于可见光区，而石英吸收池在紫外和可见光区均可使用。为减少光的反射损失，吸收池的光学面必须完全垂直于光束方向。

吸收池的种类很多，其光径可在0.1～10cm，其中以1cm光径吸收池最为常用。若试样使用易挥发的溶剂配制，测量时为避免溶剂挥发而改变试液浓度，应加盖。

(4) 检测器

检测器是通过光电效应，将透过样品池照射到检测器上的光信号转变成电信号的一种装置，其输出的电信号的大小与透过光的强度成正比。对检测器的要求是：在测定的光谱范围内具有高灵敏度；对辐射能量的响应时间短，线性关系好；对不同波长的辐射响应均相同，且可靠；噪音低，稳定性好等。

常用的检测器有光电池、光电管和光电倍增管等。硒光电池对光的敏感范围为300～800nm，其中又以500～600nm最为灵敏。这种光电池的特点是能产生可直接推动微安表或检流计的光电流，但由于容易出现疲劳效应而只能用于低档的分光光度计中。

光电管在紫外-可见分光光度计上应用较为广泛。它的结构是以一弯成半圆柱形的金属片为阴极，阴极的内表面涂有光敏层，在圆柱形的中心置一金属丝为阳极，接收阴极释放出的电子。两电极密封于玻璃或石英管内并抽成真空。阴极上光敏材料不同，光谱的灵敏区也不同。可分为蓝敏和红敏两种光电管，前者是在镍阴极表面上沉积锑和铯，可用波长范围为210～625nm；后者是在阴极表面上沉积了银和氧化铯，可用波长范围为625～1000nm。与光电池比较，它有灵敏度高、光敏范围宽、不易疲劳等优点。

光电倍增管是检测微弱光最常用的光电元件，它的灵敏度比一般的光电管要高200倍，而且不易疲劳，因此可使用较窄的单色器狭缝，从而对光谱的精细结构有较好的分辨能力。

现在使用的分光光度计大多采用光电管或光电倍增管作为检测器。

(5) 信号显示器

它的作用是放大信号并以适当方式指示或记录下来。早期常用的信号指示装置有直读检流计、电位调节指零装置以及数字显示或自动记录装置等。随着计算机技术的发展，现代高性能分光光度计均配套计算机使用，一方面可对分光光度计进行操作控制，另一方面可进行数据处理。可根据设定的波长范围自动扫描、自动标峰、自动更换光源和检测器等。通过软件可对光谱的峰面积进行积分，对光谱实行微分、平滑处理等多种计算功能，测量结果可以多种方式输出。

2. 紫外-可见分光光度计的种类

紫外-可见分光光度计的类型很多，主要可归纳为五种类型：单光束分光光度计、双光束分光光度计、双波长分光光度计、多通道分光光度计和探头式分光光度计，其中以双光束分光光度计最为常用。这里仅介绍前三种类型。

(1) 单光束分光光度计

其光路示意图如图 1-2 所示。经单色器分光后的一束平行光，轮流通过参比溶液和样品溶液以进行吸光度的测定。这种类型的分光光度计结构简单，操作方便，维修容易，适于在给定波长处测量吸光度或透光率，一般不能做全波段光谱扫描，要求光源和检测器具有很高的稳定性。主要适用于常规定量分析。

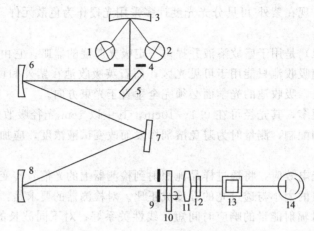

图 1-2　单光束分光光度计光路示意图

1—溴钨灯；2—氘灯；3—凹面镜；4—入射狭缝；5—平面镜；6，8—准直镜；7—光栅；
9—出射狭缝；10—调制器；11—聚光镜；12—滤色片；13—样品室；14—光电倍增管

(2) 双光束分光光度计

其光路示意图如图 1-3 所示。单色器分光后再经反射镜分解为弧度相等的两束光，一束通过参比池，另一束通过样品池。光度计能自动比较两束光的强度，此比值即为试样的透射比。经对数变换将它转换成吸光度并作为波长的函数记录下来。双光束分光光度计一般都能自动记录吸收光谱曲线，还能自动消除、补偿由于光源强度变化、电子测量系统不稳定等所引起的误差。它测量的精确度比对应的单光束分光光度计高。由于它可实现自动记录、快速全波段扫描，特别适用于结构分析和检测样品的吸光度随时间的变化等分析。

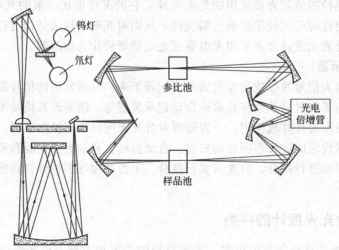

图 1-3　双光束分光光度计的光路示意图

(3) 双波长分光光度计

其基本结构示意图如图 1-4 所示。由同一光源发出的光被分成两束，分别经过两个单色器，得到两束不同波长的单色光；再利用切光器使两束光以一定的频率交替照射同一吸收池，然后经过光电倍增管和电子控制系统，最后由显示器显示出两个波长处的吸光度差值。对于多组分混合物、混浊试样（如生物组织液）的分析，以及存在背景干扰或共存组分吸收干扰的情况下，利用双波长分光光度法，往往能提高方法的灵敏度和选择性。利用双波长分光光度计，能获得导数光谱。通过光学系统转换，双波长分光光度计能很方便地转化为单波长工作方式。

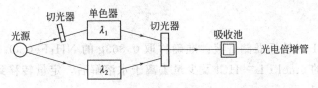

图 1-4　双波长分光光度计的结构示意图

三、实验部分

实验一　邻二氮菲分光光度法测定铁的条件选择及含量测定

【实验目的】

1. 掌握 721 型分光光度计的构造原理、光学原理及其操作方法。
2. 掌握分光光度法实验条件的选择方法。
3. 学会绘制吸收曲线和标准曲线。
4. 掌握利用标准曲线进行微量成分分光光度测定的基本方法和有关计算。

【实验原理】

邻二氮菲（phen）和 Fe^{2+} 在 pH 2～9 的溶液中，生成一种稳定的橙红色络合物 $Fe(phen)_3^{2+}$，其 $\lg K_{稳} = 21.3$。络合物的最大吸收波长 $\lambda_{max} = 510nm$，$\varepsilon_{max} = 1.1 \times 10^4 L \cdot cm^{-1} \cdot mol^{-1}$。铁含量在 0.1～6μg·mL^{-1} 范围内遵守朗伯-比尔定律。显色前需用盐酸羟胺（或抗坏血酸）将 Fe^{3+} 全部还原为 Fe^{2+}，然后再加入邻二氮菲，并调节溶液酸度至适宜的显色酸度范围。

有关反应如下：

$$2Fe^{3+} + 2NH_2OH \cdot HCl \Longrightarrow 2Fe^{2+} + N_2\uparrow + 2H_2O + 4H^+ + 2Cl^- \tag{1-2}$$

用邻二氮菲测定时，有很多元素干扰测定，必须预先进行掩蔽或分离，如钴、镍、铜、铅与试剂形成有色配合物；钨、铂、镉、汞与试剂生成沉淀，还有些金属离子如锡、铅、铋则在邻二氮菲铁配合物形成的 pH 范围内发生水解。因此当这些离子共存时，应注意消除它们的干扰作用。

用分光光度法测定物质的含量，一般采用标准曲线法，即配制一系列不同浓度的标准溶液，在实验条件下按浓度由低到高的顺序依次测量各标准溶液的吸光度（A）。以溶液的浓度为横坐标，相应的吸光度为纵坐标，绘制标准曲线。在同样实验条件下，测定待测溶液的吸光度，根据测得的吸光度值从标准曲线上查出相应的浓度值，从而可计算试样中被测物质的质量浓度。

由于邻二氮菲与 Fe^{2+} 的反应选择性高，显色反应所生成的有色络合物的稳定性好，重现性好，因此在我国的国家标准中，测定钢铁、锡、铅焊料、铅锭等冶金产品和工业硫酸、工业碳酸钠、氧化铝等化工产品中的铁含量，都采用该方法测定。

【仪器与试剂】

1. 仪器

紫外-可见分光光度计；1cm 吸收池；分析天平；1L 容量瓶；50mL 容量瓶；酸度计；移液管；吸量管。

2. 试剂

(1) $100\mu g \cdot mL^{-1}$ 铁标准储备液：准确称取 0.863g 的 $NH_4Fe(SO_4)_2 \cdot 12H_2O$ 置于烧杯中，加入 20mL $6mol \cdot L^{-1}$ HCl 及少量去离子水溶解后，定量转移到 1L 容量瓶中，用水稀释至刻度，摇匀。

(2) $10\mu g \cdot mL^{-1}$ 铁标准溶液：用移液管移取上述铁标准储备液 10.00mL，置于 100mL 容量瓶中，加入 2mL $6mol \cdot L^{-1}$HCl，加水稀释至刻度，摇匀。

(3) 10% 盐酸羟胺溶液用时现配。

(4) 0.15% 邻二氮菲溶液避光保存，溶液颜色变暗时即不能使用。

(5) $1.0mol \cdot L^{-1}$ 乙酸钠溶液。

(6) $0.1mol \cdot L^{-1}$ 氢氧化钠溶液。

(7) $0.1mol \cdot L^{-1}$ 盐酸溶液。

【实验步骤】

1. 吸收曲线的绘制

用吸量管取 1.00mL 铁标准溶液于 50mL 容量瓶中，加入 1.00mL 10% 盐酸羟胺溶液，摇匀后放置 2min，再加入 2.00mL 邻二氮菲溶液和 5.00mL 乙酸钠溶液，以水稀释至刻度，摇匀。在分光光度计上，用 1cm 吸收池，以试剂空白溶液为参比，在 440~560nm 之间，每隔 10nm 测定一次吸光度 A，以波长为横坐标，吸光度为纵坐标，绘制吸收曲线，从而选择测定铁的最大吸收波长。

2. 络合物稳定性的研究

移取 2.00mL 铁标准溶液于 50mL 容量瓶中，加入 1.00mL 盐酸羟胺溶液混匀后放置 2min，加入 2.00mL 邻二氮菲溶液和 5.00mL 乙酸钠溶液，以水稀释至刻度，摇匀。以去离子水为参比，在选定波长下，用 1cm 吸收池，每放置一段时间测量一次溶液的吸光度。放置时间：5min、10min、20min、30min、60min、90min、120min。以放置时间为横坐标，吸光度为纵坐标绘制 A-t 曲线，对络合物的稳定性作出判断。

3. 显色剂用量的确定

在 7 个 50mL 容量瓶中，加入 2.00mL 铁标准溶液和 1.00mL 盐酸羟胺溶液，摇匀，放置 2min 后，分别加入 0.20mL、0.40mL、0.60mL、0.80mL、1.00mL、2.00mL、4.00mL 的邻二氮菲溶液和 5.00mL 乙酸钠溶液，以去离子水稀释至标线，摇匀。用 1cm 比色皿，去离子水为空白，绘制吸光度-显色剂用量曲线。以显色剂邻二氮菲的体积为横坐标，相应的吸光度为纵坐标，绘制吸光度-显色剂用量曲线，确定显色剂的用量。

4. 溶液 pH 值的影响

在 9 只 50mL 容量瓶，每个加入 2.00mL 铁标准溶液和 1.00mL 盐酸羟胺溶液，摇匀后放置 2min，加入 2.00mL 邻二氮菲溶液，然后再分别加入 0.50mL、1.00mL、2.00mL 的 0.1mol·L^{-1} 盐酸溶液，0.00mL、1.00mL、2.00mL、5.00mL、8.00mL、10.00mL 的 0.1mol·L^{-1} 氢氧化钠溶液后摇匀，以去离子水稀释至刻度，摇匀。用酸度计测量各溶液的 pH。以水为参比，用 1cm 吸收池测量各溶液的吸光度。以 pH 为横坐标，吸光度为纵坐标绘制 A-pH 曲线，确定适宜的 pH 范围。

5. 标准曲线的测绘

在序号为 1～6 的 6 只 50mL 容量瓶中，用吸量管分别加入 0mL、2.00mL、4.00mL、6.00mL、8.00mL、10.00mL 铁标准溶液，分别加入 1.00mL 10% 盐酸羟胺溶液，摇匀后放置 2min，再各加入 2.00mL 0.15% 邻二氮菲溶液、5.00mL 1.0mol·L^{-1} 乙酸钠溶液，以水稀释至刻度，摇匀。以试剂空白溶液（1 号）为参比，用 1cm 吸收池，在选定波长下测定 2～6 号各显色标准溶液的吸光度。以铁的浓度为横坐标，相应的吸光度为纵坐标，绘制标准曲线。

6. 样品中铁含量的测定

吸取未知液 10mL，按上述标准曲线相同条件和步骤测定其吸光度。根据未知液的吸光度，在标准曲线上查出未知液相对应铁的量，然后计算试样中微量铁的质量浓度。

【数据记录及处理】

1. 将测量结果填入下列表格

(1) 吸收曲线（表 1-1）。

表 1-1 吸收曲线的绘制

编号	1	2	3	4	5	6	7	8	9	10	11	12	13
波长 λ/nm	440	450	460	470	480	490	500	510	520	530	540	550	560
吸光度 A													

结论：

(2) 络合物稳定性的研究（表 1-2）。

表 1-2 络合物稳定性与时间的关系

编号	1	2	3	4	5	6	7
时间 t/min	5	10	20	30	60	90	120
吸光度 A							

结论：

(3) 显色剂用量的确定（表 1-3）。

表 1-3 显色剂用量与吸光度的关系

编号	1	2	3	4	5	6	7
显色剂用量 V/mL	0.20	0.40	0.60	0.80	1.00	2.00	4.00
吸光度 A							

结论：

(4) 溶液 pH 值的影响（表 1-4）。

表 1-4　溶液 pH 值与吸光度的关系

编号	1	2	3	4	5	6	7	8	9
溶液 pH 值									
吸光度 A									

结论：

(5) 工作曲线的绘制（表 1-5）。

表 1-5　工作曲线的绘制

编号	1	2	3	4	5	6
铁标准溶液体积 V/mL	0.00	2.00	4.00	6.00	8.00	10.00
铁标准溶液浓度 c/g·L^{-1}						
吸光度 A						

2. 绘图及计算

(1) 吸收曲线的绘制。

(2) 标准曲线的绘制，求出标准曲线的回归方程和相关系数。

(3) 根据试样的吸光度，计算试样中铁的含量。

【注意事项】

1. 试样和工作曲线的测定条件应保持一致。

2. 盐酸羟胺容易氧化，应现用现配。

3. 取吸收池时，手拿毛玻璃面的两侧。装样品溶液的体积不超过吸收池体积的 4/5。石英吸收池每换一种溶液必须清洗干净，并用被测溶液润洗三次。透光面要用擦镜纸由上而下擦拭干净，检查应无残留溶剂。

4. 吸收池使用后用溶剂及去离子水冲洗干净，洗净晾干防尘保存备用。如吸收池污染不易洗净时，可用体积比为 3∶1 的硫酸与发烟硝酸混合液稍加浸泡，洗净备用。

【问题与讨论】

1. 用邻二氮菲测定铁时，为什么要加入盐酸羟胺？其作用是什么？试写出有关反应方程式。

2. 根据有关实验数据，计算邻二氮菲-Fe（Ⅱ）络合物在选定波长下的摩尔吸收系数。

3. 在有关条件实验中，均以去离子水为参比，为什么在测绘标准曲线和测定未知液中铁含量时要以试剂空白溶液为参比？

4. 制作标准曲线和进行其他条件试验时，加入试剂的顺序能否任意改变？

实验二　分光光度法测定食品中亚硝酸盐含量

【实验目的】

1. 了解食品样品的前处理方法。

2. 熟悉分光光度计的使用方法。

3. 掌握分光光度法测定食品中亚硝酸盐含量的原理和实验方法。

【实验原理】

亚硝酸盐俗称"硝盐",常见的亚硝酸盐有亚硝酸钾和亚硝酸钠,为白色或淡黄色结晶或颗粒状粉末,味微咸,易溶于水,多成白色晶体,密度大于水,硬度较大,易碎,外观极似食盐。它广泛存在于自然环境尤其是气态水、地表水和地下水中以及动植物体与食品内。

亚硝酸盐可用于印染、漂白等行业,并广泛用作防锈剂,是建筑业常用的一种混凝土掺加剂。在一些食品如腊肉和香肠中,也常加入少量亚硝酸盐作为防腐剂和增色剂,不仅能防腐,还能使肉的色泽鲜艳。但是,亚硝酸盐是一种潜在的致癌物质,它可诱发人体胃癌、肝癌、食道癌等疾病,过量或长期食用对人的身体会造成危害,甚至导致死亡。

食品中的亚硝酸盐经分离后,利用亚硝酸盐(NO_2^-)在酸性条件下与对氨基苯磺酸钠反应生成重氮盐,再与 N-萘基乙二胺偶联生成红色偶氮化合物,其红色深浅与亚硝酸盐含量成正比,在 $\lambda_{max}=540nm$ 处可测定亚硝酸盐的含量。反应式如下:

$$HO_3S-\langle\rangle-NH_2 + NO_2^- + 2HCl \xrightarrow{重氮化} HO_3S-\langle\rangle-N=NCl + Cl^- + 2H_2O \quad (1-3)$$

$$HO_3S-\langle\rangle-N=N-HCl + \langle\rangle-NHCH_2CH_2NH_2 \xrightarrow{偶合}$$

$$HO_3S-\langle\rangle-N=N-\langle\rangle-NHCH_2CH_2NH_2 + HCl \quad (1-4)$$

【仪器与试剂】

1. 仪器

分光光度计;移液管 25mL;5mL、500mL 量筒;50mL、100mL、250mL 容量瓶;1mL、2mL、5mL 吸量管。

2. 试剂

(1) 亚硝酸钠标准溶液(200μg·mL^{-1}):准确称取 0.1000g 于 110~120℃干燥恒重的亚硝酸钠,加水溶解移入 500mL 容量瓶中,加水稀释至刻度,混匀。

(2) 亚硝酸钠标准使用液(5.0μg·mL^{-1}):吸取亚硝酸钠标准溶液 5.00mL,置于 200mL 容量瓶中,加水稀释至刻度。

(3) 盐酸萘乙二胺溶液(2g·L^{-1}):称取 0.2g 盐酸萘乙二胺,溶于 100mL 水中,混匀后,置棕色瓶中,在冰箱中保存。

(4) 对氨基苯磺酸溶液:称取 0.4g 对氨基苯磺酸,溶于 100mL 20%(体积比)盐酸中,置棕色瓶中混匀,冰箱中保存。

(5) 饱和硼砂溶液(50g·L^{-1}):称取 5.0g 硼酸钠,溶于 100mL 热水中,冷却后备用。

(6) 亚铁氰化钾溶液(106g·L^{-1}):称取 106.0g 亚铁氰化钾,用水溶解,并稀释至 1000mL。

(7) 乙酸锌溶液(220g·L^{-1}):称取 220.0g 乙酸锌,先加 30mL 冰醋酸溶解,用水稀释至 1000mL。

【实验步骤】

1. 样品预处理

(1) 新鲜蔬菜、水果:将试样用去离子水洗净、晾干后,取可食部分切碎混匀。将切碎的样品用四分法取适量,用食物粉碎机制成匀浆备用。如需加水应记录加水量。

(2) 肉类、蛋、水产及其制品:用四分法取适量或取全部,用食物粉碎机制成匀浆

(3) 乳粉、豆奶粉、婴儿配方粉等固态乳制品（不包括干酪）：将试样装入能够容纳2倍试样体积的带盖容器中，通过反复振荡和颠倒容器使样品充分混匀直到使试样均一化。

(4) 发酵乳、乳、炼乳及其他液体乳制品：通过搅拌或反复振荡和颠倒容器使试样充分混匀。

(5) 干酪：取适量的样品研磨成均匀的泥浆状。为避免水分损失，研磨过程中应避免产生过多的热量。

2. 提取

称取5g（精确至0.01g）制成匀浆的试样（如制备过程中加水，应按加水量折算），置于50mL烧杯中，加12.5mL饱和硼砂溶液，搅拌均匀，以70℃左右的水约300mL将试样洗入500mL容量瓶中，于沸水浴中加热15min，取出置冷水浴中冷却，并放置至室温。

3. 提取液净化

在振荡上述提取液时加入5mL亚铁氰化钾溶液，摇匀，再加入5mL乙酸锌溶液，以沉淀蛋白质。加水至刻度，摇匀，放置30min，除去上层脂肪，上清液用滤纸过滤，弃去初滤液30mL，滤液备用。

4. 标准曲线的绘制

吸取40.0mL上述滤液于50mL带塞比色管中，另吸取0.00mL、0.20mL、0.40mL、0.60mL、0.80mL、1.00mL、1.50mL、2.00mL亚硝酸钠标准使用液（相当于0.0μg、1.0μg、2.0μg、3.0μg、4.0μg、5.0μg、7.5μg、10.0μg、12.5μg亚硝酸钠），分别置于50mL带塞比色管中，分别加入2mL对氨基苯磺酸溶液，混匀，静置3min～5min。各加入1mL盐酸萘乙二胺溶液，加水稀释至刻度，混匀，静置15min。用2cm吸收池，以试剂空白溶液为参比溶液，于波长538nm处测吸光度，绘制标准曲线。

5. 样品中NO_2^-含量的测定

用移液管准确地吸取40.00mL上述样品滤液于50mL容量瓶中，同上加入显色剂并用蒸馏水稀释至刻度，摇匀，放置15min后测定其吸光度。根据水样的吸光度在标准曲线上查得相应的浓度，并以$μg·mL^{-1}$表示样品中的NO_2^-含量。

【数据记录及处理】

1. 标准曲线与样品中NO_2^-含量的测定

表1-6 标准曲线的绘制

编号	1	2	3	4	5	6
NO_2^- 标准溶液体积/mL	0.00	0.20	0.40	0.60	0.80	1.0
NO_2^- 标准溶液浓度/$μg·mL^{-1}$						
吸光度 A						

2. 绘图与计算

(1) 标准曲线的绘制：以标准曲线中NO_2^-的含量为横坐标，相应的吸光度为纵坐标，绘制标准曲线。

(2) 样品中NO_2^-含量的计算

根据样品的吸光度，在标准曲线上查得其相应的NO_2^-含量，并以每mL样品含NO_2^-的质量表示。

【注意事项】
1. 为防止亚硝酸盐标准溶液被氧化，需现用现配！
2. 样品中的亚硝酸盐含量需当天及时测定，样品必须低温保存。
3. 样品中亚硝酸盐含量过低时，必须做到最大量取样。例如测定如下样品中 NO_2^- 含量时其最大取样量分别为：水样 40mL；蔬菜、粮食（滤液）40mL。如最大取样量仍测定不出时，则为未检出。
4. 测定用水应是不含亚硝酸盐的蒸馏水或去离子水。

【问题与讨论】
1. 为什么要及时地测定样品中亚硝酸盐含量？
2. 样品处理过程中加入的硼砂溶液、亚铁氰化钾和乙酸锌分别有什么作用？

实验三　分光光度法同时测定维生素 C 和维生素 E

【实验目的】
1. 掌握紫外-可见分光光度计的使用方法。
2. 掌握在紫外光谱区同时测定双组分体系——维生素 C 和维生素 E 的原理和方法。

【实验原理】
在一定时间内，维生素 C（抗坏血酸）和维生素 E（α-生育酚）能防止油脂变性，在食品中能起抗氧化剂作用。由于二者在抗氧化方面具有协同作用，即二者结合使用比单独使用效果更佳，所以它们常作为一种有效的组合试剂用于食品中。维生素 C 是水溶性的，维生素 E 是脂溶性的，二者分子结构中有共轭双键，在紫外光区均有较强的吸收。它们都能溶于无水乙醇，因此能在同一溶液中采用测定双组分的原理，在紫外光区同时测定它们。

应用分光光度法对共存组分进行不分离定量测定时，通常采用的方法有双波长法、三波长法、导数光谱法、差谱分析法及多组分分析等方法，其中双波长法的应用最多。

根据朗伯-比尔定律，用紫外-可见分光光度法很容易定量测定在此光谱区内有吸收的单一成分。由两种组分组成的混合物中，若彼此都不影响另一种物质的光吸收性质，可根据相互间光谱重叠的程度，采用相应的方法来进行定量测定。如：当两组分吸收峰部分重叠时，选择适当的波长，仍可按测定单一组分的方法处理；当两组分吸收峰大部分重叠时，如图 1-5 所示，则宜采用解联立方程组或双波长法等方法进行测定。

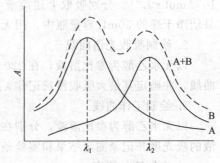

图 1-5　吸收光谱曲线相互重叠的二元组分

双波长法基于吸光度具有加和性，根据两组分吸收曲线的性质，选择两个合适的测定波长，同时测定吸收光谱曲线相互重叠的二元组分，并通过联立方程组可同时测出样品中双组分的含量的一种方法。混合组分中 A 组分和 B 组分在 λ_1 的吸光度之和 $A_{\lambda_1}^{A+B}$，即

$$A_{\lambda_1}^{A+B} = \varepsilon_{\lambda_1}^{A} b c_A + \varepsilon_{\lambda_1}^{B} b c_B \tag{1-5}$$

同理，混合组分在 λ_2 的吸光度之和 $A_{\lambda_2}^{A+B}$ 则为

$$A_{\lambda_2}^{A+B} = \varepsilon_{\lambda_2}^{A} b c_A + \varepsilon_{\lambda_2}^{B} b c_B \tag{1-6}$$

若先用 A、B 组分的标样，分别测得 A、B 两组分在 λ_1 和 λ_2 处的摩尔吸收系数 $\varepsilon_{\lambda_1}^A$、$\varepsilon_{\lambda_2}^A$、$\varepsilon_{\lambda_1}^B$ 和 $\varepsilon_{\lambda_2}^B$。当测得未知试样在 λ_1 和 λ_2 的吸光度 $A_{\lambda_1}^{A+B}$ 和 $A_{\lambda_2}^{A+B}$ 后，解下列二元一次方程组

$$\begin{cases} A_{\lambda_1}^{A+B} = \varepsilon_{\lambda_1}^A b c_A + \varepsilon_{\lambda_1}^B b c_B \\ A_{\lambda_2}^{A+B} = \varepsilon_{\lambda_2}^A b c_A + \varepsilon_{\lambda_2}^B b c_B \end{cases}$$

即可求得 A、B 两组分各自的浓度 c_A 和 c_B。

采用双波长分光光度法测定需注意：(1) 测定波长和组合波长的选择应使被测组分的 ΔA 值尽可能大，以增加测定的灵敏度和精确度；(2) 测定波长和组合波长应尽可能选择在光谱曲线斜率变化较小的波长处，以减少波长变化对测定结果的影响；(3) 干扰组分的吸收波长（组合波长）的选择必须精确，只有其 ΔA 值等于零时才能完全消除干扰，否则会引入测定误差。

【仪器与试剂】

1. 仪器

紫外-可见分光光度计；石英吸收池一对；50mL 容量瓶；1000mL 容量瓶；10mL 吸量管。

2. 试剂

维生素 C（抗坏血酸）；维生素 E（α-生育酚）；无水乙醇。

【实验步骤】

1. 配制系列标准溶液

(1) 配制维生素 C 系列标准溶液：称取 0.0132g 维生素 C，溶于无水乙醇中，定量转移入 1000mL 容量瓶中，用无水乙醇稀释至标线，摇匀。此溶液浓度为 7.50×10^{-5} mol·L^{-1}。分别吸取上述溶液 2.00mL、4.00mL、6.00mL、8.00mL、10.00mL 于 5 只洁净干燥的 50mL 容量瓶中，用无水乙醇稀释至标线，摇匀。

(2) 配制维生素 E 系列标准溶液：称取维生素 E（α-生育酚）0.0488g，溶于无水乙醇中，定量转移入 1000mL 容量瓶中，用无水乙醇稀释至标线，摇匀。此溶液浓度为 1.13×10^{-4} mol·L^{-1}。分别吸取上述溶液 2.00mL、4.00mL、6.00mL、8.00mL、10.00mL 于 5 只洁净干燥的 50mL 容量瓶中，用无水乙醇稀释至标线，摇匀。

2. 绘制吸收光谱曲线

以无水乙醇为参比溶液，在 220~320nm 范围分别绘制维生素 C 和维生素 E 的吸收光谱曲线，并确定其最大吸收波长记作 λ_1 和 λ_2。

3. 绘制工作曲线

以无水乙醇为参比溶液，分别在 λ_1 和 λ_2 处测定维生素 C 和维生素 E 系列标准的各溶液的吸光度并记录测定结果和实验条件。

4. 未知液的测定

取未知液 5.00mL 于 50mL 容量瓶中，用无水乙醇稀释至标线，摇匀。在 λ_1 和 λ_2 处分别测出吸光度 A_{λ_1} 和 A_{λ_2}。

5. 结束工作

① 实验完毕，关闭电源。取出吸收池，清洗晾干后入盒保存。

② 清理工作台，罩上仪器防尘罩，填写仪器使用记录。

【数据记录及处理】

1. 分别绘制维生素 C（抗坏血酸）和维生素 E（α-生育酚）的吸收曲线。

表 1-7　维生素 C 的吸收曲线

波长 λ/nm	220	230	240	250	260	270	280	290	300	310	320
吸光度 A											

结论：

表 1-8　维生素 E 的吸收曲线

波长 λ/nm	220	230	240	250	260	270	280	290	300	310	320
吸光度 A											

结论：

2. 分别绘制维生素 C 和维生素 E 在 λ_1 和 λ_2 时的 4 条工作曲线，求出 4 条直线的斜率，即 $\varepsilon_{\lambda_1}^{VC}$ 和 $\varepsilon_{\lambda_2}^{VC}$，$\varepsilon_{\lambda_1}^{VE}$ 和 $\varepsilon_{\lambda_2}^{VE}$。

3. 由测得的未知液 A_{λ_1} 和 A_{λ_2} 利用下式，计算未知样中维生素 C 和维生素 E 的浓度。

$$\begin{cases} A_{\lambda_1} = \varepsilon_{\lambda_1}^{VC} bc_{VC} + \varepsilon_{\lambda_1}^{VE} bc_{VE} \\ A_{\lambda_2} = \varepsilon_{\lambda_2}^{VC} bc_{VC} + \varepsilon_{\lambda_2}^{VE} bc_{VE} \end{cases}$$

【注意事项】
1. 试样取样量应经实验来调整，以其吸光度在适宜的范围内为宜。
2. 抗坏血酸会缓慢地氧化成脱氢抗坏血酸，所以每次实验时必须配制新鲜溶液。

【问题与讨论】
1. 使用本方法测定维生素 C 和维生素 E 是否灵敏？解释其原因。
2. 哪种类型的双组分混合物适合应用分光光度法对共存组分进行不分离定量测定？
3. 应用双波长分光光度法应如何选择测定波长和参比波长？

实验四　有机化合物的紫外吸收光谱及溶剂效应

【实验目的】
1. 学习有机化合物结构与其紫外光谱之间的关系。
2. 了解不同极性溶剂对有机化合物紫外吸收带位置、形状及强度的影响。
3. 掌握紫外-可见分光光度计的使用方法。

【实验原理】
紫外-可见吸收光谱有三种电子：形成单键的 σ 电子、形成双键的 π 电子以及未参与成键的 n 电子。跃迁类型有：σ→σ*、n→σ*、n→π* 和 π→π* 四种。其中，π→π* 和 n→π* 两种跃迁的能量小，相应波长出现在近紫外区甚至可见光区，且对光的吸收强烈。虽然化合物结构差别很大，但只要分子中含有相同的发光团，则其吸收光谱的形状就大体相似。因此，可以利用紫外吸收光谱的经验规则（伍德沃德-菲泽规则）进行分子结构的推导验证。

影响有机化合物的紫外吸收光谱的因素有内因和外因两种。内因主要是指共轭体系的电子结构，包括共轭效应、空间位阻、助色效应等。随着共轭体系增大，吸收带向长波方向移动（称作红移），吸收强度增大。紫外光谱中含有 π 键的不饱和基团称为生色团，如 —C≡C、—C=O、—NO$_2$、苯环等，含有生色团的化合物通常在紫外或可见光区域产生吸收带。含有杂原子的饱和基团称为助色团，如 —OH、—NH$_2$、—OR、—Cl 等，助色团本身在紫外及可见光区域不产生吸收带，但当其与生色团相连时，因形成 n→π* 共轭而使生色团的吸收带红移，吸收强度也有所增加。如苯在紫外区由 π→π* 跃迁引起的特征吸收带有三个：185nm 附近的 E_1 带 $\varepsilon = 68000 L \cdot cm^{-1} \cdot mol^{-1}$；在 204nm 处的 E_2 带 $\varepsilon = 8800 L \cdot cm^{-1} \cdot mol^{-1}$；B 带出现在 230~270nm，其 $\lambda_{max} = 254nm$（$\varepsilon = 250 L \cdot cm^{-1} \cdot mol^{-1}$）。在气态或非极性溶剂中，苯及其许多同系物的 B 带有许多精细结构，这是振动跃迁在基态电子跃迁上叠加的结果。当苯环上有取代基时，苯的三个吸收带都将发生显著的变化，B 带显著红移，并且吸收强度增大。如苯甲酸的 E 吸收带红移至 230nm，B 吸收带红移至 273nm，乙酰苯胺的 E 吸收带红移至 241nm。

影响有机化合物紫外吸收光谱的外因是测定条件，如溶剂效应等。溶剂效应是指受溶剂的极性或酸碱性的影响，溶质吸收峰的波长、强度以及形状发生不同程度的变化。这是因为溶剂分子和溶质分子间可能形成氢键，或极性溶剂分子的偶极使溶质分子的极性增强，因而在极性溶剂中 π→π* 跃迁所需能量减小，吸收波长红移，而在极性溶剂中 n→π* 跃迁所需能量增大，吸收波长蓝移。当溶剂的极性由非极性变为极性时，精细结构消失，吸收带变平滑。显然，这是由于未成键电子对的溶剂化作用降低了 n 轨道的能量使 n→π* 跃迁产生的吸收带发生紫移，而 π→π* 跃迁产生的吸收带则发生红移。一般采用低极性溶剂。极性溶剂不仅影响溶质吸收波长的位移，而且还影响吸收峰吸收强度和吸收峰的形状，如苯酚的 B 吸收带，在不同极性溶剂中，其强度和形状均受到影响，在非极性溶剂正庚烷中，可清晰看到苯酚 B 吸收带的精细结构，但在极性溶剂乙醇中，苯酚 B 吸收带的精细结构消失，仅存在一个宽的吸收峰，而且其吸收强度也明显减弱。在许多芳香烃化合物中均有此现象。由于有机化合物在极性溶剂中存在溶剂效应，所以在记录紫外吸收光谱时，应注明所用的溶剂。

另外，由于溶剂本身在紫外光谱区也有其吸收波长范围，故在选用溶剂时，必须考虑它们的干扰。表 1-9 列举某些溶剂的波长极限，测定波长范围应大于波长极限或用纯溶剂做空白，才不至于受到溶剂吸收的干扰。

表 1-9　某些溶剂的吸收波长极限

溶　剂	波长极限/nm	溶　剂	波长极限/nm
环己烷	210	乙醇	215
正己烷	210	水	210
正庚烷	210	96%硫酸	210
乙醚	220	二氯甲烷	233
甲醇	210	氯仿	245

【仪器与试剂】

1. 仪器

紫外-可见分光光度计；1cm 带盖石英吸收池；50mL 容量瓶；1000mL 容量瓶；10mL 具塞比色管；10mL 吸量管。

2. 试剂

苯、甲苯、苯酚、苯甲酸、乙酰苯胺、乙醇和环己烷均为分析纯。

苯的环己烷溶液（1:250）；甲苯的环己烷溶液（1:250）；苯酚的环己烷溶液（0.3g·L^{-1}）；苯甲酸的环己烷溶液（0.8g·L^{-1}）；苯胺的环己烷溶液（1:3000）；苯的乙醇溶液（1:250）；甲苯的乙醇溶液（1:250）；苯酚的乙醇溶液（0.3g·L^{-1}）；苯甲酸的乙醇溶液（0.4g·L^{-1}）；苯胺的乙醇溶液（1:3000）；苯酚的水溶液（0.4g·L^{-1}）；

0.1mol·L^{-1} NaOH；0.1mol·L^{-1} HCl。

【实验步骤】

1. 苯吸收光谱的绘制

在石英吸收池中，加入两滴苯，加盖，用手心温热吸收池下方片刻，在紫外-可见分光光度计上，从 200～330nm 进行波长扫描，得到吸收光谱。

2. 助色团对苯的紫外吸收光谱的影响

在 5 个 10mL 具塞比色管中，分别加入苯、甲苯、苯酚、苯甲酸和苯胺的环己烷溶液 2.00mL，用环己烷稀释至刻度，摇匀。在带盖的石英比色皿中，以环己烷作参比溶液，从 200～320nm 进行光谱扫描，得到吸收光谱。观察苯、甲苯、苯酚、苯甲酸和苯胺的环己烷溶液各吸收光谱的图形，找出其 λ_{max}。

3. 溶剂的极性对苯的紫外吸收光谱的影响

在 5 个 10mL 具塞比色管中，分别加入苯、甲苯、苯酚、苯甲酸和苯胺的乙醇溶液 2.00mL，用乙醇稀释至刻度，摇匀。在带盖的石英比色皿中，以乙醇作参比溶液，从 200～350nm 进行光谱扫描。观察苯、甲苯、苯酚、苯甲酸和苯胺的乙醇溶液各吸收光谱的图形，找出其 λ_{max}。

4. 溶剂的酸碱性对苯酚吸收光谱的影响

在两个 10mL 具塞比色管中，各加入苯酚水溶液 0.50mL，分别用 0.1mol·L^{-1} HCl 和 0.1mol·L^{-1} NaOH 溶液稀释至刻度，摇匀。用石英比色皿，以水为参比，从 200～350nm 进行光谱扫描。比较吸收光谱 λ_{max} 的变化。

【数据记录及处理】

1. 助色团及溶剂极性对苯的紫外吸收光谱的影响（表 1-10）

表 1-10 助色团及溶剂极性对苯的紫外吸收光谱的影响

试剂	λ_{max}/nm	
	环己烷	乙醇
苯		
甲苯		
苯酚		
苯甲酸		
苯胺		

结论：

2. 溶剂的酸碱性对苯酚吸收光谱的影响（表 1-11）

表 1-11 溶剂的酸碱性对苯酚吸收光谱的影响

溶剂的酸碱性	λ_{max}/nm
酸性	
碱性	

结论：

【注意事项】

1. 对于易挥发试样，应在样品池上盖玻璃盖。

2. 切勿将任何样品和溶液溅于仪器上或样品室内，应保持样品室的清洁和干燥。
3. 有机溶液要回收。

【问题与讨论】
1. 当助色团或生色团与苯环相连时，紫外吸收光谱有哪些变化？
2. 在本实验中是否可用去离子水来代替各溶剂作为参比溶液，为什么？
3. 为什么溶剂极性增大时，n→π*跃迁产生的吸收带发生紫移，而π→π*跃迁产生的吸收带则发生红移？

实验五 紫外分光光度法对未知药品的定性鉴别与含量测定

【实验目的】
1. 自拟实验方案，独立完成实验准备以及对样品的测定。
2. 熟练使用紫外-可见分光光度计。

【实验原理】
　　紫外分光光度法测定常见药物含量的实验结果，与传统微生物法相比，具有快速、准确度高、操作简单等优点；与高效液相色谱法需使用有毒的甲醇和需使用色谱柱分离样品相比，紫外分光光度法操作更简单、更经济，更安全环保。因此，在药物分析中常根据吸收光谱图上的一些特征吸收，特别是最大吸收波长和摩尔吸光系数来作为鉴定物质的常用物理参数。在国内外的药典中，已将众多药物的紫外吸收光谱的最大吸收波长和吸光系数载入其中，为药物分析提供了很好的手段。

　　用紫外分光光度法测定某一消炎药的纯度及含量。药品有：二氟尼柳、布洛芬、甲硝唑、柳氮磺吡啶、盐酸奥布卡因、复方磺胺甲噁唑片。学生在上述药品中任选一种，运用所学知识和基本理论，参考教科书以及其他文献资料（自己查阅），设计实验方案。

　　提示：样品溶液的吸光度 $A=0.2\sim0.8$；波长扫描范围要在紫外光谱范围内；注意样品中各组分的相互影响；选择合适的测定方法，列出所需实验试剂及仪器的规格和数量；自拟实验步骤；独立完成仪器操作及结果处理。

四、知识拓展

　　分光光度法的研究始于牛顿。1665年牛顿做了一个试验：他让太阳光透过暗室窗上的小圆孔，在室内形成很细的太阳光束。该光束经棱镜色散后，在墙壁上呈现红、橙、黄、绿、青、蓝、紫的色带，这个色带就称为"光谱"。牛顿通过这个实验，揭示了太阳光是复合光的事实。1815年夫琅禾费仔细观察了太阳光谱，发现太阳光谱中有600多条暗线，并且对主要的8条暗线标以A、B、C、D、E、F、G、H符号。这是人们最早知道的吸收光谱线，被称为"夫琅禾费谱线"。1859年本森和基尔霍夫发现由食盐发出的黄色谱线的波长和"夫琅禾费谱线"中的D线波长完全一致，证实了一种物质所发射的波长（或频率），与它所能吸收的波长（或频率）是一致的。1862年密勒应用石英摄谱仪测定了100多种物质的紫外吸收光谱。他把光谱图表从可见光区拓展到了紫外区，并指出吸收光谱不仅与组成物质的基团有关，而且与分子和原子的性质有关。此后，哈托莱和贝利等人又研究了各种溶液对不同波段的截止波长，并发现了吸收光谱相似的有机物，它们的结构也相似，可以解释用化学方法所不能说明的分子结构问题，初步建立了分光光度法的理论基础，以此推动了分光光度计的发展。

1852 年，比尔（Beer）参考了布给尔（Bouguer）在 1729 年和朗伯（Lambert）在 1760 年所发表的文章，提出了分光光度法的基本定律，即液层厚度相等时，颜色的强度与呈色溶液的浓度成比例，从而奠定了分光光度法的理论基础，这就是著名的朗伯-比尔定律。1854 年，杜包斯克（Duboscq）和奈斯勒（Nessler）等将此理论应用于定量分析化学领域，并且设计了第一台比色计。到 1918 年，美国国家标准局制成了第一台紫外-可见分光光度计。此后，紫外-可见分光光度计经不断改进，又出现可以自动记录、自动打印、数字显示、微机控制等各种类型的仪器，使光度法的灵敏度和准确度也不断提高，其应用范围也不断扩大。

1. 紫外-可见分光光度计稳定性测试

紫外-可见分光光度计的稳定性包括基线漂移（baseline drift）和光度重复性（photometric reproducibility）两个方面。

（1）基线漂移的测试方法

紫外-可见分光光度计冷态开机（关机 2h 后开机），预热 2h 后，设置仪器的参数为：试样和参比都为空气，吸光度为 0Abs，光谱带宽为 2nm，扫描方式为时间扫描，连续测试 1h。这 1h 内，最大最小值之差即基线漂移。

（2）光度重复性的测试方法

具体操作方法为仪器冷态开机，预热 0.5h 后，对标准样品或自选样品进行光谱扫描。同一操作者连续测量 3 次，而后在谱图上选择几个特征吸收峰。检查在选定的测量次数内，各个峰值的最大最小值之差即为光度重复性。

为减少环境对紫外-可见分光光度计光度重复性的影响，紫外-可见分光光度计应放在干燥的房间内，室内照明不宜太强，房间保持干净、通风、防尘。要注意防震，安放紫外-可见分光光度计的桌子要比较稳定，而且不容易受周围震动源的影响。应该远离电磁场。紫外-可见分光光度计使用环境温度尽可能保持在 15～30℃，以保持电器元件稳定工作，且不易老化。紫外-可见分光光度计使用环境湿度尽量保持在 60% 以下，以保证分光光度计内部的光学元件和电器元件不易受潮、腐蚀及霉变。使用环境尽量保持洁净，打扫清洁环境时动作幅度不宜太大，不要扬起灰尘，打扫之前用防尘罩盖上分光光度计设备，避免让灰尘进入分光光度计仪器。

2. 仪器校正检定

（1）波长

由于环境因素对机械部分的影响，仪器的波长经常会略有变动，因此除了应定期对所用的仪器进行全面校正检定外，还应于测定前校正测定波长。可选择的标准物质有：低压石英汞灯、氧化钬滤光片、氧化钬溶液（40g·L^{-1}）、标准干涉滤光片（峰值波长标准不确定度 ≤1nm，光谱带宽<15nm）、仪器的氘灯等。常用汞灯中的较强谱线有 237.83nm、253.65nm、275.28nm、296.73nm、313.16nm、334.15nm、365.02nm、404.66nm、435.83nm、546.07nm 与 576.96nm；或用仪器中氘灯的 486.02nm 与 656.10nm 谱线进行校正；钬玻璃在波长 279.4nm、287.5nm、333.7nm、360.9nm、418.5nm、460.0nm、

484.5nm、536.2nm 与 637.5nm 处有尖锐吸收峰，也可做波长校正用，但因来源不同或随着时间的推移会有微小的变化，使用时应注意；近年来，常使用高氯酸钬溶液〔以 10%高氯酸溶液为溶剂，配制含氧化钬（Ho_2O_3）4%的溶液〕校正双光束仪器。该溶液的吸收峰波长为 241.13nm、278.10nm、287.18nm、333.44nm、345.47nm、361.31nm、416.28nm、451.30nm、485.29nm、536.64nm 和 640.52nm。

检定步骤如下所述。

① 非自动扫描仪器　使用溶液或滤光片标准物质时，选择仪器的透射比或吸光度测量方式。在测量的波长处用空气做空白调整仪器透射比为 100%，插入挡光板调整透射比为 0%，然后将标准物质垂直置于样品光路中，读取标准物质的吸光度测量值。重复上述步骤在波长检定点附近单向逐点测出标准物质的透射比或吸光度，求出相应的透射比谷值或吸光度峰值波长 λ_i，连续测量 3 次。

选择汞灯时，将汞灯置于光源室使汞灯的光入射到单色器入射狭缝，选取仪器的能量测量方式，设定合适的增益，调整汞灯的位置使能量值达到最大。然后，在峰值波长附近单向逐点测出能量最大值对应的峰值波长，记录 λ_i，连续测量 3 次。

② 自动扫描仪器　根据选择的检定波长设定仪器的波长扫描范围、常用光谱带宽、慢速扫描、小于仪器波长重复性指标的采样间隔（如果不能设定波长采样间隔，应选取较慢的扫描速度）。使用溶液或滤光片标准物质时，采用透射比或吸光度测量方式，根据设定的扫描参数用空气作空白进行仪器的基线校正，用挡光板进行暗电流校正，然后将标准物质垂直置于样品光路中，设置合适的记录范围，连续扫描 3 次，分别检出（或测量）透射比谷值或吸光度峰值波长 λ_i。

使用低压石英汞灯时，按非自动扫描仪器步骤连续扫描 3 次，分别检出（或测量）透射比谷值或吸光度峰值波长 λ_i。

将每个测量波长按照式（1-7）计算波长示值误差：

$$\Delta\lambda = \bar{\lambda} - \lambda_s \tag{1-7}$$

式中　$\bar{\lambda}$——3 次测量的平均值；

λ_s——波长标准值。

按照式（1-8）计算波长重复性：

$$\delta_\lambda = \lambda_{max} - \lambda_{min} \tag{1-8}$$

式中　λ_{max}，λ_{min}——3 次测量波长的最大值与最小值。

仪器波长的允许误差为：紫外光区±1nm，可见光区±2nm。

(2) 透射比重复性

用于紫外-可见分光光度计的透射比重复性测试的材料，应该是纯度高、稳定性好的物质，主要有 60.00mg·L^{-1} 重铬酸钾溶液（准确称取在 120℃ 干燥至恒重的基准重铬酸钾 60mg，用蒸馏水溶解，加入 1mL 1.0mol·L^{-1} 高氯酸溶液溶解并稀释至 1000mL）、紫外光区透射比滤光片、光谱中性滤光片（其透射比标称值为 10%、20%、30%）等。

操作步骤如下所述。

① 紫外光区　用重铬酸钾溶液及标准吸收池，分别在 235nm，257nm，313nm，350nm 处测量透射比 3 次。也可用紫外区透射比滤光片测量。

② 可见光区　用透射比标称值为 10%、20%、30% 的光谱中性滤光片，分别在 440nm、546nm、635nm 处，以空气为参比，测量透射比三次。

按式（1-9）计算透射比示值误差：

$$\Delta T = \overline{T} - T_s \tag{1-9}$$

式中 $\overline{T}$ ——3次测量的平均值；

T_s——透射比标准值。

按照式（1-10）计算透射比重复性：

$$\delta_T = T_{\max} - T_{\min} \tag{1-10}$$

式中 $T_{\max}$，$T_{\min}$——3次测量透射比的最大值与最小值。

在紫外光区和可见光区的透射比重复性均应≤1.0%。

(3) 杂散光的检查

杂散光是紫外-可见分光光度计非常重要的关键技术指标。它是紫外-可见分光光度计分析误差的主要来源，它直接限制被分析测试样品浓度的上限。当一台紫外-可见分光光度计的杂散光一定时，被分析的试样浓度越大，其分析误差就越大。ASTM认为："杂散光可能是光谱测量中主要误差的来源。尤其对高浓度的分析测试时，杂散光更加重要"。有文献报道，在紫外-可见光区的吸收光谱分析中，若仪器有1%的杂散光，则对A为2.0的样品测试时，会引起2%的分析误差。因此，需对杂散光进行校正。杂散光的检定方法，可采用标准溶液或滤光片。NaI标准溶液和$NaNO_2$标准溶液是杂散光测试必备的。常采用$10g \cdot L^{-1}$的NaI标准溶液来测试紫外-可见分光光度计在220nm处的杂散光；采用$50g \cdot L^{-1}$的$NaNO_2$标准溶液来测试紫外-可见分光光度计在360nm处的杂散光。也可以采用截止滤光片。对截止滤光片的要求是：使用波长分别为220nm、360nm、420nm，半高波长分别为260nm、400nm、470nm，截止波长分别不小于225nm、365nm、430nm，截止区吸光度不小于3，透光区平均透射比不低于80%。

选择合适的杂散光测量标准物质，在相应波长处测量标准物质的透射比，其透射比值即为仪器在该波长处的杂散光。

① 紫外光区 用NaI标准溶液（或截止滤光片）于220nm，$NaNO_2$标准溶液（或截止滤光片）于360nm（钨灯），蒸馏水作参比，光谱带宽2nm（无光谱带宽调整挡的仪器不设）测量其透射比值。在220nm处，杂散光≤1.0nm。

② 可见光区 用截止滤光片，在波长420nm处，以空气为参比，测量其透射比值。在420nm处，杂散光≤2.0nm。

(4) 吸收池的配对

在定量分析中，尤其是在紫外光区测定时，需要对吸收池作校准及配对工作，以消除吸收池的误差，提高测量的准确度。一般商品吸收池的光程与其标示值常有微小的误差，即使是同一厂家生产的同规格的吸收池，也不一定能够互换使用。

根据JJG 178—2007规定，在同一光径吸收池中注入蒸馏水于220nm（石英吸收池）、440nm（玻璃吸收池）处，将一个吸收池为参比，调节T为100%，测量其他各池的透射比值。透射比的偏差小于0.5%的吸收池可配成一套。

3. 紫外-可见分光光度法的应用

紫外-可见分光光度法是在190~800nm波长范围内测定物质的吸光度，用于鉴别、杂质检查和定量测定的方法。当光穿过被测物质溶液时，物质对光的吸收程度随光的波长不同而变化。因此，通过测定物质在不同波长处的吸光度，并绘制其吸光度与波长的关系图即可得被测物质的吸收光谱。从吸收光谱中，可以确定最大吸收波长$\lambda_{\max}$和最小吸收波长$\lambda_{\min}$。物质的吸收光谱具有与其结构相关的特征性。因此，可以通过特定波长范围内样品的光谱与对照光谱或对照品光谱的比较,或通过确定最大吸收波长,或通过测量两个特定波长处的吸收比值而鉴别物质。用于定量时,在最大吸收波长处测量一定浓度样品溶液的吸光度,并与一定浓度的对照溶液的吸光度进行比较或采用吸收系数法算出样品溶液的浓度。

(1) 定性分析

如果未知物的紫外-可见吸收光谱的最大吸收峰波长 λ_{max}、最小吸收峰波长 λ_{min}、最大摩尔吸光系数 ε_{max},以及吸收峰的数目、位置、拐点与标准光谱数据完全一致,就可以认为是同一种化合物。但是,如果未知物的紫外吸收光谱的峰较多、结构比较复杂,那么只用一台紫外-可见分光光度计是不能做定性分析的,必须还要与红外、质谱等多种仪器联合使用,才能做物质的定性分析。

① 利用标准物质定性　根据朗伯-比尔定律 $A = \varepsilon bc$,因为 b、c 只影响物质对光吸收的强度,并不改变吸收光谱的形状。所以,对同一化合物来讲,用 $\lg A$ 或 $\lg \varepsilon$ 为纵坐标,波长为横坐标绘制的吸收光谱图的形状应该是一致的。

将分析样品和标准样品(标样)以相同浓度配制在同一溶剂中,在同一条件下分别测定紫外-可见吸收光谱。若两者是同一物质,则两者的光谱图应完全一致,即谱图的曲线形状、吸收峰数目、λ_{max} 和 ε_{max} 均相同。如果没有标样,也可以和现成的标准谱图对照进行比较。这种方法要求仪器准确,精密度高,且测定条件要相同。但是要注意,物质不同但光谱相似的特殊情况,如十甲基联苯与联苯、联菲与菲、联萘与萘等,由于都有 α、β-不饱和酮,从而紫外-可见吸收光谱会出现类似的情况。

② 利用最大吸收波长和吸收系数的一致性检定物质　根据吸收光谱图上的一些特征吸收峰,特别是最大吸收波长和摩尔吸收系数是检定物质的常用物理参数。由于紫外吸收光谱只含有 2~3 个较宽的吸收带,而紫外光谱主要是分子内的发色团在紫外区产生的吸收,与分子的其他部分关系不大。虽然不同的分子结构有可能有相同的紫外吸收光谱,但它们的吸收系数是有差别的。如果分析样品和标准样品的吸收波长相同,吸收系数也相同,则可认为分析样品与标准样品为同一物质。

(2) 推测化合物的分子结构

紫外-可见光谱对于判断有机分子中是否存在共轭体系、芳环结构及 C═C、C═O、N═N 之类的发色团是一个很好的手段。对于一些特殊类型的结构,可通过简单的数学运算确定最大吸收。如果发色团之间不以共轭键相连的话,其紫外吸收具有可加和性,即总的吸收等于各单独发色团的吸收之和。用此性质曾成功地推导出利血平及氯霉素的部分结构。一个复杂分子的结构,可以通过比较化合物的紫外光谱性质而推断其含有何种发色团,有时还能提供一些立体结构的信息,为未知物的剖析提供有用的线索。

① 推测化合物的共轭体系和部分骨架　由于一般紫外-可见分光光度计只能提供 190~850nm 范围的单色光,因此,只能测量 $n \rightarrow \sigma^*$ 的跃迁、$n \rightarrow \pi^*$ 跃迁和部分 $\pi \rightarrow \pi^*$ 跃迁的吸收。紫外吸收光谱是带状光谱,分子中存在一些吸收带已被确认,其中有 K 带、R 带、B 带、E_1 带和 E_2 带等。

K 带是两个或两个以上 π 键共轭时,π 电子向 π^* 反键轨道跃迁的结果,可简单表示为 $\pi \rightarrow \pi^*$。

R 带是与双键相连接的杂原子(例如 —C═O、—C═S、—N═O、C═N、—N═N—、S═O 等)上未成键电子的孤对电子向 π^* 反键轨道跃迁的结果,可简单表示为 $n \rightarrow \pi^*$。

E_1 带和 E_2 带是苯环上三个双键共轭体系中的 π 电子向 π^* 反键轨道跃迁的结果,可简

单表示为 π→π*。

B 带也是苯环上三个双键共轭体系中的 π→π* 跃迁和苯环的振动相重叠引起的，但相对来说，该吸收带强度较弱。

以上各吸收带相对的波长位置由大到小的次序为：R 带、B 带、K 带、E_2 带、E_1 带，但一般 K 带和 E 带常合并成一个吸收带。

利用紫外光谱来检验一些具有大的共轭体系或发色官能团的化合物时，需要同时兼顾吸收带的位置、强度和形状三个方面。从吸收带的位置可以估计产生该吸收的共轭体系的大小；吸收强度有助于 K 带、B 带和 R 带的识别；从吸收带形状可帮助判断产生紫外吸收的基团。某些芳环衍生物，在峰形上显示一定程度的精细结构，这对推测结构有帮助。

如果一个化合物在紫外区是透明的，则说明分子中不存在共轭体系，不含有醛基、酮基或溴和碘，可能是脂肪族碳氢化合物、胺、腈、醇等不含双键或环状共轭体系的化合物。

如果在 210~250nm 有强吸收，表示有 K 吸收带，则可能含有两个双键的共轭体系，如共轭二烯或 α,β-不饱和酮等。在 260nm、300nm、330nm 处有高强度 K 吸收带，表示有 3~5 个共轭共轭体系存在。在 270~300nm 之间有弱吸收，表示有羟基存在；在 250~300nm 之间有中强度吸收，表示有苯环的特征等。

如果在 260~300nm 有中强吸收且有不同程度的精细结构（$\varepsilon = 200~1000$ L·cm^{-1}·mol^{-1}），则表示有 B 吸收带，体系中可能有苯环或者杂芳环存在。如果苯环上有共轭的生色团存在时，则 ε 可以大于 10 000L·cm^{-1}·mol^{-1}。如果在 250~300nm 有弱吸收带（R 吸收带），则可能含有简单的非共轭并含有 n 电子的生色团，如羰基等。300nm 以上的高强度吸收，说明该化合物具有较大的共轭体系。若高强度吸收具有明显的精细结构，说明稠环芳烃、稠环杂芳烃及其衍生物的存在。

当分子中含有 1 个或多个的生色团（即具有不饱和键的原子基团），辐射就会引起分子中电子能量的改变。常见的生色团有：C=O，—N=N—，—N=O，C=S 等。如果 2 个生色团之间只隔 1 个碳原子，则形成共轭基团，会使吸收带移向较长的波长处（即红移），且吸收带的强度显著增加；当分子中含有助色团，也会产生红移效应。常见的助色团有：—OH，—NH$_2$，—SH，—Cl，—Br，—I。一些典型发色团和助色团的吸收特征见表 1-12 和表 1-13。

表 1-12 一些典型发色团的特征吸收峰

生色团	实例	溶剂	λ_{max}/nm	ε_{max}/L·cm^{-1}·mol^{-1}	跃迁类型
烯	$C_6H_{13}CH=CH_2$	正庚烷	177	13000	π→π*
炔	$C_5H_{11}C≡CCH_3$	正庚烷	178	10000	π→π*
羰基	CH_3COCH_3	异辛烷	279	13	n→π*
	CH_3COH	异辛烷	290	17	n→π*
羧基	CH_3COOH	乙醇	204	41	n→π*
酰胺	CH_3CONH_2	水	214	60	n→π*
偶氮基	$CH_3N=NCH_3$	乙醇	339	5	n→π*
硝基	CH_3NO_2	异辛烷	280	22	n→π*
亚硝基	C_4H_9NO	乙醚	300	100	n→π*
硝酸酯	$C_2H_5ONO_2$	二氧六环	270	12	n→π*

表 1-13 一些典型助色团的特征吸收峰

助色团	化合物	溶剂	λ_{max}/nm	ε_{max}/L·mol^{-1}·cm^{-1}
—	CH_4，C_2H_6	气态	150，165	—
—OH	CH_3OH	正己烷	177	200
—OH	C_2H_5OH	正己烷	186	
—OR	$C_2H_5OC_2H_5$	气态	190	1000
—NH_2	CH_3NH_2	—	173	213
—NHR	$C_2H_5NHC_2H_5$	正己烷	195	2800
—SH	CH_3SH	乙醇	195	1400
—SR	CH_3SCH_3	乙醇	210，229	1020，140
—Cl	CH_3Cl	正己烷	173	200
—Br	$CH_3CH_2CH_2Br$	正己烷	208	300
—I	CH_3I	正己烷	259	400

② 异构体的确定　紫外-可见分光光度计可用来判别物质的异构体，如对互变异构体、顺反异构体等的判别。

对于异构体的确定，可以通过经验规则计算出 λ_{max} 值，与实测值比较，即可证实化合物是哪种异构体。如：乙酰乙酸乙酯的酮-烯醇式互变异构体的吸收特性不同：酮式异构体 λ_{max} 在近紫外光区的 204nm，是 n-π* 跃迁所产生、R 吸收带，无 K 吸收带；烯醇式异构体的 λ_{max} 为 245nm，是 π-π* 跃迁所产生共轭体系的 K 吸收带、R 吸收带和 K 吸收带。两种异构体的互变平衡与溶剂有密切关系。在像水这样的极性溶剂中，由于可能与 H_2O 形成氢键而降低能量以达到稳定状态，所以酮式异构体占优势；而在像乙烷这样的非极性溶剂中，由于形成分子内氢键，且形成共轭体系，使能量降低以达到稳定状态，所以烯醇式异构体上升。某些有机化合物的互变异构体的最大吸收波长见表 1-14。

表 1-14 某些有机化合物的互变异构体的最大吸收波长

化合物	λ_{max}/nm	
	共轭	非共轭
亚油酸	232	无吸收
苯酰乙酸乙酯	308	245
乙酰乙酸乙酯	245（18000）	204（110）
乙酰丙酮	269（12100）（水中）	277（1900）（己烷中）

某一化合物有顺式和反式两种构型，那么它们的最大吸收波长和吸收强度都不同。生色团和助色团处在同一平面上时，才产生最大的共轭效应。反式异构体的空间位阻效应小，分子的平面性能较好，共轭效应强。由于反式异构体的空间位阻小，共轭程度较完全，其紫外吸收光谱最大吸收峰波长 λ_{max}、最大摩尔吸光系数 ε_{max} 均要大于顺式异构体，因此就很容易区分顺式和反式构型了。

用 λ_{max} 判断顺反异构体的某些化合物的例子见表 1-15。

表 1-15　某些有机化合物的顺反异构体的 λ_{max} 和 ε_{max}

化合物	顺式		反式	
	λ_{max}/nm	ε_{max}/L·mol^{-1}·cm^{-1}	λ_{max}/nm	ε_{max}/L·mol^{-1}·cm^{-1}
番茄红素	440	90000	470	185000
二苯代乙烯	280	13500	295	27000
苯代丙烯酸	264	9500	273	20000
乙烯二酸二甲酯	198	26000	214	34000
偶氮苯	295	12600	315	50100
肉桂酸	280	13500	295	27000

除了利用紫外吸收光谱判别互变异构体和顺反异构体外，还可判断开链和成环互变异构体。如开链的碳水化合物在 280nm 处有酮基的吸收峰，成环后则消失。根据此特性，可测出 α-葡萄糖在中性溶液中开链结构少于 0.01%，在强酸性溶液中可达 0.1%，说明在中和过程中开链的 α-葡萄糖有转变为环状结构的趋势。

③ 位阻作用的测定　由于位阻作用会影响共轭体系的共平面性质，当组成共轭体系的生色团近似处于同一平面，两个生色团具有较大的共振作用时，λ_{max} 不改变，ε_{max} 略为降低，空间位阻作用较小；当两个生色团具有部分共振作用，两共振体系部分偏离共平面时，λ_{max} 和 ε_{max} 略有降低；当连接两生色团的单键或双键被扭曲得很厉害，以致两生色团基本未共轭，或具有极小共振作用或无共振作用，剧烈影响其紫外吸收光谱特征时，情况较为复杂。在多数情况下，该化合物的紫外光谱特征近似等于它所含孤立生色团光谱的"加合"。

(3) 纯度检查

紫外-可见分光光度计在物质的纯度检查方面应用非常普遍。

① 检验杂质　紫外-可见分光光度计能测定化合物中含有微量的具有紫外吸收的杂质。如果化合物的紫外-可见光区没有明显的吸收峰，而它的杂质在紫外区内有较强的吸收峰，就可以检测出其中的杂质。如乙醇中杂质苯的检查，已知纯乙醇在 200～400nm 无吸收，如果乙醇中含有微量的苯，则可测到在 200nm 有强吸收（ε=8000L·cm^{-1}·mol^{-1}）和 255nm 处有弱吸收（ε=215L·cm^{-1}·mol^{-1}，群峰）。又如四氯化碳（CCl_4）中，最主要的杂质是二硫化碳（CS_2）。二硫化碳在紫外区的 318nm 处，有一个很强的特征吸收峰。因此，在质量检验时，只要检查 318nm 处 CS_2 的特征吸收峰的大小，就可知道四氯化碳产品是否合格。

② 检验纯度　如果化合物在紫外-可见光区有吸收，可用吸收系数检测其纯度。还可以用差示法来检测样品的纯度。取相同浓度的纯品在同一溶剂中测定作为空白对照，样品与纯品之间的差示光谱就是样品中含有杂质的光谱。

③ 氢键强度的测定　溶剂分子与溶质分子缔合生成氢键时，对溶质分子的紫外-可见光谱有较大的影响。实验证明，不同的极性溶剂产生氢键的强度也不同，这可以利用紫外吸收光谱来判断化合物在不同溶剂中氢键强度，以确定选择哪一种溶剂。对于羰基化合物，根据在极性溶剂和非极性溶剂中 R 带的差别，可以近似测定氢键的强度。

(4) 定量测定

① 绝对法　目前，绝对法是紫外-可见分光光度计诸多分析方法中使用最多的一种方法。以朗伯-比尔定律为基础，某一物质在一定波长下 ε 值是一个常数，石英比色皿的光程是已知的，也是一个常数。因此，可用紫外-可见分光光度计在 λ_{max} 波长处，测定样品溶液的吸光度值 A。然后，根据朗伯-比尔定律求出 $c=A/\varepsilon b$，则可求得该样品溶液的含量或浓度。

② 利用标准曲线法测未知化合物的含量　利用紫外-可见分光光度计进行定量分析时，可将待测试样的纯品配制成一系列标准溶液，事先绘制标准曲线，由待测未知样品的吸光度对照标准曲线，就可得到其含量。

当未知样品为几种组分的 λ_{max} 互不重叠时，可用解联立方程的办法解决。例如，复方阿司匹林（A.P.C）含有三种组分：阿司匹林（A）、非那西丁（P）、咖啡因（C）。阿司匹林和咖啡因的最大吸收峰在 277nm 和 275nm，较为接近，必须事先分离，而咖啡因和非那西丁的最大吸收峰相距较远，可用联立方程解之。将待分析的药片粉碎并溶于氯仿中，用 4% Na_2CO_3 溶液萃取两次，用蒸馏水洗涤一次，合并水层，则阿司匹林进入水层，非那西丁和咖啡因留在氯仿中。再用氯仿洗涤水层三次，进一步提取水层中残留的非那西丁和咖啡因。合并氯仿层，并过滤到 250mL 容量瓶中，用氯仿稀释至刻度。最后，移取 1mL 此液到 100mL 容量瓶中，用氯仿稀释至刻度。取此液分别在 250nm 和 275nm 处测得吸光度。水层用稀酸酸化（pH=2），用氯仿萃取后，将萃取液转入 100mL 容量瓶，用氯仿稀释至刻度，在 277nm 处测其吸光度。通过配制并测定已知浓度的标准样品溶液，可知待测样品中的阿司匹林的含量。对标准的非那西丁溶液和咖啡因溶液，分别在 250nm 和 275nm 处测得其摩尔吸光系数。由此可得出联立方程，并求得咖啡因和非那西丁含量。

同样，甲苯酚中的甲基和羧基因为位置不同，有邻、间、对三种异构体，它们有各自不同的吸收带，可分别在波长为 277nm、273nm、268nm 处测定吸光度值，解联立方程，即可算出各自组分的含量。

③ 络合物组成及稳定常数的测定　金属离子常与有机物形成络合物，多数络合物在紫外-可见光区是有吸收的，可以利用分光光度法来研究其组成。分光光度法是测定配合物组成及稳定常数常用及有效的方法之一，主要有摩尔比法、等摩尔连续变化法等。

摩尔比法（也称为饱和法）它是根据金属离子 M 与配位体 R 显色过程中被饱和的原则来测定配合物组成及稳定常数的方法。此法简便，适合于解离度小、组成比高的配合物组成的测定。

等摩尔连续变化法（又称 Job 法），该法适用于溶液中只形成一种解离度小的、配合比低的配合物组成的测定。如邻菲罗啉分光光度法测定微量铁和配合物的稳定常数。

④ 反应动力学研究　借助于分光光度法可以得出一些化学反应速率常数，并从两个或两个以上温度条件下得到的速率数据，得出反应活化能。丙酮的溴化反应的动力学研究中就是一个成功的例子。

参 考 文 献

[1]　黄丽英. 仪器分析实验指导 [M]. 厦门：厦门大学出版社，2014.
[2]　食品中亚硝酸盐与硝酸盐的测定 [S]. GB 5009.33—2010.
[3]　国家药典委员会. 中华人民共和国药典 [M]. 北京：中国医药科技出版社，2015.
[4]　倪一，黄梅珍，袁波等. 紫外-可见分光光度计的发展与现状 [J]. 现代科学仪器，2004（3）：3-7.
[5]　中华人民共和国国家计量技术规范（JJG 178—2007 紫外、可见、近红外分光光度计检定规程）.
[6]　孙斌. 分光光度计主要技术指标及其检测方法 [J]. 分析仪器，2007（1）：53-56.
[7]　孔迪，彭观良，杨建坤等. 紫外-可见分光光度计主要技术指标及其检定方法 [J]. 大学物理实验，2007（4）：1-6.
[8]　李昌厚. 紫外-可见分光光度计及其应用 [M]. 北京：化学工业出版社，2010.
[9]　张志宏，张越. 紫外-可见分光光度计检定过程中的注意事项 [J]. 中国计量，2013（5）：90-91.
[10]　林秀丽，主沉浮，邹时复. 铜-氨基酸络合物的紫外光谱性质及其应用——络合物组成及稳定常数的测定 [J]. 分析化学，1996（2）：175-179.

第二章

分子荧光分析法

荧光分析法是指物质被紫外光照射后处于激发态，激发态分子经历碰撞及发射的去激发过程所发生的能反映该物质特性的荧光，可以进行定性或定量分析的方法。

目前，荧光分析法在生物化学、分子生物学、免疫学、环境科学以及农牧产品分析、卫生检验、工农业生产和科学研究等领域得到了广泛的应用。

一、基本原理

1. 荧光光谱的产生

物质受光照射时，物质的基态分子在一定条件下能吸收光子的能量，价电子发生能级跃迁而处于激发态。在光致激发和去激发光过程中，分子中的价电子可以处于不同的自旋状态，通常用电子自旋状态的多重性来描述。分子中所有电子自旋都配对的分子的电子态，称为单重态，用"S"表示；分子中未配对电子自旋平行的电子态，称为三重态，用"T"表示。

电子自旋状态的多重态用 $2S+1$ 表示，S 是分子中电子自旋量子数的代数和，其数值为 0 或 1。如果分子中全部轨道里的电子都是自旋配对时，即 $S=0$，多重态 $2S+1=1$，该分子体系便处于单重态。大多数有机物的分子基态是处于单重态的，该状态用"S_0"表示。倘若分子吸收能量后，电子在跃迁过程中不发生自旋方向的变化，这时分子处于激发单重态；如果电子在跃迁过程中伴随着自旋方向的改变，这时分子便具有两个自旋平行（不配对）的电子，即 $S=1$，多重态 $2S+1=3$，该分子体系便处于激发三重态。符号 S_0、S_1、S_2 分别表示基态单重态、第一和第二电子激发单重态；T_1 和 T_2 则分别表示第一和第二电子激发三重态。

处于激发态的分子是不稳定的，它可能通过辐射跃迁和无辐射跃迁等形式释放能量（去活化过程）而返回基态。辐射跃迁的去活化过程，发生光子的发射，伴随着荧光或磷光现象；无辐射跃迁的去活化过程是以热的形式辐射其多余的能量，包括内转化（ic）、体系间窜跃（isc）、振动弛豫（V_R）及外部转移（ec）等，各种跃迁方式发生的可能性及程度，与荧光物质本身的结构及激发时的物理和化学环境等因素有关。

振动弛豫　是指在同一电子能级中，电子由高振动能级转至低振动能级，而将多余的能量以热的形式放出。发生振动弛豫的时间为 10^{-12} S 数量级。

内转移 当两个电子能级非常靠近以至其振动能级有重叠时，常发生电子由高能级以无辐射跃迁方式转移到低能级。处于高激发单重态的电子，通过内转移及振动弛豫，均跃回到第一激发单重态的最低振动能级。

荧光发射 处于第一激发单重态最低振动能级的电子跃回至基态各振动能级时，所产生的光辐射称为荧光发射，将得到最大波长为 λ_3 的荧光。注意基态中也有振动弛豫跃迁。很明显，λ_3 的波长较激发波长 λ_1 或 λ_2 都长，而且无论电子被激发至什么高能级，最终将只发射出波长 λ_3 的荧光。荧光的产生在 $10^{-6} \sim 10^{-9}$ S 内完成。

体系间窜跃 指不同多重态间的无辐射跃迁。如：$S_1 \rightarrow T_1$。通常，发生体系间窜跃时，电子由 S_1 的较低振动能级转移到 T_1 的较高振动能级处。有时，通过热激发，有可能发生 $T_1 \rightarrow S_1$，然后由 S_1 发生荧光，即产生延迟荧光。

外部转移 指激发态分子与溶剂分子或其他溶质分子的相互作用及能量转移，使荧光或磷光强度减弱甚至消失，这一现象称为"熄灭"或"猝灭"。

2. 激发光谱曲线和荧光光谱曲线

任何荧光化合物，都具有两种特征的光谱：激发光谱和发射光谱。

荧光激发光谱（或称激发光谱），就是通过测量荧光体的发光强度随激发光波长的变化而获得的光谱，它反映了不同波长激发光引起荧光的相对效率。激发光谱的具体测绘办法，是通过扫描激发单色器以使不同波长的入射光激发荧光体，然后让所产生的荧光通过固定波长的发射单色器而照射到检测器上，由检测器检测相应的荧光强度，最后通过记录仪记录荧光强度对激发光波长的关系曲线，即为激发光谱。

从理论上说，同一物质的最大激发波长应与最大吸收波长一致，这是因为物质吸收具有特定能量的光而激发，吸收强度高的波长正是激发作用强的波长。因此，荧光的强弱与吸收光的强弱相对应，激发光谱与吸收光谱的形状应相同，但由于荧光测量仪器的特性，例如光源的能量分布、单色器的透射和检测器的响应等特性都随波长而改变，使实际测量的荧光激发光谱与吸收光谱不完全一致。只有对上述仪器因素进行校正之后而获得的激发光谱，即通常所说的"校正的激发光谱"（或"真实的激发光谱"）才与吸收光谱非常近似。

如使激发光的波长和强度保持不变，而让荧光物质所产生的荧光通过发射单色器后照射于检测器上，扫描发射单色器并检测各种波长下相应的荧光强度，然后通过记录仪记录荧光强度对发射波长的关系曲线，所得到的谱图称为荧光发射光谱（简称荧光光谱）。荧光光谱表示在所发射的荧光中各种波长组分的相对强度。荧光光谱可供鉴别荧光物质，并作为在荧光测定时选择适当的测定波长或滤光片的根据。

3. 荧光强度与荧光物质浓度的关系

荧光是由物质吸收光能后发射而出，因此，溶液的荧光强度 I_f 和溶液吸收光能的强度 I_a 以及物质的荧光效率 φ 有关。若溶液的浓度很稀，且入射光光强一定时，荧光强度与物质的浓度呈线性关系（$I_f = Kc$，c 为溶液浓度）

当溶液浓度升高时，由于自熄灭和自吸收等原因，使荧光强度与分子浓度不呈线性关系，而产生曲线弯曲，随着样品池（液槽）厚度的增加，弯曲情况发生在更低的浓度处。

二、仪器组成与结构

荧光分析仪器主要由光源、单色器、样品池、检测器和读出装置组成，结构示意图如图 2-1 所示。

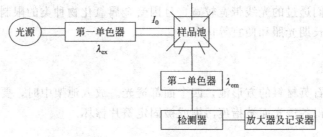

图 2-1 荧光光谱仪结构示意图

1. 激发光源

激发光源：由于荧光体的荧光强度与激发光的强度成正比，因此，作为一种理想的激发光源应具备：①足够的强度；②在所需光谱范围内有连续的光谱；③其强度与波长无关，即光源的输出应是连续平滑等强度的辐射；④光强要稳定。符合这些要求的光源实际上并不存在。可作为激发光源的主要有氙灯、汞灯、氙-汞弧灯、激光器以及闪光灯等。

高压氙弧灯是荧光光谱仪中应用最广泛的一种光源。这种光源是一种短弧气体放电灯，外套为石英，内充氙气，室温时其压力为 5atm，工作时压力约为 20atm。250～800nm 光谱区呈连续光谱。其工作时，在相距约 8mm 的钨电极间形成一强的电子流（电弧），氙原子与电子流相撞而解离为氙正离子，氙正离子与电子复合而发光。氙原子的解离发射连续光谱，而激发态的氙原子则发射分布于 450nm 附近的线状光谱。有的氙弧灯为无臭氧灯，即工作时氙灯周围不产生臭氧，这种灯所用的石英外套不投射波长短于 250nm 的光，但这种灯的输出信号强度随波长缩短而迅速下降。工作时，氙灯灯光很强，其射线会损伤视网膜，紫外线会损伤眼角膜，因此，工作者应避免直视光源。

2. 单色器

（1）光栅单色器

光栅单色器有两个主要性能指标，即色散能力和杂散光水平。色散能力通常以 nm/mm 表示，其中 mm 为单色器的狭缝宽度。通常人们总是选用低杂散光的单色器，以减少杂散光的干扰，同时选用高效率的单色器来提高检测弱信号的能力。单色器一般都有进、出光两个狭缝，出射光的强度约与单色器狭缝宽度的平方成正比，增大狭缝宽度有利于提高信号强度，缩小狭缝宽度有利于提高光谱分辨力，但却牺牲了信号强度。对于光敏性的荧光测量，有必要适当减少入射光的强度。对于荧光测量来说，单色器的杂散光指标是一个极关键的参数。杂散光被定义为除去所需要波长的光线以外，通过单色器的所有其他光线的强度。首先考虑激发单色器，通常紫外线被用来激发荧光体，而氙灯中的紫外线强度仅约为可见光的 1%。荧光体的荧光一般都很弱，通过激发单色器的长波长的杂散光，容易被当做荧光来检测。许多生物样品都有较大的浊度，结果入射的杂散光被样品散射而干扰荧光强度的测量。

因此，某些荧光光谱仪采用双光栅单色器，这样，虽然杂散光可降至峰强度的 $10^{-8} \sim 10^{-12}$，可是其灵敏度也将降低。

（2）滤光片

荧光测量的主要误差来自杂散光和散射光。消除这些误差源除用单色器外还可用滤光片。滤光片具有便宜、简单等优点，因此它在荧光光谱仪中有广泛的应用。滤光片可分为玻璃滤光片、胶膜滤光片和干涉滤光片三种。玻璃滤光片含有各种不同的金属氧化物，因而呈现不同的颜色。它们透过的光线带宽较宽，且因受金属氧化物种类的限制，品种不多。但它具有稳定、经得起长期光照和便宜等优点。

3. 样品池

样品池通常是石英材料的方形池，四个面都透光。放入池架中时，要用手拿着棱并规定一个插放方向，免得各透光面被指痕污染或被固定簧片擦坏。

4. 检测器

检测器主要包括光电倍增管（PMT）、光导摄像管（vidicon）、电子微分器和电荷耦合器件阵列检测器（charge-coupled device，CCD）。

目前，几乎所有普通荧光光谱仪都采用 PMT 作为检测器。PMT 是一种很好的电流源，在一定的条件下，其电流量与入射光强度成正比。虽然 PMT 对各个光子均起响应，但是平时都是测量众多光子脉冲响应的平均值。光导摄像管被用来作为光学多道分析器（简称 OMA）的检测器，它具有检测效率高、动态范围宽、线性响应好、坚固耐用和寿命长等优点。与 PMT 相比，其检测灵敏度虽不如 PMT，但却能同时接收荧光体的整个发射光谱，这有利于光敏性荧光体和复杂样品的分析，且检测系统容易实现自动化。获得导数（亦称微分）光谱的方式有两类：一类为光谱信号输出的微分，它包括电子微分、数字微分、机械转速微分；另一类为改变光路结构，例如波长调制等。荧光光谱仪采用电子微分或微处理机微分。

CCD 是一类新型的光学多通道检测器，它具有光谱范围宽、量子效率高、暗电流小、噪声低、灵敏度高、线性范围宽等特点，同时可获取彩色、三维图像。CCD 是一种灵敏的固体成像装置，一般来说 CCD 的有效成像面积为 $1 \sim 8 cm^2$。现有商品型号的 CCD 有 576 * 384 像素、5126 * 512 像素、1024 * 1024 像素、400 万像素、800 万像素等系列产品。

5. 读出装置

荧光仪器的读出装置（记录器）有数字电压表、记录仪和阴极示波器等几种。数字电压表用于例行定量分析，既准确、方便又便宜。记录仪多用于扫描激发光谱和发射光谱。阴极示波器显示的速度比记录仪快得多，但其价格比记录仪高得多。

三、实验部分

实验一 分子荧光法测定奎宁的含量

【实验目的】

1. 了解荧光分光光度计的性能与结构，掌握仪器的基本操作。

2. 学会绘制荧光激发光谱和荧光发射光谱图（即确定最大的 λ_{ex} 和 λ_{em}）。
3. 定量测定奎宁的含量（标准曲线法）。

【实验原理】

奎宁（quinine），俗称金鸡纳霜，是茜草科植物金鸡纳树及其同属植物的树皮中的主要生物碱，也称为金鸡纳碱。奎宁用于医药、饮料和化妆品中。但该物质有一定毒性，过量可引起过敏及肠胃功能障碍，对中枢神经也有一定影响，所以有必要建立测定奎宁的方法。奎宁在稀酸溶液中是强荧光物质，它有两个激发波长：250nm 和 350nm，荧光发射峰在 450nm。在低浓度时，荧光强度与荧光物质的物质的量浓度呈正比：$I_f = Kc$，通过标准曲线法可以测定未知样品中的奎宁含量。

【仪器与试剂】

1. 仪器

岛津 RF-5301 型荧光分光光度计（也称荧光仪）；石英比色皿；容量瓶；吸管。

2. 试剂

$10.00\mu g \cdot mL^{-1}$ 奎宁储备液；$0.05mol \cdot L^{-1}$ H_2SO_4 溶液；未知样。

【实验步骤】

1. 系列标准溶液的配制

取 6 支 25mL 的容量瓶，分别加入 0.00mL、1.00mL、2.00mL、3.00mL、4.00mL、5.00mL 的 $10.00\mu g \cdot mL^{-1}$ 奎宁标准溶液，用 $0.05mol \cdot L^{-1}$ H_2SO_4 溶液稀释至刻度，摇匀。

2. 绘制荧光发射光谱和荧光激发光谱（以 $1.2\mu g \cdot mL^{-1}$ 的标准溶液找最大 λ_{em} 和 λ_{ex}）

将 λ_{ex} 固定在 250nm，选择合适的实验条件，在 350~600nm 范围内扫描即得荧光发射光谱，从谱图中找出最大 λ_{em} 值；将 λ_{em} 固定在 450nm，选择合适的实验条件，在 220~400nm 范围内扫描即得荧光激发光谱，从谱图中找出最大 λ_{ex} 值。

3. 绘制标准曲线

将激发波长 λ_{ex} 固定在 250nm 处，荧光发射波长 λ_{em} 固定在 450nm 左右处，在选定条件下，测量系列标准溶液的荧光强度，以荧光强度为纵坐标，标准溶液的浓度为横坐标作图，得到标准溶液的荧光强度标准曲线。

4. 未知样品的测定

取约 4mL 待测样品，按照与标准溶液相同的测定条件测定其荧光强度，扫描三次，从标准曲线上找出对应的浓度。

【数据记录及处理】

1. 荧光发射光谱和荧光激发光谱的绘制

以 $1.2\mu g \cdot mL^{-1}$ 的标准溶液测定奎宁的发射光谱，固定激发波长为 250nm，激发和发射狭缝分别设定为____ nm 和____ nm，激发光谱扫描范围为 350~600nm，得到奎宁的发射光谱，从谱图中可知其最大发射波长在____ nm 左右。

固定发射波长在 450nm，激发和发射狭缝分别设定为____ nm 和____ nm，激发光谱扫描范围为 220~400nm，得到激发光谱，由谱图中可知奎宁共有两个激发波长，分别在____ nm 和____ nm 左右。

2. 系列标准溶液的荧光强度测定

将激发波长固定在 250nm，激发和发射狭缝分别设定为____ nm 和____ nm，测定标准溶液在 350~600nm 范围内的发射光谱，从中读出 450nm 处对应的荧光发射强度，每个样品扫描三次，所得结果如表 2-1 所示。

表 2-1 溶液的荧光强度

样品浓度/$\mu g \cdot mL^{-1}$	荧光强度	平均值	平均偏差

以荧光强度为纵坐标，标准溶液的浓度为横坐标作图，得到标准溶液的荧光强度标准曲线，其对应线性关系为：

$$I_f(\mu g \cdot mL^{-1}) = a + bc \tag{2-1}$$

其中 $a=\quad$，$b=\quad$，$R^2=$

3. 样品浓度测定

未知样品浓度测定结果如表 2-2 所示。

表 2-2 未知样品的浓度测定

样品编号	荧光强度	平均值	平均偏差	对应浓度/$\mu g \cdot mL^{-1}$
No. 1				
No. 2				

【注意事项】

奎宁标准溶液的配制必须在酸性介质中。

【问题与讨论】

1. 能用 $0.05 mol \cdot L^{-1}$ HCl 来代替 $0.05 mol \cdot L^{-1}$ H_2SO_4 稀释溶液吗？为什么？
2. 如何绘制荧光激发光谱和荧光发射光谱？
3. 哪些因素可能会对奎宁荧光产生影响？

实验二　荧光法测定药物中乙酰水杨酸和水杨酸

【实验目的】

1. 掌握用荧光法测定药物中乙酰水杨酸和水杨酸的方法。
2. 掌握 RF-5301 型荧光仪的操作方法。

【实验原理】

乙酰水杨酸（ASA，阿司匹林）是常用的解热抗炎药，被广泛用于防治心脑血管病。由于乙酰水杨酸能够水解生成水杨酸（SA），因此在阿司匹林中，都或多或少存在一些水杨酸。用氯仿作为溶剂，用荧光法可以分别测定二者的含量。加少许醋酸可以增加二者的荧光强度。在1%醋酸-氯仿中，乙酰水杨酸和水杨酸的激发光谱和荧光光谱如图 2-2 所示。

为了消除药片之间的差异，可取几片药片一起研磨，然后取部分有代表性的样品进行分析。

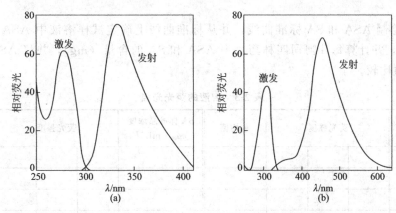

图 2-2 乙酰水杨酸（a）和水杨酸（b）的光谱图

【仪器与试剂】

1. 仪器

RF-5301 型荧光仪；石英比色皿；容量瓶；吸管。

2. 试剂

醋酸；氯仿；阿司匹林药片。

（1）乙酰水杨酸储备液：称取 0.4000g 乙酰水杨酸溶于 1%醋酸-氯仿溶液中，用 1%醋酸-氯仿溶液定容于 1000mL 容量瓶中。

（2）水杨酸储备液：称取 0.7500g 水杨酸溶于 1%醋酸-氯仿溶液中，并定容于 1000mL 容量瓶中。

【实验步骤】

1. 绘制 ASA 和 SA 的激发光谱和荧光光谱

将乙酰水杨酸和水杨酸储备液分别稀释 100 倍（每次稀释 10 倍，分二次完成）。用该溶液分别绘制 ASA 和 SA 的激发光谱和荧光光谱曲线，并分别找到它们的最大激发波长和最大发射波长。

2. 制作标准曲线

（1）乙酰水杨酸标准曲线

在 5 只 50mL 容量瓶中，用吸量管分别加入 $4.00\mu g \cdot mL^{-1}$ ASA 溶液 2.0mL、4.0mL、6.0mL、8.0mL、10.0mL，用 1%醋酸-氯仿溶液稀释至刻度，摇匀，分别测量它们的荧光强度。

（2）水杨酸标准曲线

在 5 只 50mL 容量瓶中，用吸量管分别加入 $7.50\mu g \cdot mL^{-1}$ SA 溶液 2.0mL、4.0mL、6.0mL、8.0mL、10.0mL，用 1%醋酸-氯仿溶液稀释至刻度，摇匀，分别测量它们的荧光强度。

3. 阿司匹林药片中乙酰水杨酸和水杨酸的测定

将 5 片阿司匹林药片称量后磨成粉末，称取 400.0mg 用 1%醋酸-氯仿溶液溶解，全部转移至 100mL 容量瓶中，用 1%醋酸-氯仿溶液稀释至刻度。迅速通过定量滤纸干过滤，用该滤液在与标准溶液同样条件下测量 SA 荧光强度。

将上述滤液稀释 1000 倍（用三次稀释来完成），与标准溶液同样条件测量 ASA 荧光强度。

【数据记录及处理】

1. 从绘制的 ASA 和 SA 激发光谱和荧光光谱曲线上，确定它们的最大激发波长和最大发射波长。

2. 分别绘制 ASA 和 SA 标准曲线,并从标准曲线上确定试样溶液中 ASA 和 SA 的浓度,见表 2-3,并计算每片阿司匹林药片中 ASA 和 SA 的含量(mg),并将 ASA 测定值与说明书上的值比较。

表 2-3 溶液的荧光光强

ASA 标准品浓度 /$\mu g \cdot mL^{-1}$	荧光强度	平均值	SA 标准品浓度 /$\mu g \cdot mL^{-1}$	荧光强度	平均值

【注意事项】
阿司匹林药片溶解后,1h 内要完成测定,否则 ASA 的量将降低。

【问题与讨论】
1. 标准曲线是直线吗?若不是,从何处开始弯曲?请解释原因。
2. 从 ASA 和 SA 的激发光谱和发射光谱曲线,解释这种分析方法可行的原因。

四、知识拓展

1. 荧光分析法的发展历程

荧光分析法历史悠久。早在 16 世纪西班牙内科医生和植物学家 N. Monardes 就发现含有一种称为"Lignum Nephriticum"的木头切片的水溶液中,呈现出极为可爱的天蓝色,但未能解释这种荧光现象。直到 1852 年 Stokes 在考察奎宁和叶绿素的荧光时,用荧光分光光度计观察到它们能发射比入射光波长稍长的光,才判明这种现象是这些物质在吸收光能后重新发射的不同波长的光,从而导入了荧光是光发射的概念,并根据萤石发荧光的性质提出"荧光"这一术语,他还论述了 Stokes 位移定律和荧光猝灭现象。到 19 世纪末,人们已经知道了包括荧光素、曙红、多环芳烃等 600 多种荧光化合物。近十几年来,激光、微处理机和电子学新成就等科学技术的引入大大推动了荧光分析理论的进步,促进了诸如同步荧光测定、导数荧光测定、时间分辨荧光测定、相分辨荧光测定、荧光偏振测定、荧光免疫测定、低温荧光测定、固体表面荧光测定、荧光反应速率法、三维荧光光谱技术和荧光光纤化学传感器等荧光分析方面的发展,加速了各种新型荧光分析仪器的问世,进一步提高了分析方法的灵敏度、准确度和选择性,解决了生产和科研中的不少难题。

2. 荧光分析法的应用

荧光分析法具有灵敏度高、取样量少等优点,现已广泛应用于无机化合物和有机化合物物质的分析。

(1) 无机化合物分析

无机化合物直接能产生荧光并用于测定的为数不多，一般是与有机试剂形成发荧光的配合物后进行荧光分析，现在可以采用有机试剂进行荧光分析的元素已近70种。其中铍、铝、硼、镓、硒、镁、锌、镉及稀土元素常采用荧光法进行分析。

采用荧光熄灭法进行间接荧光法测定的元素有氧、硫、铁、银、钴、镍、铜、钼、钨等。

可采用催化荧光法进行测定的物质有铜、铍、铁、钴、锇、银、金、锌、铝、钛、钒、锰、铒、过氧化氢和CN^-等。

可在液氮温度下（-196℃），用低温荧光法进行分析的元素有铬、铌、铀、碲和铅等。

此外，还可用固体荧光测定铀、铈、钐、铽、锑、钒、铅、铋、铌和锰等元素。

(2) 有机化合物分析

脂肪族有机化合物的分子结构较为简单，产生荧光的物质不多。但也有许多脂肪族有机化合物与某些有机试剂反应后生成的产物在紫外光照射下会发生荧光，可用于荧光法来测定。例如：丙三醇与苯胺在浓硫酸介质中发生反应而生成了喹啉。喹啉在浓硫酸介质中在紫外光照射下会发生蓝色荧光，由喹啉的荧光强度可以间接测定丙三醇含量；丙酮在紫外光照射下所生成的自由基与荧光素钠结合形成无色衍生物，从而导致荧光素钠的荧光强度下降，以此可以测定丙酮的含量；草酸被还原为乙醛酸后可以与间苯二酚耦合形成一种有色的荧光配合物，可用来间接测定草酸含量。

芳香族有机化合物因具有共轭的不饱和体系，易于吸光，其中分子庞大而结构复杂者在紫外光照射下多能发生荧光。例如：蒽、菲、芘在紫外光照射时均可发生荧光，可用荧光分析法直接测定。有时为了提高测定方法的灵敏度和选择性，常使弱荧光性的芳香族化合物经与某种有机试剂作用而获得强荧光性的产物，然后进行测定。例如：降肾上腺素经与甲醛缩合而得到一种强荧光性产物，然后采用荧光显微镜法可以检测出组织切片中含量低到10^{-7} g的降肾上腺素。

在生命科学的研究中，荧光分析是测定蛋白质、核酸等生物大分子最重要的方法之一。酪氨酸、色氨酸能吸收270～300nm的紫外光，并分别发射303nm、348nm的荧光，含有这两种氨基酸的蛋白质可以直接用荧光法测定，如牛乳中蛋白质的测定。某些荧光染料在与蛋白质作用之后，荧光强度显著增大，而且荧光强度的增大程度与溶液中蛋白质的浓度呈线性关系，可用于蛋白质的测定。如8-苯胺基-1-萘磺酸作为荧光染料可以测定1～300μg·$(3mL)^{-1}$的蛋白质。在核酸的分析中，最重要的荧光试剂是溴乙锭，它能够嵌入DNA双螺旋结构中的碱基对之间，而使其荧光大大增强，它不仅能检测低至$0.1μg·mL^{-1}$DNA含量，而且可用于探测DNA的双螺旋结构，被广泛用于核酸的变性与复性以及DNA分子杂交的研究中。

荧光分析法，特别是新近发展起来的同步荧光法、时间分辨荧光法、相分辨荧光法、偏振荧光法等新的测定技术，都具有灵敏度高、选择性好、取样量少、简便快速等优点，已成为各领域中痕量及超痕量分析的重要工具。

3. 荧光定量分析方法

(1) 工作曲线法

这是常用的方法，即将已知量的标准物质经过与试样的相同处理后，配成一系列标准溶液并测定它们的相对荧光强度，以相对荧光强度对标准溶液的浓度绘制工作曲线，由试液的相对荧光强度对照工作曲线求出试样中荧光物质的含量。

（2）荧光猝灭法

荧光猝灭剂的浓度 c_Q 与荧光强度的关系可用 Stern-Volmer 方程式（2-2）表示：

$$F_0/F = 1 + Kc_Q \tag{2-2}$$

式中，F_0 与 F 分别为猝灭剂加入前与加入后试液的荧光强度。由式（2-2）可见，F_0/F 与猝灭剂浓度之间有线性关系，与工作曲线法相似，对一定浓度的荧光物质体系，分别加入一系列不同量的猝灭剂 Q，配成一个荧光物质-猝灭剂系列，然后在相同条件下测定它们的荧光强度。以 F_0 与 F 值对 c_Q 绘制工作曲线即可方便地进行测定。该法具有较高的灵敏度和选择性。

4. RF-5301 型荧光仪操作说明

（1）开机

a. 确认所测试样液体或固体，选择相应的附件。

b. 先开启仪器主机电源，预热半小时后启动电脑程序 RF-530XPC，仪器自检通过后，即可正常使用。

（2）测样

① spectrum 模式

a. 在"Acquire Mode"中选择"Spectrum"模式。

对于做荧光光谱的样品，"Configure"中"Parameters"的参数设置如下所述。

"Spectrum Type"中选择 Emission；给定 ex 波长；给定 em 的扫描范围（最大范围 220～900nm）；设定扫描速度、扫描间隔、狭缝宽度，点击"OK"完成参数的设定。

对于做激发谱的样品，"Configure"中"Parameters"的参数设置如下所述。

"Spectrum Type"中选择 Excitation；给定 em 波长；给定 ex 的扫描范围（最大范围 220～900nm）；设定扫描速度、扫描间隔、狭缝宽度，点击"OK"，完成参数的设定。

b. 在样品池中放入待测的溶液，点击"Start"，即可开始扫描。

c. 扫描结束后，系统提示保存文件。可在"Presentation"中选择"Graf""Radar""Both Axes Ctrl＋R"来调整显示结果范围；在"Manipulate"中选择"Peak Pick"来标出峰位，最后在"Channel"中进行通道设定。

d. 上述操作步骤对固体样品同样适用。

② Quantitative 模式

a. 在"Acquire Mode"中选择"Quantitative"模式。

b. "Configure"中"Parameters"的参数设置如下所述。

Method 选择"Multi Point Working Curve"；"Order of Curve"中选择"1st"和"No"；给定 ex、em 波长；设定狭缝宽度，点击"OK"，完成参数的设定。

c. 在样品池中放入装有空白溶液的比色皿后执行"Auto Zero"命令校零点。

d. 点击"Standard"模式，制作工作曲线。

e. 将样品池中的空白溶液换成一系列的已知浓度的样品标准溶液进行测量，执行"Read"命令，得到相应的荧光强度，系统根据测量值自动生成一条"荧光强度-浓度"曲线。

f. 在"Presentation"中选择"Display Equation"，得到标准方程。将此工作曲线

"Save"为扩展名为". std"的文件。

　　g. 工作曲线制备完毕，即可进入未知样的测量，选择进入"Unknown"模式，将样品池中的已知浓度标准溶液换成待测样品溶液，执行"Read"命令，即可得到相应的荧光强度和相应的浓度。将此"Save"为扩展名为". qnt"的文件。

③ Time Course 模式

　　a. 在"Acquire Mode"中选择"Time Course"模式。

　　b. "Configure"中"Parameters"的参数设置如下所述。

给定 ex、em 波长；设定狭缝宽度、设定反应时间、读取速度、读取点数；

点击"OK"，完成参数的设定。

　　c. 在样品池中放入装有空白溶液的比色皿后执行"Auto Zero"命令校零点。

　　d. 将样品池中的空白溶液换成待测溶液，点击"Start"，即可开始扫描。扫描结束后，即可得到荧光强度对时间的工作曲线。

　　e. 将此工作曲线"Save"为扩展名为". TMC"的文件。

(3) 关机

退出软件后关闭主机。

(4) 注意事项

请注意爱护液体比色皿，特别是测试有机样品的同学请在测量完毕后用有机溶剂清洗，干燥后再放入盒子中，否则会造成比色皿表面严重污染，影响透光度。

参 考 文 献

[1] 方慧群，于俊生，史坚. 仪器分析 [M]. 北京：科学出版社，2002.
[2] 朱明华. 仪器分析 [M]. 4 版. 北京：高等教育出版社，2008.
[3] 刘志广. 仪器分析 [M]. 北京：高等教育出版社，2007.
[4] 分析测试百科网 https://www.antpedia.com/.

第三章

红外光谱分析

一、基本原理

物质处于不停的运动状态之中，分子经光照射后，就吸收了光能，运动状态从基态跃迁到高能态的激发态。分子的运动能量是量子化的，它不能占有任意的能量，被分子吸收的光子，其能量等于分子动能的两种能量级之差，否则不能被吸收。

分子所吸收的能量可由下式表示：

$$E = h\nu = hc/\lambda \tag{3-1}$$

式中，E 为光子的能量；h 为普朗克常数；ν 为光子的频率；c 为光速；λ 为波长。由此可见，光子的能量与频率成正比，与波长成反比。

分子吸收光子以后，依光子能量的大小，可以引起转动、振动和电子能级的跃迁，其中分子具有各种不同的振动和转动形式，它们所吸收的能量落在红外光谱区，所以红外光谱（红外吸收光谱）又称为分子的振动-转动光谱。

由于原子的种类和化学键的性质不同，以及各化学键所处的环境不同，导致不同化合物的吸收光谱具有各自的特征。大量实验结果表明，一定的官能团总是对应于一定的特征吸收频率，即有机分子的官能团具有特征红外吸收频率。许多基团或化学键与其频率对应关系在 $4000 \sim 1300 cm^{-1}$ 区域内能明确地体现出来，此区域称为基团特征频率区或称为官能团区。这对于利用红外谱图进行分子结构鉴定具有重要意义。在红外光谱图中 $1350 \sim 600 cm^{-1}$ 的低频率区称为指纹区，这个区域出现的谱带属于各种单键的伸缩振动和多数基团的弯曲振动（例如 C—C，C—N，C—O 键等）。这个区域的振动类型复杂而且重叠，特征性差，但对分子结构的变化高度敏感，只要分子结构上有微小的变化，都会引起这部分光谱的明显改变。

官能团区可分为四个波段（$4000 \sim 1300 cm^{-1}$），如下所述。

① $4000 \sim 2500 cm^{-1}$，X—H 伸缩振动区（X＝C、O、N 等），如 O—H（$3700 \sim 3200 cm^{-1}$）COO—H（$3600 \sim 3500 cm^{-1}$），N—H（$3500 \sim 3300 cm^{-1}$），≡C—H（$3300 cm^{-1}$）。通常 $>3000 cm^{-1}$ 有吸收的 C—H，化合物为不饱和的＝C—H，$<3000 cm^{-1}$ 有吸收，为饱和的—C—H。

② $2500 \sim 2000 cm^{-1}$，叁键和累积双键区，主要有 —C≡C—，—C≡N，—C＝C＝C，—C＝C＝O，S—H，Si—H，P—H，B—H 的伸缩振动。

③ $2000 \sim 1500 cm^{-1}$，双键伸缩振动区，如 C＝O（$1870 \sim 1600 cm^{-1}$）强峰，C＝C

(1680~1600cm^{-1})，C=N（1650~1600cm^{-1}），N=O（1675~1500cm^{-1}）对称性好时 C=C 峰很弱，苯的衍生物（2000~1667cm^{-1}）。

④ 1500~1300cm^{-1}，饱和 C—H 变形振动吸收峰，如—CH$_3$ 出现在 1380cm^{-1} 及 1450cm^{-1} 两个峰，$\diagdown$CH$_2\diagup$ 出现在 1470cm^{-1}，$\diagdown$CH$\diagup$ 出现在 1340cm^{-1}。

指纹区可以分为两个波段（1300~600cm^{-1}），如下所述。

① 1300~900cm^{-1}，这个波段的光谱信息很丰富，较为主要的有如下几种：

几乎所有不含 H 的单键的伸缩振动，部分含 H 基团的弯曲振动，某些较重原子的双键伸缩振动。

② 900~600cm^{-1}，这个波段中较为有价值的两种特征吸收：长碳链饱和烃，$\pm$CH$_2\pm$$_n$，$n \geq 4$ 时，呈现 722cm^{-1} 有一中至强的吸收峰，n 减小时，$\bar{\nu}$ 变大；苯环上 C—H 面外变形振动吸收峰的变化，可以判断取代情况，此区域的吸收峰比泛频带 2000~1670cm^{-1} 灵敏，因此更具使用价值。红外光谱在化学领域中的应用主要有以下两方面：一是分子结构的基础研究，应用红外光谱可以测定分子的键长、键角，以此推断出分子的立体构型，根据所得的力常数可以知道化学键的强弱，由简正频率来计算热力学函数；二是对物质的化学组成的分析，用红外光谱法可以根据光谱中吸收峰的位置和形状来推断未知物结构，依照特征吸收峰的强度来测定混合物中各组分的含量。物质的红外光谱是其分子结构的反映，谱图中的吸收峰与分子中各基团的振动形式相对应。其中应用最广泛的还是化合物的结构鉴定，根据红外光谱的峰位、峰强及峰形判断化合物中可能存在的官能团，从而推断出未知物的结构。此外，红外光谱的具体应用涵盖了染织工业、环境科学、生物学、材料科学、高分子化学、催化、煤结构研究、石油工业、生物医学、生物化学、药学、无机和配位化学基础研究、半导体材料、日用化工等研究领域。

二、仪器组成与结构

傅里叶变换红外（FT-IR）光谱仪是根据光的相干性原理设计的，因此是一种干涉型光谱仪，它主要由光源（硅碳棒、高压汞灯）、干涉仪、检测器、计算机和记录系统组成，大多数傅里叶变换红外光谱仪使用了迈克尔逊（Michelson）干涉仪，因此实验测量的原始光谱图是光源的干涉图，然后通过计算机对干涉图进行快速傅里叶变换计算，从而得到以波长或波数为函数的光谱图。因此，谱图称为傅里叶变换红外光谱，仪器称为傅里叶变换红外光谱仪（结构见图 3-1）。

1. 光源

FT-IR 要求光源能发出稳定、能量强、发射度小的具有连续波长的红外光。现在红外光谱仪的光源种类比较多，主要有以下几种。

① 碳化硅光源：优点是光的能量比较强，功率大，热辐射强，但需要冷却。

② EVER-GLO 光源：改进型的碳化硅光源，发光面积小，红外辐射强，热辐射很弱，不需要冷却，寿命长，能使用十年以上。

③ 陶瓷光源：水冷却光源和空气冷却光源。是红外光谱仪使用比较多的光源。

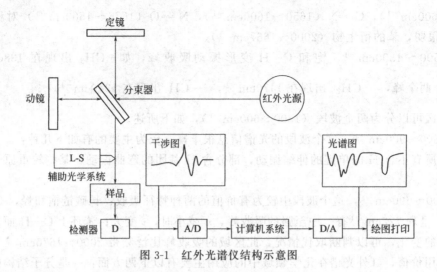

图 3-1 红外光谱仪结构示意图

④ 能斯特灯光源：光的能量比较强，但是需要预热。
⑤ 白炽线圈光源：光的能量较弱。

2. 干涉仪（光谱仪的"心脏"）

FT-IR 的核心部分是 Michelson 干涉仪（见图 3-2）。在相互垂直的 M1 和 M2 之间放置一呈 45°角的半透膜光束分裂器 BS（beam splitters），可使 50% 的入射光透过，其余部分被反射。当光源发出的入射光进入干涉仪后被 BS 分成两束光——透射光Ⅰ和反射光Ⅱ。其中，透射光Ⅰ穿过 BS 被动镜 M2 反射，沿原路回到 BS 并被反射到探测器 D；反射光Ⅱ则由固定镜 M1 沿原路反射回来，通过 BS 到达 D。这样在 D 上所得的Ⅰ光和Ⅱ光是相干光。如果进入干涉仪的是波长为 λ 的单色光，开始时因 M1 和 M2 与 BS 的距离相等（此时称动镜 M2 处于零位），Ⅰ光和Ⅱ光到达 D 时位相相同，发生相长干涉，亮度最大。当 M2 移动入射光的 λ/4 距离时，则Ⅰ光的光程变化为 λ/2，在 D 上两光相差为 180°，则发生相消干涉，亮度最小。因此：当动镜 M2 移动 λ/4 的奇数倍时，则Ⅰ光和Ⅱ光的光程差为 λ/2 的奇数倍，都会发生相消干涉；当动镜 M2 移动 λ/4 的偶数倍时，则Ⅰ光和Ⅱ光的光程差为 λ/2 的偶数倍（即为波长的整数倍），都会发生相长干涉，而部分相消干涉则发生在上述两种位移之间。

3. 检测器

即上述检测器 D，一般可分为以下三类。
① 真空热电偶：是目前红外分光光度计中最常用的一种检测器。
② 高莱池：高莱池是一种灵敏度较高的气胀式红外检测器。
③ 电阻测辐射热计：将很薄的黑化金属片（热敏元件）作受光面，装在惠斯通电桥的一个臂上，当光照射到受光面上时，它吸收红外辐射温度升高，其电阻值发生改变，使电桥失去平衡，便有信号输出。根据电阻变化的测量量即可得到红外辐射强度。

4. 计算机及记录系统

计算机通过红外工作软件将记录系统获得的实验测量原始光谱图（光源的干涉图 3-2），进行快速傅里叶变换计算，从而得到以波长或波数为函数的光谱图。

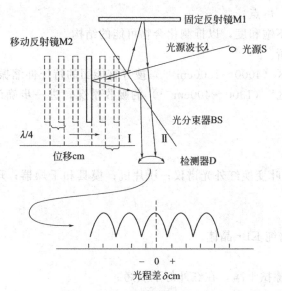

图 3-2 红外光谱仪光源干涉图

三、实验部分

实验一　2-萘酚红外光谱的测定及解析

【实验目的】
1. 了解傅里叶变换红外光谱仪的工作原理、构造和使用方法,并熟悉基本操作。
2. 了解如何根据红外光谱图识别官能团。
3. 掌握红外光谱分析时固体样品的压片法样品制备技术。

【实验原理】
　　当一定频率(一定能量)的红外光照射分子时,如果分子某个基团的振动频率和外界红外辐射频率一致,二者就会产生共振。此时,光的能量通过分子偶极矩的变化传递给分子,这个基团就吸收一定频率的红外光,产生振动跃迁(由原来的基态跃迁到较高的振动能级),从而产生红外吸收光谱。如果红外光的振动频率和分子中各基团的振动频率不一致,该部分红外光就不会被吸收。用连续改变频率的红外光照射某试样,将分子吸收红外光的情况用仪器记录下来,就得到试样的红外吸收光谱图。由于振动能级的跃迁伴随有转动能级的跃迁,因此所得的红外光谱不是简单的吸收线,而是一个个吸收带。

　　红外吸收光谱法通过研究物质结构与红外吸收光谱间的关系,来对物质进行分析的,红外光谱可以用吸收峰谱带的位置和峰的强度加以表征。测定未知物结构是红外光谱定性分析的一个重要用途。根据实验所测绘的红外光谱图的吸收峰位置、强度和形状,利用基团振动频率与分子结构的关系,来确定吸收带的归属,确认分子中所含的基团或键,并推断分子的结构,鉴定的步骤如下。

　　(1) 对样品做初步了解,如样品的纯度、外观、来源及元素分析结果,以及样品的物理性质（分子量、沸点、熔点）。

(2) 确定未知物不饱和度，以推测化合物可能的结构。

(3) 进行图谱解析。

①首先在官能团区（4000~1300cm^{-1}）搜寻官能团的特征伸缩振动峰。

②再根据"指纹区"（1300~400cm^{-1}）的吸收情况，进一步确认该基团的存在以及与其他基团的结合方式。

【仪器与试剂】

1. 仪器

IRAffinity-1 傅里叶变换红外光谱仪；压片机；模具和干燥器；玛瑙研钵；药匙；镜纸及红外灯。

2. 试剂

2-萘酚粉末；光谱纯 KBr 晶体。

【实验步骤】

1. 将所有的模具擦拭干净，在红外灯下烘烤。

2. 在红外灯下研钵中加入 KBr 进行研磨，至少十分钟。

3. 将 KBr 装入模具，在压片机上压片，压力上升至 35MPa 左右，稳定 5min；

4. 打开傅里叶变换红外光谱仪，将压好的薄片装机，设置背景的各项参数之后，进行测试，得到背景的扫描谱图。

5. 取一定量的样品（样品：KBr=100：1）放入研钵中研细，然后重复上述步骤得到试样的薄片。

6. 将样品的薄片固定好，装入红外光谱仪，设置样品测试的各项参数后进行测试，得到 2-萘酚的红外谱图。

7. 在红外光谱仪自带的谱图库中进行检索，检出相关度较大的已知物的标准谱图，对样品的谱图进行解读，参考标准谱图得出鉴定结果。

【数据记录及处理】

1. 对照试样的结构，对红外谱图中的吸收峰进行峰归属（表 3-1）。4000~1500cm^{-1} 区域的每一个峰都应讨论，小于 1500cm^{-1} 的吸收峰选择主要的进行归属。

表 3-1 红外谱图中的吸收峰位置记录及进行峰归属

谱带位置 cm^{-1}	引起吸收的主要基团

2. 查找样品的标准谱图，并将自己所测样品谱图与标准谱图对比并进行评价和讨论。

【注意事项】

1. 制得的晶片必须无裂痕，局部无发白现象，如同玻璃般完全透明，否则应重新制作。晶片局部发白，表示压制的晶片薄厚不匀；晶片模糊，表示晶体吸潮，水在光谱图 3450cm^{-1} 和 1640cm^{-1} 处出现吸收峰。

2. 红外光谱实验应在干燥的环境中进行，因为红外光谱仪中的一些透光部件是由溴化钾等易溶于水的物质制成，在潮湿的环境中极易损坏。另外，水本身能吸收红外光产生强的吸收峰，干扰试样的谱图。

【问题与讨论】
1. 为什么进行红外吸收光谱测试时要做空气背景扣除？
2. 进行固体样品测试时，为什么要将样品研磨至 $2\mu m$ 左右？
3. 影响基团振动频率的因素有哪些？这对于由红外光谱推断分子的结构有什么作用？

实验二　正己醇-环己烷溶液中正己醇含量的测定

【实验目的】
1. 了解红外吸收光谱定量分析基本原理。
2. 了解红外光谱法进行纯组分定量分析的全过程。
3. 掌握不同浓度溶液的配制、样品含量的计算等方法。
4. 掌握液膜法制样的技术。

【实验原理】

红外定量分析的基础是朗伯-比尔定律。但在测量时，由于吸收池窗片对辐射的发射和吸收，试样对光的散射引起辐射损失，仪器的杂射辐射和试样的不均匀性等都将造成吸光度同浓度之间的非线形关系而偏离朗伯-比尔定律。所以在定量分析中，吸光度值要用工作曲线的方法来获得。另外，还必须采用基线法求得试样的吸光度值，才能保证相对误差较小。

【仪器与试剂】

1. 仪器

IRAffinity-1 傅里叶变换红外光谱仪；样品架；可拆液体池；注射器。

2. 试剂

试剂级正己醇；试剂级环己烷；试剂级四氯化碳。

【实验步骤】
1. 测定液体池的厚度，以厚度较小的作为参比池，厚度较大的作为样品池。
2. 工作曲线的绘制：分别取标准溶液（浓度为20%）1mL，2mL，3mL，4mL，5mL 放到10mL 容量瓶中，用溶剂稀释到刻度，测定每一个样品的红外光谱图。绘制工作曲线。
3. 测定混合物的谱图。

【数据记录及处理】
1. 测量相应的峰高值并计算正己醇的含量（表3-2）。

表3-2　红外谱图中的峰高记录及计算正己醇含量

相应的峰高值	对应的正己醇含量

2. 绘制工作曲线，并将混合物样品谱图中样品峰高值通过工作曲线转换为样品在溶液中的实际浓度。

【注意事项】
1. 溶剂常温下对试样有足够溶解度,对试样应为化学惰性。否则试样的吸收带位置和强度均会受到影响。
2. 在试样的主要吸收带区域内该溶剂无吸收,或仅有弱吸收,或吸收能被补偿。

【问题与讨论】
标准曲线的相关系数与哪些因素有关?

四、知识拓展

红外光谱法是鉴别物质和分析物质结构的有用手段,已广泛用于各种物质的定性鉴定和定量分析,以及研究分子间和分子内部的相互作用。红外光谱仪已成为化学分析中应用最广泛的仪器之一,到目前为止红外光谱仪已发展了四代。第一代是最早使用的棱镜式色散型红外光谱仪,对温度、湿度敏感,对环境要求苛刻。20 世纪 60 年代出现了第二代光栅型色散式红外光谱仪,由于采用先进的光栅刻制和复制技术,提高了仪器的分辨率,拓宽了测量波段,降低了环境要求。20 世纪 70 年代发展起来的干涉型红外光谱仪,是红外光谱仪的第三代,具有宽的测量范围、高的测量精度、极高的分辨率以及极快的测量速度。傅里叶变换红外光谱仪是干涉型红外光谱仪器的代表,具有优良的特性,完善的功能。20 世纪 70 年代末出现的激光红外光谱,能量高,单色性好,灵敏度极高,可调激光既作为光源又省去了分光部件,作为第四代红外光谱仪,将成为今后研究的重要方向。傅里叶变换红外光谱仪,具有极高的信噪比,其分辨率可达 $0.7 cm^{-1}$,同时兼备计算机处理功能,并具有漫反射、衰减全反射、镜面反射等附件,可用于塑料、油漆、油料、添加剂等多种样品的分析,是进行质量监控的有力手段。在现代分析测试技术中,用于复杂试样的微量或痕量组分的分离分析的多功能红外联机检测技术代表了新的发展方向。傅里叶变换红外光谱仪与色谱联用可以进行多组分样品的分离和定性,与显微镜联用可进行微量样品的分析鉴定,与热失重联用可进行材料的热稳定性研究,与拉曼光谱联用可得到红外光谱弱吸收的信息。实践证明,红外光谱联用技术是一种十分有效的实用技术,现已实现联机的有气相色谱-红外、高效液相色谱-红外、超临界流体色谱-红外、薄层色谱-红外、热失重-红外、显微镜-红外及气相色谱-红外-质谱等,这将进一步提高分析仪器的分离分析能力。随着傅里叶变换红外光谱技术的发展,远红外、近红外、偏振红外、高压红外、红外光声光谱、红外遥感技术、变温红外、拉曼光谱、色散光谱等技术也相继出现,这些技术的出现使红外光谱法成为物质结构和鉴定分析的有效方法。目前,红外技术已广泛地应用于石油勘探-分析、地质矿物的鉴定,农业生物学、医学、法庭科学、气象科学、染织工业、原子能科学等方面的研究。

参考文献

[1] 朱明华. 仪器分析 [M]. 北京: 高等教育出版社出版, 2002: 20~36.
[2] 郭雪松, 商琳, 张卓姝. 近红外光谱技术在二组分混纺面料纤维成分含量快检中的应用 [J]. 分析仪器, 2017, (3): 33~38.
[3] 邓月娥, 周群, 孙素琴. FTIR 光谱法与奶粉的品质分析 [J]. 光谱学与光谱分析, 2005, 25 (12): 1972~1974.

第四章
原子发射光谱法

原子发射光谱法（atomic emission spectrometry，AES）是光学分析法中产生与发展最早的一种，在近代各种材料的定性、定量分析中，原子发射光谱法发挥了重要作用。特别是新型光源的研制与电子技术的不断更新和应用，使原子发射光谱分析获得了新的发展，成为仪器分析中最重要的方法之一。

一、基本原理

当原子的受激的外层电子，从较高的激发态能级跃迁到较低的能级或基态能级时，多余的能量以光的形式辐射出来，从而产生原子发射光谱。原子有结构紧密的原子核，核外围绕着不断运动的电子，电子处在一定的能级上，具有一定的能量。从整个原子来看，在一定的运动状态下，它也是处在一定的能级上，具有一定的能量。一般情况下，大多数原子处在最低的能级状态，即基态。基态原子在激发光源（即外界能量）的作用下，获得足够的能量，外层电子跃迁到较高能级状态的激发态，这个过程叫激发。将原子中的电子从基态激发至激发态所需的能量称为激发电位（eV）。原子的每条光谱线都有相应的激发电位，可查表。外加的能量足够强时，原子在激发过程中部分原子可能发生电离，成为离子，这个过程称为电离。处在激发态的原子很不稳定，在极短的时间内（10^{-8} s），外层电子便跃迁回基态或其他较低的能级而释放出多余的能量。释放能量的方式可以是通过与其他粒子的碰撞，进行能量的传递，这是无辐射跃迁，也可以以一定波长的电磁波形式辐射出去，其释放的能量及辐射线的波长（频率）要符合波尔的能量定律（式 4-1）：

$$\Delta E = E_2 - E_1 = E_p = h\nu = \frac{hc}{\lambda} \tag{4-1}$$

式中，E_2 及 E_1 分别是高能态与低能态的能量（eV）；E_p 为辐射光子的能量；ν 及 λ 分别为所发射电磁波的频率及波长；c 为光在真空中传播速度（2.997925×10^{10} cm·s^{-1}）；h 为普朗克常数（6.625×10^{-34} J·s）。

当辐射跃迁的低能级是原子的基态能级时，该跃迁称为共振跃迁，所发射的谱线称为共振线。从最低激发态跃迁到基态所发射的谱线称为第一共振线或主共振线。一般元素的灵敏线主要是指主共振线。因为主共振线需要的激发能较低，易于被激发。离子外层电子受激发发生能级跃迁所产生的谱线称为离子线。离子线和原子线都是元素的特征光谱。根据待测元素发射谱线的特征不同，可对样品进行定性分析；根据谱线发射强度进行定量分析。

二、仪器组成与结构

原子发射光谱分析使用的仪器设备主要包括激发光源和光谱仪两个部分。

1. 激发光源

光源的作用是提供足够的能量使试样蒸发、原子化、激发，产生光谱。光源的特性在很大程度上影响着光谱分析的准确度、精密度和检出限。发射光谱分析光源种类很多，目前常用的有直流电弧、交流电弧、电火花及电感耦合高频等离子（ICP）等。

(1) 直流电弧

直流电弧发生器由一个电压为 220～380V，电流为 5～30A 的直流电源、一个铁芯自感线圈和一个镇流电阻所阻成，如图 4-1 所示。铁芯自感线圈 L 用于防止电流的波动，镇流电阻 R 用于调节和稳定电流。

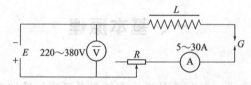

图 4-1 直流电弧发生器原理示意图

它利用直流电源作为激发能源，使上下电极接触短路引燃电弧，也可用高频引燃电弧。当装有试样的下电极置于分析间隙 G 处，并使上下电极接触通电，此时电极尖端烧热，引燃电弧后使两电极相距 4～6mm，就形成了电弧光源。

引燃电弧后，从灼热的阴极端发射出的热电子流，高速穿过分析间隙而飞向阳极，冲击阳极时形成灼热的阳极斑，使阳极温度达 3800K，阴极 3000K，使其在电极表面蒸发和原子化。产生的原子和电子碰撞，再次产生的电子向阳极奔去，正离子则冲击阴极又使阴极发射电子，该过程连续不断地进行，使电弧不灭。这种弧焰温度（激发温度）约为 4000～7000K。

直流电弧光源的电极温度高，蒸发能力强，分析的灵敏度高，常用于定性分析及矿石中低含量组分的定量测定。缺点是弧焰不稳定，谱线容易发生自吸现象。

(2) 交流电弧

以交流电源（110～220V）代替直流电源，使得交流电弧放电。由于交流电压随时间做周期性变化，因而交流电弧不能像直流电弧那样依靠两个电极相触引燃，而必须采用高频引燃装置，使其在每交流半周开始引燃一次（直流电弧亦可采用高频引燃装置，但整个放电过程只需引燃一次）。

图 4-2 是交流电弧的典型电路。实际上，它是由小功率的高频振荡电路（Ⅰ）和普遍交流低频电路（Ⅱ）借助于线圈 L_1、L_2 耦合而成。

交流电弧光源的电极温度较低，弧焰温度较高，因为其电弧的电流有脉冲性，电流密度比直流电弧大，且稳定性好，在光谱定性、定量分析中获得广泛的应用，但灵敏度低些。

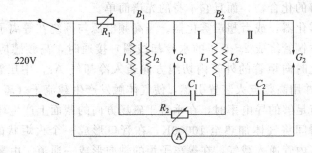

图 4-2　交流电弧原理示意图

(3) 高压火花

高压火花发生器的电路如图 4-3 所示。220V 交流电压经变压器升压至 10~25kV 以上，通过扼流线圈 D 向电容器 C 充电，当电容器 C 两端的充电电压达到分析间隙的击穿电压时，通过自感线圈 L 向分析间隙 G 放电而产生电火花。在交流电下半周时，电容器 C 又重新充电、放电，如此反复进行。

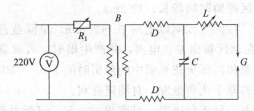

图 4-3　高压火花发生器电路示意图

高压火花放电的稳定性好，电极温度较低，但是它的激发温度高，这是由于高压火花的放电时间极短，瞬间通过分析间隙的电流密度很高，因此弧焰的瞬间温度高达 10000K，激发能量大。

高压火花光源主要用于易熔金属、合金以及高含量元素的定量分析。

(4) 电感耦合高频等离子体

电感耦合高频等离子体是 20 世纪 60 年代提出，20 世纪 70 年代获得迅速发展的一种新型的激发光源。等离子体在总体上是一种呈中性的气体，由离子、电子、中性原子和分子所组成，其正负电荷密度几乎相等。电感耦合高频等离子体装置的原理示意图如图 4-4 所示。通常，它是由高频发生器、等离子矩管和雾化器等三部分组成。

高频发生器的作用是产生高频磁场，供给等离子体能量。等离子矩管是由一个三层同心石英玻璃管组成。外层管内通入冷却气 Ar，以避免等离子炬烧坏石英管。中层石英管出口做成喇叭状，通入 Ar 以维持等离子体。内层石英管的内径为 1~2mm，由载气（一般用 Ar）将试样气溶胶从内管引入等离子体。使用单原子惰性气体 Ar，是由于它性质稳定、

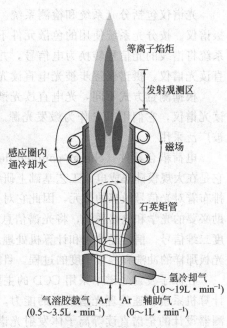

图 4-4　电感耦合高频等离子体原理示意图

第四章　原子发射光谱法

不与试样形成难离解的化合物，而且它本身的光谱简单。

试液进样使用雾化器，或者超声雾化器。当高频电源与围绕在等离子炬管外的负载感应线圈（用圆铜管或方铜管绕成 2~5 匝的水冷却线圈）接通时，高频感应电流通过线圈，产生轴向高频磁场。此时向炬管的外管内切线方向通入冷却气 Ar，中层管内轴向（或切向）通入辅助气体 Ar，并用高频点火装置引燃，使气体触发产生载流子（离子或电子）。当载流子多至足以使气体有足够的导电率时，在垂直于磁场方向的截面上产生环形涡电流。几百安培的强大感应电流瞬间将气体加热至 10000K，在管口形成一个火炬状的稳定的等离子炬。等离子炬形成后，从内管通入载气，在等离子炬的轴向形成一通道。由雾化器供给的试样气溶胶经过该通道由载气带入等离子炬中，进行蒸发、原子化和激发。

电感耦合高频等离子体光源的不同部位的温度不同。典型的电感耦合高频等离子体是一个非常强而明亮的白炽不透明的"核"，核心延伸至管口数毫米处，顶部有一个火焰似的尾巴。电感耦合高频等离子体分为焰心区、内焰区和尾焰区三个部分。

焰心区呈白炽不透明，是高频电流形成的涡电流区，温度高达 10000K。由于黑体辐射，氩或其他离子同电子复合产生很强的连续背景光谱。试液气溶胶通过该区时被预热和蒸发，又称预热区。气溶胶在该区停留时间较长，约 2ms。

内焰区在焰心区上方，在感应线圈以上约 10~20mm，呈淡蓝色半透明，温度约 6000~8000K，试液中原子主要在该区被激发、电离，并产生辐射，故又称测光区。试样在内焰区停留约 1ms，比在电弧光源和高压火花光源中的停留时间 10^{-2}~10^{-3} ms 长。这样，在焰心和内焰区使试样得到充分的原子化和激发，对测定有利。

尾焰区在内焰区的上方，呈无色透明，温度约 6000K，仅激发低能态的试样。

电感耦合高频等离子体光源稳定性好，线性范围宽，可达 4~6 个数量级，检测限低，它应用范围广，能测定数十种元素。但它的雾化效率较低，设备贵。

2. 光谱仪

光谱仪包括分光系统和检测系统。通过照相方式将谱线记录在感光板上的光谱仪器称为摄谱仪。按分光系统使用的色散元件不同分为棱镜摄谱仪和光栅摄谱仪。直接利用光电检测系统将谱线的光信号转换为电信号，并通过计算机处理、打印分析结果的光谱仪器称为光电直读光谱仪。摄谱仪逐步被光电直读光谱仪取代。

根据测量方式不同，光电直读光谱仪又分为多通道光电直读光谱仪和单通道扫描光电直读光谱仪，它们用 ICP 作为激发光源。目前在原子发射光谱分析中，ICP 光电直读光谱仪已被广泛采用。

电荷耦合器件（charge-coupled devices，CCD）是一种新型固体多通道光学检测器件，它是在大规模硅集成电路工艺基础上研制而成的模拟集成电路芯片。由于其输入面上逐点紧密排布着对光信号敏感的像元，因此它对光信号的积分与感光板的情形颇相似。但是，它可以借助必要的光学和电路系统，将光谱信息进行光电转换、储存和传输，在其输出端产生波长-强度二维信号，信号经放大和计算机处理后在末端显示器上同步显示出人眼可见的图谱，无需感光板那样的冲洗和测量黑度的过程。目前这类检测器已经在光谱分析的许多领域获得了应用。

在原子发射光谱中采用 CCD 的主要优点是这类检测器具有同时多谱线检测能力和借助计算机系统快速处理光谱信息的能力，它可极大地提高发射光谱分析的速度。如采用这一检测器设计的全谱直读等离子体发射光谱仪可在 1min 内完成样品中多达 70 种元素的测定；此外，它的动态响应范围和灵敏度均有可能达到甚至超过光电倍增管，加之其性能稳定、体积小、比光电倍增管更结实耐用,因此在发射光谱中有广泛的应用前景。

3. 光谱定性分析

不同元素的原子由于结构不同而发射各自不同的特征光谱。根据元素的特征谱线可以确定该元素是否存在于样品中。

(1) 分析线的选择

一般元素都有许多条特征谱线,分析时,不必将所有谱线都一一检出,只需要检出该元素的二条以上的灵敏线或最后线,就可以确定该元素的存在。灵敏线一般是元素的共振线。共振线由于激发电位低,发射强度大因而能灵敏指示元素的存在。最后线是指随样品中元素的含量逐渐减少,谱线强度逐渐降低,最后到元素含量很少时,最后消失的谱线,最后线通常是元素的最灵敏线。所以光谱定性分析就是选择元素的灵敏线或最后线作为分析谱线判断元素的存在。

(2) 定性分析方法

① 用光电直读光谱法可直接确定元素的含量及存在。

② 用摄谱法把谱线摄谱到感光板上,然后进行分析。通常将试样与标样在相同条件下并列摄谱或(和)将试样与纯铁并列摄谱,然后采用与标准试样比较或与铁光谱比较的方法来确定元素的存在,如图4-5所示。前者适用于几个元素的定性分析,后者适用于多个元素的定性分析。

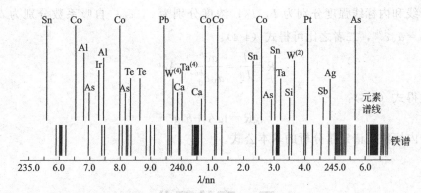

图4-5 摄谱法定性原理示意图

(3) 光谱半定量分析

光谱半定量分析主要用摄谱法,通常采用谱线强度比较法。在相同实验条件下,把试样与一系列不同含量的标准样品摄谱在同一感光板上。然后将摄得的谱片置于光谱投影仪上,目测两者的灵敏线的黑度,由此得出试样中被测成分的含量。

(4) 光谱定量分析

目前,光谱定量分析主要使用光电直读光谱法,整个测量过程一般由计算机控制,能自动打印出分析结果,样品的测量可在几分钟内完成。

摄谱法首先需要把样品摄谱到光谱感光板上,再进行显影定影,然后在映谱仪上对照标准谱图标识谱线,并在测微光度计上测量谱线的黑度,最后根据谱线的黑度确定元素的含量。整个分析过程约需2~3h。

① 发射光谱定量分析的基本关系式

在条件一定时,谱线强度I与待测元素含量c关系如式(4-2)所示:

$$I = ac \tag{4-2}$$

式中，a 为常数（与蒸发、激发过程等有关），考虑到发射光谱中存在着自吸现象，需要引入自吸常数 b，则得式（4-3）：

$$I = ac^b \tag{4-3}$$

自吸系数 b 随浓度 c 增加而减小。当浓度很小时，$b=1$，无自吸现象。在光源的弧焰中，弧焰中心的温度最高，边缘的温度比较低，因此在弧焰边缘，处于基态的同类气态原子较多。当弧焰中心的激发态原子发射的光通过弧焰边缘时，就被同类基态原子吸收，导致谱线中心强度减弱，这种现象称为自吸现象。弧焰层越厚，焰弧中气态原子浓度越大，则自吸现象越严重。自吸现象严重时，谱线中心的辐射完全被吸收，这种现象称为自蚀，其谱线称为自蚀线。

由于实验条件（蒸发、激发、试样组成、感光板特性、显影条件等）直接影响谱线强度，而这些影响很难完全避免，故以谱线绝对强度来定量往往带来很大误差。实际工作中常以分析线和内标线的强度比来进行定量分析，以补偿这些难以控制的变化因素的影响。

② 内标法

内标法是通过测量谱线的相对强度来进行光谱定量分析的方法。测定时，选择一条分析线和一条内标线组成分析线对，以分析线和内标线的强度比（即相对强度）对被测元素的含量绘制工作曲线进行光谱定量。提供内标线的元素称为内标元素。内标元素可以是基体元素，也可以是外加的一定量的其他元素。

设分析线和内标线强度分别为 I, I_0；浓度分别为 c, c_0；自吸系数分别为 b, b_0，则 $I = ac^b$，$I_0 = a_0 c_0^{b_0}$，二者之比可得式（4-4）：

$$R = \frac{I}{I_0} = \frac{ac^b}{a_0 c_0^{b_0}} = Ac^b \tag{4-4}$$

取对数得式（4-5）：

$$\lg R = \lg A + b \lg c \tag{4-5}$$

该式为内标法光谱定量分析的基本公式。

三、实验部分

实验一　电感耦合高频等离子发射光谱法测定人发中微量铜、铅、锌

【实验目的】
1. 了解 ICP 光源的原理及与光电直读光谱仪联用进行定量分析的优越性。
2. 掌握生化样品的处理方法。

【实验原理】

人发中微量元素能有效地反映人体中相应元素的含量，它们与人体的健康有非常密切的关系，特别是锌、铜、铅的含量，是影响人的智力、性格和体质的重要因素。ICP 发射光谱（ICP-AES）分析是将试样在等离子体光源中激发，使待测元素发射出特征波长的辐射，经过分光，测量其强度而进行定量分析的方法。ICP 光电直读光谱仪是用 ICP 作为光源，光电检测器（光电倍增管，光电二极管阵列等）检测，并配备计算机自动控制和数据处理。它具有分析

速度快、灵敏度高、稳定性好、线性范围广、基体干扰小、可多元素同时分析等优点。

用 ICP 光电直读光谱仪测定人发中微量元素,可先将头发样品用浓 HNO_3 + H_2O_2 消解处理,这种湿法处理样品,Pb 损失少。将处理好的样品,上机测试,2min 内即可得出结果。

【仪器与试剂】

1. 仪器

电感耦合高频等离子体直读光谱仪;容量瓶(1000mL 3 只,100mL 3 只,25mL 2 只);吸管:10mL 3 支;吸量管:5mL 3 支;石英坩埚;量筒;烧杯。

2. 试剂

铜储备液(溶解 1.0000g 光谱纯铜于少量 $6mol·L^{-1}$ HNO_3,移入 1000mL 容量瓶,用高纯水稀释至刻度,摇匀,含 Cu^{2+} $1.000mg·mL^{-1}$);铅储备液:称取光谱纯铅 1.0000g,溶于 20mL $6mol·L^{-1}$ HNO_3 中,移入 1000mL 容量瓶,用高纯水稀释至刻度,摇匀,含 Pb^{2+} $1.000mg·mL^{-1}$);锌储备液(称取光谱纯锌 1.0000g,溶于 20mL $6mol·L^{-1}$ 盐酸,移入 1000mL 容量瓶,用高纯水稀释至刻度,摇匀,含 Zn^{2+} $1.000mg·mL^{-1}$);HNO_3;HCl;H_2O_2。

【实验步骤】

1. 配制标准溶液

铜标准溶液:用 10mL 吸管取 $1.000mg·mL^{-1}$ 铜储备液至 100mL 容量瓶中,用高纯水稀至刻度,摇匀,此溶液含铜 $100.0\mu g·mL^{-1}$。

用上述相同方法,配制 $100.0\mu g·mL^{-1}$ 的铅标准溶液和锌标准溶液。

2. 配制 Cu^{2+}、Pb^{2+}、Zn^{2+} 混合标准溶液

取 2 只 25mL 容量瓶,一只容量瓶中分别加入 $100.0\mu g·mL^{-1}$ Cu^{2+}、Pb^{2+}、Zn^{2+} 标准溶液 2.50mL,加 $6mol·L^{-1}$ HNO_3 3mL,用高纯水稀释至刻度,摇匀。此溶液含 Cu^{2+}、Pb^{2+}、Zn^{2+} 的浓度均为 $10.0000\mu g·mL^{-1}$。

另一只 25mL 容量瓶,加入上述 Cu^{2+}、Pb^{2+}、Zn^{2+} 混合标准溶液 2.50mL,加 $6mol·L^{-1}$ HNO_3 3mL,用高纯水稀释至刻度,摇匀。此溶液含 Cu^{2+}、Pb^{2+}、Zn^{2+} 均为 $1.0000\mu g·mL^{-1}$。

3. 试样溶液的制备

用不锈钢剪刀从后颈部剪取头发试样,将其剪成长约 1cm 发段,用洗发香波洗涤,再用自来水清洗多次,将其移入布氏漏斗中,用 1L 高纯水淋洗,于 110℃下烘干。准确称取试样 0.3g 左右,置于石英坩埚内,加 5mL 浓 HNO_3 和 $0.5mL H_2O_2$,放置数小时,在电热板上加热,稍冷后滴加 H_2O_2,加热至近干,再加少量浓 HNO_3 和 H_2O_2,加热,溶液澄清,浓缩至 1~2mL,加少许高纯水稀释,转移至 25mL 容量瓶中,用高纯水稀释至刻度,摇匀,待测定。

4. 测定

将配制的 $1.00\mu g·mL^{-1}$ 和 $10.0\mu g·mL^{-1}$ Cu^{2+},Pb^{2+},Zn^{2+} 标准溶液和试样溶液上机测试。测试条件如下所述。

分析线:Cu 324.754nm,Pb 216.999nm,Zn 213.856nm;

冷却气流量:$12L·min^{-1}$;

载气流量:$0.3L·min^{-1}$;

工作气:$0.2L·min^{-1}$。

【数据记录及处理】
数据记录在表 4-1 中，由此计算出发样中铜、铅、锌含量（$\mu g \cdot g^{-1}$）。

表 4-1 铜、铅、锌含量测定

样品	标准品含量/$\mu g \cdot mL^{-1}$			试样		
	0.0000	1.0000	10.0000	第一组	第二组	第三组
铜						
铅						
锌						

【注意事项】
溶样过程中加 H_2O_2 时，要将试样稍冷，且要慢慢滴加，以免 H_2O_2 剧烈分解，将试样溅出。

【问题与讨论】
1. 人发样品为何通常用湿法处理？若用干法处理，会有什么问题？
2. 通过实验，你体会到 ICP-AES 分析法有哪些优点？

实验二 原子发射光谱法测定溶液中的银和铬的含量

【实验目的】
1. 学习电感耦合等离子体原子发射光谱分析的基本原理和操作技术。
2. 了解电感耦合等离子体光源的工作原理。
3. 掌握标准加入法计算溶液中的银和铬的含量。

【实验原理】
电感耦合等离子体（ICP）是原子发射光谱的重要高效光源，在 ICP-AES 中，试液被雾化后形成气溶胶，由氩载气携带进入等离子体焰炬，在焰炬的高温下，溶质的气溶胶经历多种物理化学过程而被迅速原子化，成为原子蒸气，并进而被激发，发射出元素特征光谱，经分光后进入摄谱仪而被记录下来，从而对待测元素进行定量分析。

当测定低含量元素，且找不到合适的基体来配制标准试样时，一般采用标准加入法。设试样中被测元素含量为 c_x，在几份试样中分别加入不同浓度 c_1，c_2，c_3，…的被测元素；在同一实验条件下，激发光谱，然后测量试样与不同加入量样品分析线对的强度比 I。在被测元素浓度较低时，自吸系数 $b=1$，分析线对强度 $I \propto c$，I-c 图为一直线，将直线外推，与横坐标相交截距的绝对值即为试样中待测元素含量 c_x。本实验采用标准加入法。

【仪器与试剂】
1. 仪器
ICP-AES 仪；容量瓶；吸管；吸量管；烧杯。
2. 试剂
Ag、Cr 储备液 $10mg \cdot L^{-1}$；高纯水。

【实验步骤】
1. 溶液的配制
银（铬）溶液系列：准确吸取银储备液（$10mg \cdot L^{-1}$）和铬储备液（$10mg \cdot L^{-1}$）各 0.10mL、0.30mL、0.50mL、0.70mL、1.00mL、2.00mL，置于 6 只 25mL 容量瓶中，然

后准确吸取未知液 5mL，分别置于上述 6 只容量瓶中，用 5%的稀硝酸稀释至刻度，摇匀备用。该溶液系列加入的银（铬）浓度分别为 $0.04\text{mg} \cdot \text{L}^{-1}$、$0.12\text{mg} \cdot \text{L}^{-1}$、$0.20\text{mg} \cdot \text{L}^{-1}$、$0.28\text{mg} \cdot \text{L}^{-1}$、$0.4\text{mg} \cdot \text{L}^{-1}$、$0.8\text{mg} \cdot \text{L}^{-1}$。

2. 用原子发射光谱仪测定

根据实验条件，将 ICP-AES 仪按仪器的操作步骤进行调节，然后按照浓度由低到高的原则，依次测量银和铬的工作曲线。

实验条件如下所述。

(1) 银的测定波长 328.068nm。
(2) 铬的测定波长 267.716nm。
(3) 氩载气流量 $0.2\text{L} \cdot \text{min}^{-1}$。
(4) 氩冷却气流量 $15\text{L} \cdot \text{min}^{-1}$。
(5) 氩工作气体流量 $0.8\text{L} \cdot \text{min}^{-1}$。

【数据记录及处理】

数据记录在表 4-2 中，以 I 对浓度 c 做图得一直线，图中 c_x 点即待测溶液浓度。

表 4-2 银、铬含量测定

样品	标准品加入浓度（单位：$\text{mg} \cdot \text{L}^{-1}$）					
	0.04	0.12	0.20	0.28	0.40	0.80
银						
铬						

【问题与讨论】

1. ICP 发射光谱有何特点？
2. 标准加入法与标准曲线法有何异同？

实验三　微波消解-等离子体原子发射光谱法测定小麦中铅、铝元素含量

【实验目的】

1. 理解原子发射光谱法在食品安全中的应用。
2. 掌握食品类样品处理方法。

【实验原理】

食品安全，是全球普遍关注的问题。重金属的污染属于潜在的、慢性的食品污染安全问题，重金属以极其隐蔽的方式严重威胁到食品安全，往往被人们所忽视。重金属对人体各系统均有毒害作用，尤其对神经、骨髓、肾、肝、肺、心等组织，长期接触还会诱发恶性肿瘤。铝虽然不属于重金属，但铝也是人类健康的隐形杀手，长期摄入铝会损伤大脑，导致痴呆。因此检测食品中重金属及其他有害金属对保障食品安全有重要的作用。

ICP-AES 是近年来发展迅速的一种新兴元素分析手段，由于其具有灵敏度高、相对干扰小、可同时测定多种元素等优点，在元素分析研究中应用十分广泛。本实验采用标准曲线法进行定量分析，校准曲线法又称三标准试样法。校准曲线法是指在分析时，配制一系列被测元素的标准品（不少于三个），将标准样品和试样在相同的实验条件下，测量分析线或分析线对的强度（或黑度），以强度或强度的对数值对浓度或浓度的对数值作校准曲线，并由该校准曲线求出试样中被测元素的含量。

【实验仪器及试剂】

1. 仪器

ICP-AES 仪；微波消解仪；氩气压缩钢瓶；容量瓶；吸管；吸量管；烧杯。

2. 试剂

铅；铝储备液质量浓度为 1000mg·L^{-1}；高纯水。

(1) 铅储备液：称取光谱纯铅 0.1000g，溶于 2mL 6mol·L^{-1} HNO$_3$ 中，移入 100mL 容量瓶，用高纯水稀释至刻度，摇匀，含 Pb^{2+} 1.000g·L^{-1}。

(2) 铝储备液：称取光谱纯铝 0.1000g，溶于 2mL 6mol·L^{-1} HNO$_3$ 中，移入 100mL 容量瓶，用高纯水稀释至刻度，摇匀，含 Al^{3+} 1.000g·L^{-1}。

【实验步骤】

1. 配制标液

将质量浓度 1g·L^{-1} 的标准溶液稀释成 2.5μg·L^{-1}，10μg·L^{-1}，50μg·L^{-1}，100μg·L^{-1}，200μg·L^{-1} 质量浓度的工作溶液。

2. 样品处理

用玛瑙研钵研磨粮食样品，过 74μm 筛，60℃ 条件下烘干 4h。冷却后，准确称取样品 0.5g 放入干净的特氟隆消解罐中，加入消解液 5mL [浓硝酸-双氧水（5:1，V:V）]，按程序升温进行微波消解，微波消解程序：功率 750W，温度 145℃，保持 5min；功率 900W，温度 180℃，保持 10min；功率 400W，温度 100℃，保持 10min。消解完毕，冷却至室温，将消解液移至 50mL 容量瓶中，用 1% 稀硝酸定容至刻度。按消解样品同样的步骤做空白溶液 2 份，待 ICP-AES 测定。

3. 测试条件

电感耦合高频等离子体发射光谱分析条件：分析线：Pb220.353nm；Al396.152nm。氩载气流量 0.2~1.0 L·min^{-1}；氩冷却气流量 15L·min^{-1}；氩工作气体流量 0.5~0.8L·min^{-1}。

【数据记录及处理】

样品信号值记录在表 4-3，采用标准曲线法定量分析，并将结果与国家标准对比。Pb≤0.2mg·kg^{-1}；面制食品中铝 Al≤100mg·kg^{-1}（GB 2762—2005）

表 4-3 铅、铝含量测定

样品	标准品加入浓度/μg·L^{-1}					空白样		试样		
	2.5	10	50	100	200	第一组	第二组	第一组	第二组	第三组
铅										
铝										

【问题与讨论】

1. 小麦中铅及铝可能来源是什么？
2. 原子发射光谱实验中常见的样品处理方法有哪些？

实验四　土壤典型重金属的环境活性评价

随着全球人口的快速增长、工业生产规模的不断扩大和城市化的快速发展，人类赖以生存的土壤遭受重金属污染越来越严重。目前，全世界平均每年排放 Hg 约 1.5 万吨，Cu 约 340 万吨，Pb 约 500 万吨，Mn 约 1500 万吨，Ni 约 100 万吨。土壤由于自身的特殊性成为这些重金属污染物的归宿地。日益严重的土壤重金属污染使得土壤肥力退化、农作物产量降低和品质下降，甚至对食品安全构成了严重威胁，成为严重影响环境质量和社会经济的可持续发展的突出问题。

重金属进入土壤环境后，由于土壤本身不同理化性质和条件转变成不同形态（或相态），而处于不同形态时又具有不同的环境活动性或生物可利用性。因此，仅根据土壤中重金属的总量已经不能很好地揭示重金属的生物可给性、毒性及其在环境中的化学活性和再迁移性。事实上，重金属与环境中的各种液态、固态物质经物理化学作用而以不同的形态存在于环境中，因此重金属的赋存形态更大程度上决定着重金属的环境行为和生物效应。自20世纪70年代起，重金属形态分析就已成为环境科学领域的研究热点。

对重金属化学形态的研究将有助于阐明土壤保持或固定重金属的机制，了解重金属在土壤中的分散富集过程、迁移转化规律及其对植物营养和土壤环境的影响，对预测土壤中重金属的临界含量、生物有效性和生物毒性等具有十分重要的意义。

【实验目的】
1. 了解全球土壤重金属污染的现状。
2. 了解土壤典型重金属形态的研究方法。
3. 至少熟悉一种土壤重金属形态分级提取技术。
4. 培养学生独立开展科学实验的综合设计能力及操作技能。
5. 培养科技论文的写作能力。

【实验要求】
1. 开展文献调研，了解国内外土壤重金属污染现状、研究方法、研究内容等研究进展。
2. 在文献调研的基础上，确定研究内容，设计研究方案和技术路线，选定分析方法，准备实验仪器及材料，完成土壤样品处理及重金属总量和形态的测定。
3. 根据实验结果对重金属的环境活性进行综合评价，撰写一篇科技论文。
4. 参考文献不少于五篇。

【实验原理】
1. 重金属形态及形态分析的定义

对"化学形态"的定义存在着不同的见解，但通常认为化学形态是某一元素在环境中以某种离子或分子存在的形式。具体而言，形态实际上包括价态、化合态、结合态和结构态四个方面，在环境中均可能表现出不同的生物毒性和环境行为。

2000年国际纯粹与应用化学联合会（IUPAC）对形态分析的术语进行了统一的规范。

化学形态（chemical species）：一种元素的特有形式，如同位素组成、电子或氧化状态、化合物或分子结构等。

形态（speciation）：一种元素的形态即该元素在一个体系中特定化学形式的分布。

形态分析（speciation analysis）：识别和（或）定量测量样品中的一种或多种化学形式的分析工作。

顺序提取（sequential extraction）：根据物理性质（如粒度、溶解度）或化学性质（如结合状态、反应活性等）把样品中的一种或一组被测定物质进行分类提取的过程。

2. 常见土壤重金属形态分析方法及原理

（1）单独提取法

对单一形态的单独提取法适用于痕量金属大大超过地球背景值时的污染调查。其特点是利用某一提取剂直接溶解某一特定形态，如水溶态或可迁移态、生物可利用态等。该法操作简便，提取时间短，便于直观地了解土壤的受污染程度，并判断其对农作物的潜在危害性。

（2）Tessier 五步连续提取法

连续提取法通过模拟不同的环境条件，比如酸性或碱性环境、氧化性或还原性环境，以及螯合剂存在的环境等，系统性地研究土壤中的金属元素的迁移性或可释放性，能提供更全面的元素信息。

1979 年由 Tessier 等提出的基于沉积物中重金属形态分析的五步连续提取法已广泛应用于土壤样品的重金属形态分析及其毒性、生物可利用性等研究。该法将金属元素分为可交换态、碳酸盐结合态、铁锰氧化物结合态、有机物结合态以及残渣态。

① 可交换态

$MgCl_2$ 提取剂由于具有很强的离子交换能力同时又不破坏有机质、硅酸盐和金属硫化物而被 Tessier 采用，但是它会过量提取，尤其对 Cd 元素。在修正的 Tessier 法中常采用醋酸/醋酸盐，金属离子与醋酸根离子形成的化合物较其氯化物稍微稳定。同时由于该试剂具有缓冲作用，还可减少 pH 的变化。一般二价金属的醋酸盐较一价金属的醋酸盐的交换活性大。但是，NH_4^+ 例外，它能破坏碳酸盐。可交换态重金属最易被作物吸收，对作物危害最大。

② 碳酸盐结合态

Tessier 选用的 NaOAc/HOAc 的缓冲溶液，不能完全溶解白云岩，仅适用于低碳酸盐的土壤，否则就会导致碳酸盐的溶解不完全；但是通过降低土壤溶液固液（m/v）比，或降低醋酸盐的浓度可以得到改善。在污染的土壤中有人选用 EDTA 以便更完全地提取重金属元素，如前所述，由于其过强的络合能力，甚至可以提取有机物结合态的金属元素，而不被推荐。该态对土壤环境条件，特别是 pH 最敏感。随着土壤 pH 的降低，离子态重金属可大幅度重新释放而被作物所吸收。

③ 铁锰氧化物结合态

该形态的提取剂要求具有适当还原能力，同时又能与被释放的金属元素生成可溶性化合物的试剂，常用的替代试剂有草酸、低亚硫酸钠等。土壤环境条件的变化，也可使其中部分重金属重新释放，对农作物存在潜在的危害。许多研究者根据锰氧化物的溶解不受搅拌时间和提取剂浓度的影响，而铁氧化物却需要足够的时间、浓度以及较低的酸度，分别提取锰氧化物结合态和铁氧化物结合态，甚至还可以区分铁的不定形氧化物和晶型氧化物。低亚硫酸钠是强还原剂，可以将铁的氧化物在 pH 7~8 下全部溶解，常用于测定土壤中全部的铁氧化物形态。加入柠檬酸盐可以避免 FeS 沉淀。但是低亚硫酸钠中含有较多的杂质，而且在用火焰原子吸收分光光度计分析时，还会由于高的盐分而堵塞燃烧器，而不被推荐。

④ 有机物结合态

在氧化性的条件下，有机物由于被降解从而释放它所吸附的金属离子，由于氧化作用还会将部分硫化物氧化，因此这一部分除有机物外还含有硫化物。Tessier 采用的双氧水以及常用的其他试剂如 NaOH、次氯酸钠，都不是很理想的提取剂。该态重金属较为稳定，一般不易被生物所吸收利用。但当土壤氧化还原电位发生变化时，可导致少量重金属溶出而对作物产生危害。H_2O_2 氧化分解有机物，会产生氧化副产物草酸并与金属元素生成溶解性较低的盐类，故需两次 H_2O_2 氧化。同时，该试剂存在显著再吸附现象，故在氧化后，需以 NH_4OAC/HNO_3 溶液提取。次氯酸钠在碱性条件下可以破坏有机物，而不破坏那些不定形组分以及黏土矿物。但是它会与氧化锰的氧化物生成 MnO_4^-。它在水相中不稳定，一次提取时间约 15~30min，因此要完全溶解有机物需要 2~3 次反应。

⑤ 残渣态

在连续提取法中，上述形态重金属被提取后，剩余部分的重金属均可称为残渣态重金属。对这部分重金属的结合方式很难给出比较明确的概念。大部分学者认为，稳定存在于石英和黏土矿物等结晶矿物晶格里的重金属，即为残渣态重金属。

【仪器与试剂】

1. 仪器

原子发射光谱仪；电子天平；振荡器；恒温水浴锅；离心机；pH 计；玻璃滤器及 0.45μm 滤膜；各种规格的离心管和容量瓶若干。

2. 试剂

根据选择的形态提取方法确定浸提剂。

【实验方案】

在充分进行文献调研的基础上，根据实验目的及实验要求自行设计实验方案。

【数据记录及处理】

对实验结果进行处理，并查阅相关土壤质量标准，结合参考文献对调查土壤的重金属程度进行综合评价。

【实验报告要求】

根据实验结果，结合文献综述撰写一篇有关土壤重金属污染及其环境活性评价的科技小论文。论文严格按照科技论文写作规范撰写。

四、知识拓展

1. 我国原子发射光谱的发展历程

我国的原子发射光谱分析真正发展始于 20 世纪 50 年代，摄谱仪的大量引入，使原子发射光谱分析在各领域中得到应用。我国最早广泛使用原子发射光谱分析的是地质部门，20 世纪 50 年代初地矿部开始建立光谱实验室；20 世纪 50 年代中期，建立了第一批光谱定量分析方法；20 世纪 50 年代后期研制出具有自动控制功能的粉末撒样专用装置；20 世纪 60 年代末发展了吹样光谱分析法；20 世纪 70 年代开始引进国外 AES 直读仪器。

从商品仪器发展的角度看，我国从 20 世纪 60 年代开始组织研制 AES 商品仪器，在北京成立了第二光学仪器厂；1969 年试制成功了我国第一台 WPG-100 型 1 米平面光栅摄谱仪；1972 年又研制了 WPG-200 型真空光量计；1974 年国产平面光栅摄谱仪 WP-1 开始量产；1982 年推出 7501-A 和 7503-A 型火花光电直读光谱仪；1992 年推出测控系统小型化和计算机化的 7501-B 和 7503-B 型直读仪器……

20 世纪 70 年代，我国开始对等离子体激发光源进行研发；20 世纪 80 年代国内对 ICP-AES 的研究多限于实验室组装仪器；1984 年北京第二光学仪器厂研制了 7502-B 型 ICP 多通道光电直读光谱仪；90 年代以后，国内 ICP-AES 发展迅速；2000 年，长春吉大-小天鹅生产了一批 510、520 和 1010 等型号的 MPT 光谱仪器。

随着国家改革开放经济发展，通过引进吸收国内外先进技术，AES 仪器的国产化得以全面打开，国内也涌现了一批 AES 直读仪器的厂家，特别是 21 世纪以来，在国家科技部的支持下，国内各种 AES 分析仪器的研发及商品化进程得到全面发展。虽然当前原子发射光谱已经处于高端制造水平，但现代发射光谱分析仪器在宽光谱高分辨、高速获取光谱等方面的技术追求仍需向更高性能发展。有专家指出有几点新技术的出现值得关注：平场全息凹面光栅的设计与应用，以提高小型光谱仪定量精度；采用多光栅技术以实现真正的全谱记录；采用新型固体检测器提高光谱检测性能；微激发源的研究为新型等离子体光谱仪的研发创造条件；仪器不断向自动化、智能化和快速高通量分析发展。节能低耗、高通量分析，是新型 AES 商品仪器发展的又一趋势。

2. Optima ICP 光谱仪操作规程

（1）开机

① 检查实验室温度、湿度，若有需要，打开空调。
② 检查并保证有足够的氩气用于连续工作。
③ 确认废液桶有足够的空间用于容纳废液。
④ 打开氩气并调节出口压力在 0.6～0.8MPa 之间。
⑤（如果有的话）打开稳压器电源，一分钟后将主机右侧电源开关置于 ON 状态。
⑥ 检查循环冷却水的水位，不能低于最低指示刻度线，通常液面位于指示刻度的 1/2 处。如果正常，打开其电源开关。
⑦ 将空气压缩机电源接通。
⑧ 打开电脑、显示器和打印机，启动 WinLab32 软件。

（2）双击打开 WinLab32 软件图标，进入软件控制界面

（3）分析

① 建立方法

文件-新建-方法，打开方法模板，点击页面右上角的"确定"，会进入模板页面，点击"元素周期表"按钮，打开元素周期表。

双击元素符号即可选择该元素的最强谱线，如果需要选择元素的其他波长，请先单击该元素，之后从"波长"中选择其他波长。元素选定后关闭"元素周期表"。

点击方法编辑器上面的"设置"，进入设置页面。

在"设置"页面中，可以设定重复次数，一般设定为 1～3。其余的参数使用仪器默认即可。点击"取样器"，进入取样器设定页面。

在"取样器"页面中，如果没有特殊的要求，可以完全使用默认的参数。

点击"校准"进入校准页面：在"校准"页面按照自己准备的空白以及标准溶液的数量分别给定空白以及标准溶液的位置。（注意：对于没有自动进样器的用户，这个位置是虚拟的，只要不重复即可）。点击"标准单位和浓度"，分别输入校准标样 1、2、3 的浓度，在这里，浓度分别是 1、2、3，并且选择校准单位，在这里选择的单位是 $mg \cdot L^{-1}$。

点击"方程及式样单位"，选择校准方程（一般用线性计算节距），选择试验单位。至此一个标准的方法就建立了。点击文件-保存-方法。在图中标记的空白处给定方法的名称，之后点击"确定"。

上述讲述了建立标准的方法。

② 点火

点击快捷按钮中的"等离子体"，在"等离子体控制"页面中，先点击"泵"，这时候进样泵会转动,仔细检查进样管和废液管的进样和排液情况。确认没有问题后,点击页面上的"关闭打开"按钮点燃等离子体。等离子体在点燃的过程中会首先吹扫样品仓,注意观察状态栏中的倒计时,点火的过程是全自动的。火焰点燃后,建议让火焰稳定10min,在这期间请将进样管放在去离子水中。

③ 分析

火焰点燃后点击快捷按钮上的"手工"按钮,进入"手工分析控制"页面。

首先点击"结果数据组名称"右侧的"打开"按钮,指定结果数据保存的位置(一定要在分析之前指定,否则分析结束后无法对数据进行保存和处理)。之后顺次点击"分析空白""分析标样""分析试样",分析就进行完毕。

④ 结果

可以通过快捷按钮上的"光谱""结果""校准"按钮来看结果。

⑤ 检查峰

首先点击"分析"窗口中的"清除结果显示"和"清除光谱显示",将结果和光谱显示窗口清空,之后点击快捷按钮上的"检查"按钮。进入"光谱检查"窗口,在光谱检查窗口中点击"数据"按钮。选择"选择数据组",进入"数据选择向导"。选择需要处理的数据组名称,点击"下一步"。从数据组中选择需要处理的试样,点击"下一步"。选择需要处理的元素,并点击下一步。用鼠标调整两个绿色背景点的位置。一般调整到峰两边的最低点。用鼠标将峰波长移动到中间的位置,右击鼠标,选择"设置峰波长"。

点击"方法"按钮,选择"更新方法参数"。点击"更新并保存方法参数"。之后按照这个步骤对所有的元素进行调整。

⑥ 重新处理数据

点击快捷按钮上的"再处理"按钮,进入"数据再处理"页面。点击"浏览"按钮,选择要处理的数据组。选中要处理的数据后,点击"确定"。选择需要处理的样品的名称。注意:一定要用鼠标选择最左端的序号,进行行选中。之后点击"再处理"按钮。

(4) 关机

① 分析完毕后,分别用3%稀硝酸和去离子水冲洗进样系统5~10min。点击"plasma",在弹出的对话框中点击"关闭"熄火。

② 让蠕动泵空转1~2min,排尽雾化室及泵管中的废液。

③ 松开蠕动泵夹,关闭抽风机电源。

④ 退出WinLab32软件,关闭电脑、显示器、打印机。

⑤ 关闭主机电源、稳压器(若非长时间不用仪器,5000系列仪器推荐不关闭主机电源)。

⑥ 排掉空气压缩机以及空气过滤器中的水分。

⑦ 登记操作记录、仪器运行记录。

(5) 仪器维护及注意事项

① 根据样品多少勤换泵管,清洗雾化器。

② 建议每两周清洗一次中心管,每月清洗一次炬管,清理一次空气过滤网。

③ 建议半年检查一次循环水。

④ 仪器所使用计算机专用,并与Internet网络断开。

⑤ 非工作状态下保持泵夹松弛。

⑥ 样品清亮透明,否则容易堵塞雾化器。

⑦ 雾化器堵塞,不能用金属丝清理异物,以免损伤雾化器。

⑧ 遇停电应立即关闭仪器主机电源。

⑨ 保持仪器室内温度 22~25℃，湿度小于 70%，干净无尘。

参 考 文 献

[1] 金银平. 微波消解-电感耦合等离子体发射光谱法测定人发中微量元素及其临床意义 [J]. 2013, 34 (10): 1280-1281.

[2] TESSIER A, CAMPBELL P G C, BISSON M. Sequential extraction procedure for the speciation of particulate trace metals [J]. Anal Chem, 1979, 51 (7): 844-851.

[3] 雷鸣, 廖柏寒, 秦普丰. 土壤重金属化学形态的生物可利用性评价 [J]. 生态环境, 2007, 16 (5): 1551-1556.

[4] 王静. 电感耦合等离子体原子发射光谱法测定电镀铬溶液中铜、铁、铝及镍元素的含量 [J]. 化学分析计量, 2012, 31 (3): 69-70.

[5] 郑国经. 电感耦合等离体原子发射光谱分析仪器与方法的新进展 [J]. 冶金分析, 2014, 34 (11): 1-10.

第五章
原子吸收光谱法

原子吸收光谱法（atomic absorption spectrometry，AAS），也称作原子吸收分光光度法，是基于从光源发射出的待测元素的特征辐射（共振光谱线）通过样品蒸气时，被待测元素的基态原子所吸收，由辐射的减弱程度求得样品中待测元素含量的一种分析方法。

原子吸收光谱法是测量试样中金属元素含量的首选方法，具有如下特点。

① 检出限低，灵敏度高。火焰原子吸收法的灵敏度对多数元素可达到 $\mu g \cdot mL^{-1}$，石墨炉原子吸收法更高，可达 $\mu g \cdot L^{-1}$。

② 测量精度好。火焰原子吸收光谱测定中等含量和高含量元素的相对偏差可小于 1%，测量精度已接近于经典化学方法。石墨炉原子吸收光谱的测量精度一般为 3%～5%。

③ 选择性强、简便、快速。由于其采用锐线光源，样品不需要繁琐的分离，可在同一溶液中直接测定多种元素，测定一个元素只需要数分钟，分析操作简便、迅速。

④ 抗干扰能力强。原子吸收线数目少，光谱干扰少，一般不存在共存元素的光谱重叠干扰。

⑤ 应用范围广。可测 60 多种元素；既能用于微量分析又能用于超微量分析。另外，还可用间接的方法测定非金属元素和有机化合物。

⑥ 用样量少。火焰原子吸收光谱测定的进样量为 3～6 $mL \cdot min^{-1}$，采用微量进样时可少至 10～50μL。石墨炉原子吸收光谱测定的液体进样为 10～20μL，固体进样量为毫克量级，需要的样品量极少。

原子吸收光谱分析法不足之处是测定不同元素时，需要更换相应的元素空心阴极灯，给试样中多元素的同时测定带来不便。

一、基本原理

原子吸收光谱法基于以下工作原理：待测元素空心阴极灯发射出一定强度和一定波长的特征谱线的光，当它通过含有待测元素基态原子的蒸气时，其中部分特征谱线的光被吸收。而未被吸收的特征谱线的光经单色器分光后，照射到光电检测系统上被检测。根据该特征谱线光强减弱的程度，即可测得试样中待测元素的含量。依据试样中待测元素转化为基态原子的方式不同，原子吸收光谱法可分为火焰原子吸收光谱法、非火焰原子吸收光谱法、氢化物原子吸收光谱法和冷原子吸收光谱法。

利用火焰的热能，使试样中待测元素转化为基态原子的方法，称为火焰原子吸收光谱法。常用的火焰为空气-乙炔火焰，其绝对分析灵敏度可达 10^{-9} g，可用于常见的 30 多种元素的分析，是应用最广泛的分析方法之一。

利用电能转变的热能，使试样中待测元素转化为基态原子的方法，称为非火焰原子吸收光谱法。常用的有石墨炉和碳棒，其绝对灵敏度为 10^{-14} g，可用于高温元素（难挥发性元素及易形成难熔氧化物的元素）和复杂试样的分析。

原子受外界能量激发时，其外层电子从基态跃迁到能量最低的第一激发态时，要吸收一定频率的光。当它再跃迁回基态时，则发射出同样频率的谱线，这种谱线称为共振发射线。而使电子从基态跃迁至第一激发态所产生的吸收谱线称为共振吸收线。

原子吸收分析是测量峰值吸收，需要能发射出共振线的锐线光作为光源，待测元素的空心阴极灯能满足这一要求。例如测定试液中镁时，可用镁元素空心阴极灯作为光源，这种元素灯能发射出镁元素各种波长的特征谱线的锐线光（通常选用 Mg 285.21nm 共振线）。特征谱线被吸收的程度可用朗伯-比尔定律表示：

$$A=\lg\left(\frac{I_0}{I}\right)=KN_0L \tag{5-1}$$

式中　　A——吸光度；

　　　I_0、I——分别为锐线光源入射光、透射光的强度；

　　　　K——吸收系数；

　　　　N_0——待测元素的基态原子数；

　　　　L——原子蒸气厚度，在实验中为一定值。

由于在实验条件下待测元素原子蒸气中基态原子的分布占绝对优势，因此可用 N_0 代表吸收层中原子总数。当试样溶液原子化效率一定时，待测元素在吸收层中的原子总数与试样溶液中待测元素的浓度 c 成正比，因此上式可写成：

$$A=K'c \tag{5-2}$$

式中，K' 在一定条件下是一常数，因此吸光度与浓度成正比，可借此进行定量分析。

二、仪器组成与结构

原子吸收光谱仪又称原子吸收分光光度计，有单光束、双光束、双波道、多波道等多种结构形式。其基本结构一般由四大部分组成：光源系统（单色锐线辐射源）、原子化系统、分光系统和数据处理系统（包括光电转换器及相应的检测装置）。原子化器主要有火焰原子化器和电热原子化器两大类。火焰有多种火焰，目前普遍应用的是空气-乙炔火焰。电热原子化器普遍应用的是石墨炉原子化器。因而原子吸收分光光度计最常用的为火焰原子吸收分光光度计和带石墨炉的原子吸收分光光度计。前者原子化温度在 2100～2400℃ 之间，后者在 2900～3000℃ 之间。

火焰原子吸收分光光度计，利用空气-乙炔测定的元素可达 30 多种。火焰原子化法的操作简便，重现性好，有效光程大，对大多数元素有较高灵敏度，因此应用广泛。缺点是：原子化效率低，灵敏度不够高，而且一般不能直接分析固体样品。

石墨炉原子吸收分光光度计，可以测定近 50 种元素。石墨炉法进样量少，原子化效率高，在可调的高温下试样利用率达 100%，适用于难熔元素的测定。缺点是：试样组成不均匀性的影响较大，测定精密度较低，共存化合物的干扰比火焰原子化法大，干扰背景比较严重，一般都需要校正背景。

原子吸收分光光度计基本构造如图 5-1 所示。

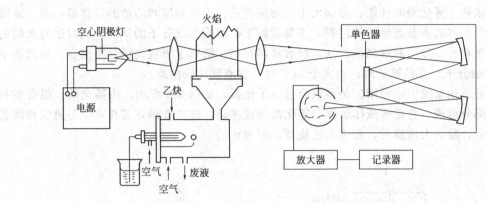

图 5-1　原子吸收分光光度计基本构造

1. 光源系统

光源的作用是辐射待测元素的特征光谱。为了测出待测元素的峰值吸收，必须使用锐线光源。对光源的基本要求：能辐射锐线，即发射线的半宽度要明显小于吸收线的半宽度；辐射强度大；背景低；稳定性好；噪声小且使用寿命长。

最常用的光源是空心阴极灯。空心阴极灯是由玻璃管制成的封闭着低压气体的放电管，结构示意图如图 5-2 所示。

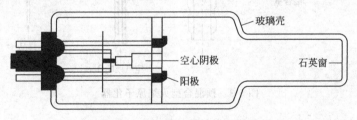

图 5-2　空心阴极灯结构示意图

阴极为空心圆筒形，由待测元素的高纯金属和合金直接制成，贵重金属以其箔衬在阴极内壁。阳极为钨棒。灯一般使用石英玻璃或硬质玻璃作为材料。空心阴极灯的发光是辉光放电，放电集中在阴极空腔内。将空心阴极灯放电管的电极分别接在电源的正负极上，并在两极间加上 300~500V 电压后，在电场作用下，电子从阴极表面逸出向阳极做加速运动，在运动过程中与载气原子发生碰撞并使之电离，并放出二次电子，使电子与正离子数目增加。正离子在电场作用下获得能量并向阴极做加速运动，当正离子的动能大于金属阴极表面的晶格能时，正离子碰撞在金属阴极表面就可以将使阴极表面的电子击出，而且还使阴极表面的原子从晶格中溅射出来。阴极表面受热，也会导致其表面元素的热蒸发。溅射出来的阴极元素原子与蒸发出来的原子进入空腔，再与电子、惰性气体原子、离子等相互碰撞而受到激发，发射出相应元素的特征共振辐射。

2. 原子化系统

原子化系统的作用就是提供足够的能量使待测元素干燥、蒸发并转变成基态原子蒸气。常用的原子化系统有火焰原子化系统和非火焰原子化系统两种。

(1) 火焰原子化系统

在这一过程中，大致分为两个主要阶段：第一阶段为溶液雾化、蒸发为分子蒸气的过程，主要依赖于雾化器的性能、雾滴大小、溶液性质、火焰温度和溶液的浓度等；第二阶段为分子蒸气至解离成基态原子的过程，主要依赖于被测物形成分子的键能，同时还与火焰的温度及气氛相关。分子的解离能越低，对解离越有利。就原子吸收光谱分析而言，解离能小于 3.5eV 的分子，容易被解离；当大于 5eV 时，解离就比较困难。

火焰原子化系统中，常用的是预混合型原子化器，如图 5-3 所示，由雾化器、混合室和燃烧器三部分组成。它是将液体试样经雾化器形成雾滴，这些雾滴在雾化室中与燃气和助燃气均匀混合，除去大液滴后，再进入燃烧器，形成火焰。

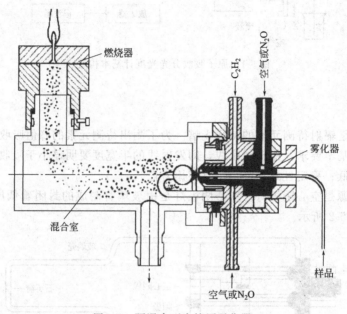

图 5-3　预混合型火焰原子化器

雾化器是原子化器的主要部件，它的作用是将待测试液进行雾化，称为微米级的气溶胶。对雾化器的要求是：喷雾多，雾滴微小而均匀，喷雾速度稳定，雾化效率高。雾化器一般为同轴型雾化器，多采用不锈钢、聚四氟乙烯或玻璃等制成。根据伯努利原理，在毛细管外壁与喷嘴口构成的环形间隙中，由于高压助燃气（空气或氧化亚氮）以高速通过，先达成负压区，从而将试液沿毛细管吸入，并被高速气流分散成气溶胶（雾滴）。此气溶胶大约有 10% 左右从燃烧缝进入火焰参与吸收测量，其余的变成废液从废液管排出。

混合室也称为雾化室，它的作用主要是使较大的雾滴在室内凝聚为大的溶珠，沿室壁流入废液管排走，使进入火焰的雾滴更均匀。同时，使燃气与助燃气及雾滴在混合室充分混合，以便在燃烧时得到稳定的火焰。

燃烧器的作用是产生火焰。试液的雾滴进入燃烧器，在火焰中经过干燥、熔化、蒸发和解离等过程后，产生大量的基态自由原子及少量的激发态原子、离子和分子。燃烧器有两种类型，即预混合型和全消耗型。预混合型燃烧器是用雾化器将试液雾化，在预混合室内将较大的雾滴除去，使试液雾滴均匀，再喷入火焰。其特点是吸收光程较长，原子化程度高，火焰稳定，而且噪声小。预混合型燃烧器试液最多的是单缝燃烧器。一般燃烧器的高度能上下调节，以便选取适宜的火焰部位测量。为了改变吸收光程，扩大测量浓度范围，燃烧器可旋转一定角度。

火焰的作用是提供一定能量,把待测元素解离成游离的基态原子。火焰的选择要考虑燃烧的速度和火焰的温度。原子吸收光谱分析最常用的火焰是空气-乙炔火焰和氧化亚氮-乙炔火焰。

(2) 非火焰原子化系统

常用的非火焰原子化器是管式石墨炉原子化器。将被测元素样品用进样器定量注入石墨炉内,并以石墨管作为电阻发热体,通电后迅速升温,使试样达到原子化的目的。

石墨炉升温阶段一般可分为以下几阶段。

① 干燥阶段。此阶段是在低温(通常为 105℃)保持 10～20s,将试样的溶剂蒸发掉,以免溶剂的存在导致灰化和原子化过程飞溅。

② 灰化阶段。这是比较重要的加热阶段。其目的是在保证被测元素没有明显损失的前提下,将样品加热到尽可能高的温度,破坏或蒸发掉试样中的基体,减少原子化阶段基体组分对待测元素的干扰,以及光散射或分子吸收引起的背景吸收。一般温度在 100～1800℃,灰化时间 10～30s。

③ 原子化阶段。在高温下,通常为 1800～3000℃,原子化时间为 5～10s,使待测元素转变为基体原子蒸气,供吸收测定。

④ 净化阶段。将温度升至最大允许值,以除去残余物,消除由此产生的记忆效应。

石墨炉原子化器主要由电源、炉体和石墨管组成,其结构如图 5-4 所示。

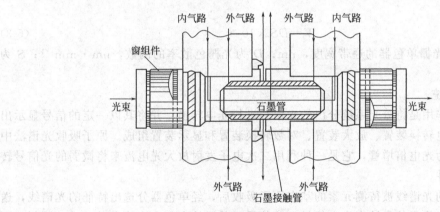

图 5-4 石墨炉原子化器结构示意图

① 石墨管。热解石墨管是在普通石墨管中通入甲烷蒸气(10%甲烷与 90%氮气混合),在低压下热解,使热解石墨沉积在石墨管上,沉积不断进行,结果在石墨管壁上沉积一层致密坚硬的热解石墨。热解石墨具有很好的耐氧化性能,致密性能好,不渗透试液,具有良好的惰性,因而不易与高温元素(如 V、Tl、Mo 等)形成碳化物而影响原子化。同时,具有较好的机械强度,使用寿命明显优于普通石墨管。

② 炉体。一般要求石墨管与炉座间接触良好,而且要有弹性伸缩,以适应石墨管热胀伸缩的位置。同时,为防止石墨的高温氧化作用,减少记忆效应,保护已热解的原子蒸气不再被氧化,可及时排出分析过程中的烟雾,因此在石墨炉加热过程中(除原子化阶段气路停气之外)需要有足量的惰性气体作为保护。通常使用的惰性气体主要是氮气和氩气。为了炉体温度不至于过高或者断电后立即降温,炉体内有水冷系统。在原子化阶段应该停止通气,可以延长原子在吸收区停留的时间,并且避免原子蒸气的稀释。

石墨炉的气路分为外气路和内气路。外气路用于保护整个炉体内腔的石墨部件,是连续进气的。内气路从石墨管两端进气,由加样孔出气,并设置可控制气体流量和停气等程序。

与火焰原子化法相比,石墨炉原子化法因为试样直接注入石墨管内,样品几乎全部蒸发并参与吸收,灵敏度高,检测限低;同时,还可直接分析固体样品,排除了火焰原子化法中存在的火焰组分与被测组分之间的相互作用,减少了由此引起的化学干扰。由于注入原子化器的样品几乎全部被原子化,试样用量少,通常固体样品为 $0.1\sim10\,mg$,液体试样为 $5\sim50\,\mu L$,但这也是该法的一个缺点,由于取样量少,相对灵敏度低,方法精密度比火焰原子化法差,通常为 $2\%\sim5\%$。

(3) 分光系统

在原子吸收分光光度法中,元素灯所发射的光谱,除了含有待测原子的共振线外,还含有待测原子的其他谱线、元素灯填充气体发射的谱线、阴极材料中其他杂质元素的谱线等。分光系统也称为单色器,其作用是将待测元素的共振线与邻近谱线分开。单色器由入射狭缝、出射狭缝、反射镜和色散元件等组成。色散元件主要是光栅,放在原子化器之后,以阻止来自原子化器内的所有不需要的辐射进入检测器。

原子吸收所用的吸收线是锐线光源发出的共振线,它的谱线比较简单,因此并不要求很高的色散能力。若光源强度一定,就需要选用适当的光栅色散率与狭缝宽度(通带宽度)配合,构成适于测定的通带来满足要求。通带是由色散元件的色散率与入射狭缝宽度决定的,其表示式如下:

$$W = DS \times 10^{-3} \qquad (5\text{-}3)$$

式中,W 为光栅单色器的通带宽度,nm;D 为光栅色散率的倒数,$nm \cdot mm^{-1}$;S 为狭缝宽度,μm。

(4) 检测系统

检测系统的作用是将分光系统分出的光信号进行光电转换,并将其以一定的信号显示出来。它通常由光电转换装置、放大装置、对数转换装置和显示装置组成。原子吸收光谱法中常用的检测系统为光电倍增管,它是一种利用二次电子发射放大光电流来将微弱的光信号转变为电信号的器件。

元素灯发出的光谱线被待测元素的基态原子吸收后,经单色器分选出特征的光谱线,送入光电倍增管中,将光信号转变为电信号,此信号经前置放大和交流放大后,进入调制解调器进行同步检波,得到一个和输入信号成正比的直流信号。再把直流信号进行对数转换、标尺扩展,最后用读数器读数或记录。

三、实验部分

实验一　原子吸收光谱法测定自来水中钙、镁的含量

【实验目的】

1. 学习原子吸收光谱法的基本原理。

2. 了解原子吸收分光光度计的主要结构及其主要部件的特性,熟悉原子分光光度计的操作规程和注意事项。

3. 掌握标准曲线法测定自来水中钙、镁含量的方法。

【实验原理】

在使用锐线光源条件下，基态原子蒸气对共振线的吸收在一定浓度范围内符合 Lambert-Beer 定律。在试样原子化时，火焰温度低于 3000 K 时，对大多数元素来说，原子蒸气中基态原子的数目实际上接近原子总数。在固定测试条件下，待测元素的原子总数与该元素在试样中的浓度 c 成正比，这是进行原子吸收定量分析的依据。

原子吸收定量分析常用的方法有：标准加入法、标准曲线法、稀释法和内标法。标准曲线法是配制已知浓度的系列标准溶液，在一定的仪器条件下，依次测定其吸光度，以加入的标准溶液的浓度为横坐标，相应的吸光度为纵坐标，绘制标准曲线。试样经适当处理后，在与测量标准曲线吸光度相同的实验条件下测量其吸光度，在标准曲线上即可查出试样溶液中被测元素的含量，再换算成原始试样中被测元素的含量。

该法常用于分析共存的、基体成分相对简单的试样。如果试样中共存的基体成分较为复杂，则应在标准溶液中加入相同类型和浓度的基体成分，以消除或减少基体效应带来的干扰，必要时应采用标准加入法进行定量分析。自来水中其他杂质元素对钙和镁的原子吸收光谱法测定基本上没有干扰，因此试样可采用标准曲线法进行测定。将试液喷入火焰中，使钙、镁原子化，在火焰中形成的基态原子对特征谱线产生选择性吸收，由测得的样品吸光度和标准溶液的吸光度进行比较，确定样品中被测元素的浓度。选用 422.7nm 共振线的吸收测定钙，用 285.2nm 共振线的吸收测定镁。

【仪器与试剂】

1. 仪器

原子吸收分光光度计；钙、镁空心阴极灯；无油空气压缩机；乙炔钢瓶；容量瓶；移液管。

2. 试剂

无水碳酸钙（基准）；氧化镁（基准）；6mol·L^{-1}盐酸溶液、蒸馏水。

（1）钙标准储备液（1000mg·L^{-1}）：准确称取已在 110℃下烘干 2h 的无水碳酸钙 2.4970g 于 100mL 烧杯中，用 50mL 蒸馏水润湿，盖上表面皿，滴加 6mol·L^{-1}盐酸溶液，至完全溶解，将溶液于 1000mL 容量瓶中定容，摇匀备用。

（2）钙标准溶液（50mg·L^{-1}）：移取钙标准储备液 5.00mL，置于 100mL 容量瓶中，加水稀释至刻度，摇匀。

（3）镁标准储备液（1000mg·L^{-1}）：准确称取预先在 800℃灼烧至恒重的高纯氧化镁 1.6583g（精确至 0.1mg），于 100mL 烧杯中，用少量蒸馏水润湿，盖上表面皿，加入 20mL 6mol·L^{-1}盐酸溶液，至完全溶解，将溶液于 1000mL 容量瓶中定容，摇匀备用。

（4）镁标准使用液（10mg·L^{-1}）：准确吸取 1mL 上述镁标准储备液于 100mL 容量瓶中定容，摇匀备用。

（5）氯化镧溶液：称取 24.0g 氧化镧，放入 200mL 烧杯中，加入 20mL 水，慢慢加入盐酸 50mL 溶解，转移至 1000mL 容量瓶中，稀释至刻度，摇匀。

【实验步骤】

1. 标准曲线的绘制

（1）钙标准曲线的绘制

准确移取 0.00mL、0.50mL、1.00mL、2.00mL、3.00mL 钙标准溶液，分别置于 50mL 容量瓶中，加入 2.00mL 氯化镧溶液，用盐酸溶液稀释至刻度，摇匀备用。该标准系列钙质量浓度分别为 0.00mg·L^{-1}、0.50mg·L^{-1}、1.00mg·L^{-1}、2.00mg·L^{-1}、3.00mg·L^{-1}。在仪器的最佳条件下，于波长 422.7nm 处，以试剂空白调零测定其吸光度，以测定的吸光度为纵坐标，相对应的钙含量为横坐标，绘制出标准曲线。

(2) 镁标准曲线的绘制

准确移取 0.00mL、1.00mL、2.00mL、3.00mL、4.00mL 镁标准溶液，分别置于 50mL 容量瓶中，加入 2.00mL 氯化镧溶液，用盐酸溶液稀释至刻度，摇匀备用。该标准系列镁质量浓度分别为 0.00mg·L^{-1}、0.20mg·L^{-1}、0.40mg·L^{-1}、0.60mg·L^{-1}、0.80mg·L^{-1}。在仪器的最佳条件下，于波长 285.2nm 处，以试剂空白调零测定其吸光度，以测定的吸光度为纵坐标，相对应的镁含量为横坐标，绘制出标准曲线。

2. 自来水水样准备

取自来水水样约 500mL，加入盐酸溶液将水样酸化至 pH 为 1 左右。当水样中有悬浮物时，可用中速定量滤纸过滤，滤液储存于聚乙烯塑料瓶中。

3. 自来水水样中钙含量的测定

用移液管移取适量体积的水样于 50mL 容量瓶中，加入 2.00mL 氯化镧溶液，用盐酸溶液稀释至刻度，摇匀备用。按与标准曲线的绘制相同的仪器条件，以试剂空白调零测定其吸光度，从标准曲线上求得相应的钙含量。若试样中钙含量超过标准曲线范围，可稀释后测定。

4. 自来水水样中镁含量的测定

用移液管移取适量体积的水样于 50mL 容量瓶中，加入 2.00mL 氯化镧溶液，用盐酸溶液稀释至刻度，摇匀备用。按与标准曲线的绘制相同的仪器条件，以试剂空白调零测定其吸光度，从标准曲线上求得相应的镁含量。若试样中镁含量超过标准曲线范围，可稀释后测定。

5. 实验完毕，吸取去离子水 5min 以上，清洗燃烧器。关闭乙炔，火灭后退出测量程序，关闭主机、电脑和空压机电源。

【数据记录及处理】

1. 根据钙、镁标准液系列吸光度值，以吸光度为纵坐标，质量浓度为横坐标，利用计算机绘制标准曲线，作出回归方程，计算出相关系数。

(1) 钙标准曲线的绘制（表 5-1）

表 5-1　钙标准曲线的绘制

钙标准溶液浓度 c/mg·L^{-1}	0.00	0.50	1.00	2.00	3.00
吸光度 A					

钙标准曲线的回归方程：

相关系数：

(2) 镁标准曲线的绘制（表 5-2）

表 5-2　镁标准曲线的绘制

镁标准溶液浓度 c/mg·L^{-1}	0.00	0.20	0.40	0.60	0.80
吸光度 A					

镁标准曲线的回归方程：

相关系数：

2. 测量自来水样吸光度值,然后依据标准曲线分别计算出钙、镁的含量,以 $mg \cdot L^{-1}$ 表示。

【注意事项】
1. 测定样品溶液时,试样的吸光度应在标准曲线的线性范围内,并尽量靠近中部,否则应改变取样的体积以满足上述条件。
2. 点燃乙炔火焰之前,一定要先开空气,然后开乙炔气;实验结束时,一定要先关闭乙炔气,再关闭空气。

【问题与讨论】
1. 简述原子吸收光谱分析的基本原理。
2. 原子吸收光谱分析为何要用待测元素的空心阴极灯作为光源?
3. 如果试样成分比较复杂,应该怎样进行测定?
4. 如果标准样品配制不准确,对测量结果有何影响?应如何判断标准溶液配制是否准确?

实验二　火焰原子吸收光谱法测定人发中的微量锌

【实验目的】
1. 熟悉用原子吸收光谱法进行定量分析的方法。
2. 学习样品的湿式消解技术。
3. 掌握原子吸收分光光度计的使用方法。

【实验原理】
人的头发和其他组织不同,元素一旦沉积在头发中就不易再转移,因此若以每月平均生长 1cm 计,则可将头发从发根起剪成 1cm 长的若干段,以测定其中某种元素的含量来追踪观察以一个月为单位该元素含量的变化情况。

锌是生物体必需的微量元素,具有重要生理功能,能够促进生长发育、智力发育、免疫功能,维持物质代谢,它是多种与生命活动密切相关的酶的重要成分。从毛发中锌含量可以判断锌营养的正常与否。

在原子吸收光谱分析中,有机试样需先进行消解处理,以除去有机物基体,然后再进行溶样。对有机试样预处理的要求是试样分解完全,在分解过程中不能引入沾污或造成待测组分的损失,所用试剂及反应产物对后续测定应无干扰。

人的头发可经消解处理成溶液后,可直接将消解液喷入空气-乙炔火焰中,在 213.9nm 共振线处测定毛发中锌的含量。

【仪器与试剂】
1. 仪器
原子吸收分光光度计;锌空心阴极灯;电热烘箱;马弗炉;5mL 吸量管;10mL 移液管;25mL 容量瓶;50mL 烧杯。
2. 试剂
金属锌;盐酸为优级纯或光谱纯;水为去离子水。
3. 标准溶液配制
(1) 锌标准储备液 (1000μg·mL^{-1}):称取 1g 金属锌(精确到 0.0002g)于烧杯中,用 30~40mL 1:1 盐酸溶解(必要时可加热),完全溶解后,定量转移到 1L 容量瓶中,加水稀释至刻度定容，摇匀。

(2) 锌标准溶液（10.00μg·mL^{-1}）：取 1.00mL 锌标准储备液于 100mL 容量瓶中，加水稀释至刻度定容，摇匀。

【实验步骤】

1. 发样的采集与处理

用剪刀取 1~2g 枕部距头皮 1~3cm 的头发，剪碎至 1cm 左右放入 50mL 烧杯中。用中性洗涤剂溶液浸洗 15min，并不断搅拌，用去离子水冲洗至无泡沫，滤干后置于烘箱中，80℃条件下干燥 1h。

(1) 湿法消解

将准确称取的 0.3g 头发样品置于 100mL 锥形瓶中，加入 10mL 4∶1 HNO_3-$HClO_4$ 混合溶液，盖上表面皿于电热板上加热消解，温度控制在 140~160℃，待冒浓烟后取下冷却，用少量去离子水冲洗表面皿及杯壁，加热蒸至 1mL 以下，溶液清亮透明（如有棕色出现，补加 HNO_3-$HClO_4$）。待样品冷却后，转移至 50mL 容量瓶中，用 1% HNO_3 稀释定容。同时做试剂空白。

(2) 微波消解

称取 0.3g 发样置于微波消解罐中，加入 6mL 浓 HNO_3 按一定程序（表 5-3）进行微波消解。冷却后，将消解液转移至 50mL 容量瓶并用 1% HNO_3 稀释定容。

表 5-3 微波消解程序

功率/W	升温时间/min	保温时间/min	温度/℃
1200	20	10	190

2. 配制标准系列溶液

分别取锌标准溶液 0.00mL、1.00mL、2.00mL、3.00mL、4.00mL、5.00mL 于 50mL 容量瓶中，用 1% 硝酸定容，摇匀。制成锌浓度分别为 0.00μg·mL^{-1}、0.20μg·mL^{-1}、0.40μg·mL^{-1}、0.60μg·mL^{-1}、0.80μg·mL^{-1}、1.00μg·mL^{-1} 的锌标准系列溶液。

3. 仪器调试和操作条件

按仪器说明书调节仪器于操作条件下，预热 20~30min。待仪器稳定后，用试剂空白调零，按浓度由低到高测定标准系列溶液的吸光度。

4. 样品测定

在和锌标准溶液的相同测定条件下，测定发样的试样溶液的吸光度，计算头发中的锌含量。

【数据记录及处理】

1. 标准曲线的绘制

表 5-4 标准曲线的绘制

锌标准溶液浓度 c/μg·mL^{-1}	0.00	0.20	0.40	0.60	0.80	1.00
吸光度 A						

标准曲线的回归方程：

相关系数：

2. 样品测定

在测定标准溶液的实验条件下，测定试剂空白溶液和试样溶液的吸光度，用标准曲线法定量。

按式（5-4）计算分析结果：

$$w = \frac{kV(c-c_0)}{m} \tag{5-4}$$

式中，w 为人发中锌含量，$\mu g \cdot g^{-1}$；V 为试样溶液的体积，mL；k 为试样溶液的稀释倍数；c 为试样溶液中锌浓度，$\mu g \cdot mL^{-1}$；c_0 为试剂空白溶液中锌浓度，$\mu g \cdot mL^{-1}$；m 为发样质量，g。

【注意事项】

1. 锌在环境中大量存在，极容易造成污染，影响实验的准确性，必须同时做试剂空白实验，给予扣除。

2. 实验所用玻璃器皿要用硝酸（1+1）浸泡24h，然后用去离子水冲洗干净，除去玻璃表面吸附的金属离子。

3. 头发清洗时间不能太长，以免将发内的锌洗出，造成测定结果偏低。

4. 溶解样品时，不要使溶液剧烈沸腾，以免使溶液溅于烧杯外。同时，不要将溶液蒸干。

【问题与讨论】

1. 原子吸收分光光度计的主要部件及作用是什么？
2. 如果测定的吸光度值不够理想，可以通过调整仪器的哪些测定条件加以改善？

实验三 原子吸收标准加入法测定黄酒中铜含量

【实验目的】

1. 学习使用标准加入法进行定量分析。
2. 掌握黄酒中有机物质的消解方法。
3. 掌握原子吸收分光光度计的基本操作。

【实验原理】

在原子吸收中，为了减小试液与标准溶液之间的差异而引起的误差；或为了消除某些化学和电离干扰均可以采用标准加入法进行测定。其测定原理如下：取等体积的试液两份，分别置于相同容积的两只容量瓶中，其中一只加入一定量待测元素的标准溶液，分别用水稀释至刻度，摇匀，分别测定其吸光度，则：

$$A_x = kc_x \tag{5-5}$$
$$A_0 = k(c_0 + c_x) \tag{5-6}$$

式中，c_x 为待测元素的浓度；c_0 为加入标准溶液后溶液浓度的增量；A_x、A_0 分别为两次测量的吸光度，将以上两式整理得：

$$c_x = \frac{A_x c_0}{A_0 - A_x} \tag{5-7}$$

在实际测定中，采取作图法所得结果更为准确。一般吸取四份等体积试液置于四只等容积的容量瓶中，从第二只容量瓶开始，分别按比例递增加入待测元素的标准溶液，然后用溶剂稀释至刻度，摇匀，分别测定溶液 c_x、$c_x + c_0$、$c_x + 2c_0$、$c_x + 4c_0$ 的吸光度为 A_x、A_1、A_2、A_3，然后以吸光度 A 对待测元素标准溶液的加入量作图，得如图5-5所示的直线，其纵坐标轴上截距 A_x 为只含试样 c_x 的吸光度，延长直线与横坐标轴相交于 c_x，即为所要测定

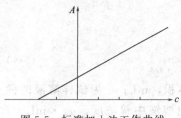

图 5-5 标准加入法工作曲线

的试样中该元素的浓度。

在使用标准加入法时应注意以下几点。

(1) 为了得到较为准确的外推结果,至少要配制四种不同比例加入量的待测元素标准溶液,以提高测量准确度。

(2) 绘制的工作曲线斜率不能太小,否则外延后将引入较大误差,为此应使一次加入量 c_0 与未知量 c_x 尽量接近。

(3) 本法能消除基体效应带来的干扰,但不能消除背景吸收带来的干扰。

(4) 待测元素的浓度与对应的吸光度应呈线性关系,即绘制工作曲线应呈直线,而且当 c_x 不存在时,工作曲线应该通过零点。

针对传统湿法消解来说,微波消解法具有溶样时间短、耗能低、消耗试剂少、污染小、可防止易挥发组分的损失等优点。由于该方法采用密闭的消解罐,避免了样品在消解过程中形成的挥发性组分的损失,保证了测量结果的准确度和精密度。同时也避免了样品之间的相互污染和外部环境的污染,适用于痕量及超纯分析和易挥发元素的检测。因此,采用微波消解法对黄酒进行消解后,在铜特征共振线波长 324.8nm 下可对所含铜进行准确测定。

【仪器与试剂】

1. 仪器

原子吸收分光光度计;铜空心阴极灯;电热烘箱;10mL 移液管;25mL 移液管;50mL 容量瓶;50mL 烧杯。

2. 试剂

金属铜;硝酸为优级纯或光谱纯;水为去离子水。

(1) 铜标准储备液 (1000μg·mL^{-1}):准确称取纯铜 0.500g 于 100mL 烧杯中,加入 10mL 浓 HNO$_3$ 溶解,然后转移到 500mL 容量瓶中,用 1∶100 HNO$_3$ 稀释至刻度线,摇匀备用。

(2) 铜标准使用液 (100μg·mL^{-1}):准确吸取 10mL 上述铜标准储备液于 100mL 容量瓶中,用 1∶100 HNO$_3$ 稀释至刻度线,摇匀备用。

【实验步骤】

1. 黄酒的预处理

(1) 微波消解法

称取 0.5g 黄酒样品(精确到 0.0001g)于微波消解罐中,加入 5mL 浓硝酸于通风橱中静置半小时。然后按一定程序压力如表 5-5 所示进行微波消解。冷却后,将消解液转移至 50mL 容量瓶并用去离子水定容。

表 5-5 微波消解程序

功率/W	升温时间/min	保温时间/min	温度/℃
1200	5	10	120

(2) 湿法消解

量取 100mL 黄酒样品,于烧杯中浓缩至浆状,加入 25mL 浓硫酸加热消解 1h 后加入 10mL 浓硝酸,继续消解,如果颜色较深继续加浓硝酸,直至呈黄色,将消解液转移至 100mL 容量瓶中,并用去离子水稀释至刻度,摇匀备用。

2. 配制标准溶液系列

取 5 只 50mL 容量瓶，各加入 5mL 黄酒消解液，然后分别加入 0.00mL、1.00mL、2.00mL、3.00mL、4.00mL 上述 $100\mu g \cdot mL^{-1}$铜标准使用液，用去离子水定容至刻度线，摇匀，得到铜浓度分别为 $0.00\mu g \cdot mL^{-1}$、$2.00\mu g \cdot mL^{-1}$、$4.00\mu g \cdot mL^{-1}$、$6.00\mu g \cdot mL^{-1}$、$8.00\mu g \cdot mL^{-1}$标准溶液。

3. 分别测定上述试液的吸光度。
4. 求出黄酒中 Cu 的浓度。

【数据记录及处理】
1. 标准曲线的绘制

表 5-6 标准曲线的绘制

铜标准溶液浓度 $c/\mu g \cdot mL^{-1}$	0.00	2.00	4.00	6.00	8.00
吸光度 A					

标准曲线的回归方程：

相关系数：

2. 计算黄酒中 Cu 的浓度

$A=$ $\qquad$ $c=$

【注意事项】

1. 为了得到较为准确的外推结果，至少要配制四种不同比例加入量的待测元素标准溶液，以提高测量准确度。
2. 绘制的标准曲线斜率不能太小，否则外延后将引入较大误差，为此应使一次加入量 c_0 与未知量 c_x 尽量接近。
3. 本法能消除基体效应带来的干扰，但不能消除背景吸收带来的干扰。

【问题与讨论】

1. 采用标准加入法定量应注意哪些问题？
2. 标准曲线法和标准加入法的应用范围分别是什么？
3. 从实验安全上考虑，在操作时应注意什么问题？

实验四 石墨炉原子吸收光谱法测定水中铅的含量

【实验目的】
1. 加深对石墨炉原子吸收光谱法原理的理解。
2. 掌握石墨炉原子吸收光谱法的操作技术。
3. 掌握石墨炉原子吸收光谱法的应用。

【实验原理】

石墨炉原子吸收光谱法是将一定体积或一定质量的试样加到石墨管或石墨杯中，在控制一定温度、时间条件下，经过干燥、灰化除去基体物质后，快速升温使待测元素原子化。由于气态的基态原子吸收其共振线，其吸收强度与含量成正比关系，故可进行定量分析。根据 A-c 标准曲线计算被测元素含量。其分析方法具有较高的灵敏度，适用于痕量元素分析。

铅是一种积累性毒物，易被肠胃吸收，通过血液影响酶和细胞的新陈代谢。过量铅的摄入会严重影响人体健康，其主要毒性为引起贫血、神经机能失调和肾损伤。因此，铅在环境中的含量，尤其是环境水样中的含量是环境监测控制的一个重要指标。当水中铅含量较低，石墨炉原子吸收分光光度法是测定环境中痕量铅的可行方法之一。环境水样中的基体成分较为复杂，尤其是钾、钠、钙、镁的含量较高，对石墨炉测定重金属有很大的基体干扰，直接测定时的铅回收率仅20%～30%，所以消除实验中杂质的干扰很关键。磷酸根可与铅络合为较稳定分子，可提高灰化温度并使信号稳定，温度升至较高时不分解挥发，从而可以提高灰化时的温度，因此可采用加入磷酸盐作为基体改进剂来消除基体干扰。样品经适当处理后，注入石墨炉原子化器，所含的铅离子在石墨管内经原子化高温蒸发解离为原子蒸气，待测元素的基态原子吸收来自铅元素空心阴极灯发出的共振线，其吸收强度在一定范围内与金属浓度成正比。

【仪器与试剂】

1. 仪器

石墨炉原子吸收分光光度计；铅空心阴极灯。

2. 试剂

铅、硝酸、磷酸二氢铵、硝酸镁为优级纯；水为去离子水。

(1) 铅标准储备液（$1.000mg \cdot mL^{-1}$）：准确称取1.000g金属铅（99.99%），分次加少量1∶1硝酸，加热溶解，总量不超过37mL，移入1000mL容量瓶，加水至刻度。混匀。此溶液每毫升含1.0mg铅。存于聚乙烯塑料瓶中。

(2) 铅标准使用液（$1.000\mu g \cdot mL^{-1}$）：吸取一定量的铅标准储备液用硝酸溶液（1∶99）逐级稀释成$1.000\mu g \cdot mL^{-1}$铅的标准使用液。

(3) 磷酸二氢铵溶液（$120g \cdot L^{-1}$）：称取磷酸二氢铵12.0g，加水溶解后定容至100mL。

(4) 硝酸镁溶液（$50g \cdot L^{-1}$）：称取硝酸镁5.0g，加水溶解后定容至100mL。

【实验步骤】

1. 标准曲线绘制

分别吸取铅标准使用液0.00mL、0.25mL、0.50mL、1.00mL、2.00mL、3.00mL、4.00mL于7个100mL容量瓶内，分别加入10mL磷酸二氢铵溶液，1mL硝酸镁溶液，用硝酸溶液（1∶99）稀释至刻度，摇匀，分别配制成$0.00ng \cdot L^{-1}$、$2.50ng \cdot L^{-1}$、$5.00ng \cdot L^{-1}$、$10.00ng \cdot L^{-1}$、$20.00ng \cdot L^{-1}$、$30.00ng \cdot L^{-1}$、$40.00ng \cdot L^{-1}$的标准系列。

按照如下仪器条件设置仪器参数：分析线波长为283.3nm；干燥温度120℃ 30s；灰化温度600℃ 30s；原子化温度2100℃ 5s；氘灯校正背景。依次吸取20μL试剂空白、标准系列，注入石墨炉原子吸收分光光度计测定铅元素，测得其吸光值并求得吸光值与浓度关系的一元线性回归方程即标准曲线。

2. 样品测定

吸取适量体积的水样于100mL容量瓶内，加入10mL磷酸二氢铵溶液、1mL硝酸镁溶液，用硝酸溶液（1∶99）稀释至刻度，摇匀。

分别吸取样液和试剂空白液20μL注入石墨炉原子吸收分光光度计测定铅元素，测得其吸光值，代入标准系列的一元线性回归方程中求得样液中铅含量。

3. 检出限试验

用试剂空白液按实验方法各测20次，得到检出限。

4. 精密度试验

平行取5份水样品，按本试验方法在所选的工作条件下测定铅的含量。

5. 准确度试验

取同一水样，分别加入 5.00ng·L^{-1}、10.00ng·L^{-1}、20.00ng·L^{-1} 的铅标准使用液，按本试验方法在所选的工作条件下测定铅含量加标回收率实验，并且每个浓度做 2 个平行样。

【数据记录及处理】

1. 标准曲线的绘制（表 5-7）

表 5-7　标准曲线的绘制

铅标准溶液浓度 $c/\mu g \cdot mL^{-1}$	0.00	2.50	5.00	10.00	20.00	30.00	40.00
吸光度 A							

标准曲线的回归方程：
相关系数：

2. 自来水中铅的浓度
$A=$　　　　　$c=$

3. 检出限

4. 精密度（表 5-8）

表 5-8　精密度的测定

样品铅含量 c /$\mu g \cdot mL^{-1}$	5 次测定结果					相对标准偏差 RSD/%
	1	2	3	4	5	

5. 准确度（表 5-9）

表 5-9　准确度的测定

编号	水样测量值 c /$\mu g \cdot mL^{-1}$	加标量 c /$\mu g \cdot mL^{-1}$	加标测定值 c /$\mu g \cdot mL^{-1}$	回收量 c /$\mu g \cdot mL^{-1}$	回收率/%
1					
2					
3					
4					
5					
6					

【注意事项】

实验所用玻璃仪器要用酸浸泡，其他设备也要尽可能洁净，防止污染。

【问题与讨论】

1. 基体改进剂的作用是什么？
2. 为什么要进行加标回收率实验？

第五章　原子吸收光谱法

实验五 茶叶中重金属含量的测定

【实验目的】
1. 熟练掌握原子吸收光谱法测定金属元素的方法。
2. 掌握实验应用的基础知识和基本理论。
3. 通过查阅文献,自拟实验方案,独立完成实验准备以及对样品的测定。

【实验要求】

茶叶富含人体必需的蛋白质与氨基酸、碳水化合物、脂肪、矿物质、维生素、粗纤维和水等七类营养素。有机化学成分主要有:茶多酚类、植物碱、蛋白质、氨基酸、维生素、果胶素、有机酸、脂多糖、糖类、酶类、色素等。茶叶中的矿质元素,含量较多的是磷、钾,其次是钙、镁、铁、锰、铝、硫,微量成分有锌、铜、氟、钼、硒、硼、铅、铬、镍、镉等。应用所学知识和基本理论,参考教科书以及其他文献资料(自己查阅),设计实验方案用原子吸收光谱法测定茶叶中 Pb、Cu、Zn 和 Cd 等重金属离子含量。

列出所需实验试剂及仪器的规格和数量,自拟实验步骤,独立完成仪器操作及结果处理。

四、知识拓展

原子吸收光谱法诞生于 1955 年,澳大利亚人瓦尔士和荷兰人艾柯蒙德米拉兹分别独立发表了原子吸收光谱分析的论文,奠定了原子吸收光谱分析方法的理论基础。瓦尔士将近代仪器和高温火焰结合起来提供了一个新的、简单的测量吸收能的方法,并使原子吸收方法在分析的准确度、灵敏度和精密度方面均优于原子发射光谱分析。

20 世纪 50 年代末,英国 Hilger & Watts 公司和美国 PE 公司分别在 Uvispek 和 P-E13 型分光光度计基础上研发了火焰原子吸收分光光度计。Hilger & Watts 公司的 Uvispek 被称为第一台问世的火焰原子吸收光谱商品仪器。

1959 年,苏联科学家李·沃屋将电热石墨炉原子化法引入原子吸收分析,开创了非火焰原子吸收光谱法的一个新时代。马斯美恩是商品化石墨炉原子化器样机的发明者。1968 年马斯美恩炉问世。1970 年美国 PE 公司推出了第一台石墨炉原子吸收分光光度计商品仪器 HGA-70。

1. 原子吸收光谱分析中的分析条件选择

(1) 样品的制备

① 取样

取样量要有代表性,取样量的多少取决于试样中被测元素的性质、浓度、分析方法和测量精度,同时注意样品的污染问题,主要污染源有水、大气、容器和所有试剂。污染是限制灵敏度和检出限的重要因素之一。

② 标准溶液的配制

通常用各元素合适的盐类来配制标准溶液。当没有合适的盐类可供使用时,可以直接溶解相应的金属丝、棒、片于合适溶剂中，不能用海绵状金属或金属粉末来配制标准溶液。

③ 样品预处理

无机试样大多采用酸溶解和碱溶解。有机试样通常先进行灰化处理，除去有机物基体，灰化后的残留物再用合适的酸溶解。

(2) 测定条件的选择

① 分析线的选择

每种元素都有若干条分析线，通常选择其中最灵敏线（共振吸收线）作为分析线，可使测定具有较高的灵敏度。当被测元素的浓度很高或者为了避免临近光谱线的干扰时，也可选择次灵敏线（非共振吸收线）作为分析线。对于微量元素的测定，必须选用最强的吸收线。例如测定钴时，为了得到最高灵敏度，应使用 240.7nm 谱线，但要得到较高精度，而且钴的含量较高时，最好使用较强的 352.7nm 谱线。也要考虑干扰问题。如测定铷时，为了消除钾、钠的电离干扰，可用 798.4nm 代替 780.0nm。测定铅时，为了克服短波区域的背景吸收和噪声，不使用 217.0nm 灵敏线而用 283.3nm 谱线。

② 光谱通带宽度的选择

单色器光谱宽度 W 由狭缝宽度 S 和单色器色散率 d 的倒数 D 决定的。对于一定的仪器，D 是一定的。因此，W 只决定于狭缝宽度。选择通带宽度是以吸收线附近无干扰谱线的存在并能够分库最靠近的非共振线为原子，适当放宽狭缝宽度以提高信噪比和测定稳定性。对于有复杂谱线的元素来说，如铁、钴、镍等，要求选择较窄的通带，否则会带来光谱干扰、灵敏度下降、工作曲线弯曲。

③ 空心阴极灯的工作电流

空心阴极灯的发射特性与工作电流有关，一般要预热 10～30min 才能达到稳定的输出。选择灯电流的一般原则是在保证有足够强且稳定的光强输出条件下，才能使用较低的工作电流，通常以空心阴极灯上标明的最大灯电流的一半至 2/3 为工作电流。

④ 燃烧器高度的调节

燃烧器高度影响测定灵敏度、稳定性和干扰程度。一般在燃烧器狭缝口上方 2～5mm 附近火焰有最大的基态原子密度，灵敏度最高。最佳的燃烧器高度，可通过绘制吸光度-燃烧器高度曲线来优化。

⑤ 原子化条件选择

火焰的选择和调节是保证高原子化效率的关键之一。火焰中燃烧气体由燃气与助燃气混合组成，不同种类火焰性质不同。原子吸收光谱分析中常用的火焰有：空气-乙炔、空气-煤气（丙烷）和一氧化二氮-乙炔等火焰。

空气-乙炔是最常用的火焰。此焰温度高（2300℃），乙炔在燃烧过程中产生的半分解物 C^*、CO^*、CH^* 等活性基团，构成强还原气氛，特别是富燃火焰，具有较好的原子化能力。用这种火焰可测定约 35 种元素。

空气-煤气（丙烷）焰燃烧速度慢、安全、温度较低（1840～1925℃），火焰稳定透明。火焰背景低，适用于易离解和干扰较少的元素，但化学干扰多。

由于在一氧化二氮（笑气）中，含氧量比空气高，所以一氧化二氮-乙炔火焰有更高的温度（约 3000℃）。在富燃火焰中，除了产生半分解物 C^*、CO^*、CH^* 外，还有更强还原性的成分 CN^* 及 NH^* 等，这些成分能更有效地抢夺金属氧化物中氧，从而达到原子化的目的。一氧化二氮-乙炔火焰背景发射强、噪声大，测定精密度比空气-乙炔火焰差。一氧化二氮-乙炔火焰的燃烧速度快，为了防止回火必须使用狭缝 50mm 的燃烧器。

通过绘制吸光度-燃气、助燃气流量曲线，选出最佳的助燃气和燃气流量，一般空气-乙炔火焰的流量比在 3∶1～4∶1。贫燃火焰（助燃比为 1∶4～1∶6）为清晰不发亮蓝焰，适用于不易生成氧化物的元素的测定；富燃火焰（助燃比为 1.2∶4～1.5∶4）发亮，还原性比较强，适用于易生成氧化物的元素的测定。对于易生成难解离化合物的元素，可选择乙炔——氧化二氮火焰。

难挥发、易生成难解离化合物的元素如：Al、V、Mo、Ti、W 选用高温火焰；一般易挥发易电离的化合物，宜选用低温火焰如 Pb、Cd、Zn、Sn、碱金属、碱土金属等化合物。

(3) 干扰及消除技术

原子吸收光谱分析的干扰通常有化学干扰、物理干扰、电离干扰、光谱干扰等类型。

① 化学干扰

化学干扰是指待测元素与其他组分之间的化学作用所引起的干扰效应，它主要影响待测元素的原子化效率，是原子吸收分光光度法中的主要干扰来源。它是由于液相或气相中被测元素的原子与干扰物质形成热力学更稳定的化合物，从而影响被测元素化合物的解离及其原子化。它又分为阳离子干扰和阴离子干扰。在阳离子干扰中，有很大一部分属于被测元素与干扰离子形成的难熔混晶体，如铝、钛、硅对碱土金属的干扰；硼、铍、铬、铁、铝、硅、钛、铀、钒、钨和稀土元素等，易与被测元素形成不易挥发的混合氧化物，使吸收降低；也有增大吸收（增感效应）的，如锰、铁、钴、镍对铝、镍、铬的影响。阴离子的干扰更为复杂，不同的阴离子与被测元素形成不同熔点、沸点的化合物而影响其原子化，如磷酸根和硫酸根会抑制碱土金属的吸收。其影响的次序为：$PO_4^{3-} > SO_4^{2-} > Cl^- > NO_3^- > ClO_4^-$。

消除化学干扰最常用的方法有：化学分离、使用高温火焰、加入释放剂和保护剂、使用基体改进剂等。

化学分离可采用有机溶剂萃取、离子交换、共沉淀等方法预先分离干扰物。萃取分离干扰物质是原子吸收分析中常用的。因为在萃取分离干扰物质的过程中，不仅可以去掉大部分干扰物质，而且可以起到浓缩被测元素的作用。

高温火焰具有更高的能量，会使在较低温度火焰中稳定的化合物解离。如在空气-乙炔火焰中测定钙时，PO_4^{3-} 和 SO_4^{2-} 对其有明显的干扰，但在一氧化二氮-乙炔火焰中可以消除干扰。测定铬时，用富燃的空气-乙炔火焰可得到较高的灵敏度；在一氧化二氮-乙炔火焰的红羽毛区，干扰现象就大大地减少。

当一些元素生成热稳定或难解离的化合物时，可加入释放剂，使它优先于干扰组分反应，把待测元素释放出来，使之有利于原子化，从而消除干扰。如加入 $Sr(NO_3)_2$ 或 $LaCl_3$，可以消除 PO_4^{3-}、铝对钙、镁的干扰。

加入保护络合剂也是一种消除干扰的有效方法。保护剂可与被测元素生成易分解的或者更稳定的配合物，防止被测元素与干扰组分生成难离解的化合物。保护剂一般是有机配位剂，如 EDTA、8-羟基喹啉、葡萄糖、甘油等。例如：钙与 EDTA 生成稳定化合物，加入 EDTA 可阻止钙与磷酸根形成稳定化合物，从而抑制磷酸根对钙的干扰。8-羟基喹啉与铝形成络合物，可消除铝对镁的干扰。加入 F^- 可防止铝对铍的干扰。

改变溶液的性质或雾化器的性能。在高氯酸溶液中，铬、铝的灵敏度较高，在氨性溶液中，银、铜、镍等有较高的灵敏度。使用有机溶液喷雾，不仅改变化合物的键型，而且改变火焰的气氛，有利于消除干扰，提高灵敏度。使用性能好的雾化器，雾滴更小，熔融蒸发加快，可降低干扰。

采用标准加入法不但能补偿化学干扰，也能补偿物理干扰，但不能补偿背景吸收和光谱干扰。

在石墨炉原子吸收法中，加入基体改进剂可以提高被测物质的灰化温度或降低其原子化温度以消除干扰。由于石墨炉原子化器中自由离子浓度高，停留时间长，同时基体成分浓度也高，停留时间也长，因此石墨炉中的基体干扰较火焰法严重得多。可在试样中加入一种或者几种化学物质，使基体形成易挥发的化合物在原子化前去除，从而避免待测元素的挥发，或者降低待测元素的挥发性以防止损失。到目前为止，约有50多种基体改进剂用于30多种元素的分析测定。常用的化学改进剂有 $(NH_4)_2HPO_4$、Ni、Pd 等。例如：Cd 溶液的灰化温度一般设置为300～350℃，加入 $(NH_4)_2HPO_4$ 后，生成较稳定的磷酸镉，灰化温度则可提高到600℃。加入 $(NH_4)_2HPO_4$ 和 $Mg(NO_3)_2$ 作为改进剂后，Pb 的灰化温度可由450℃提高到800℃。在测定海水中的 Mn 和 Zn 时，加入硝酸铵，灰化温度可提高到1600℃。

② 物理干扰

物理干扰指试样在转移、蒸发过程中因任何物理因素变化而引起的干扰效应。当溶液的物理性质（黏度、表面张力等）发生变化时，吸入溶液的速度和雾化率也发生变化，因而影响吸收的强度。物理干扰是非选择性干扰，对试样各元素的影响是相似的。配制与被测试样相似的标准样品，是消除物理干扰的常用方法。在不知道试样组成或者无法匹配试样时，可采用标准加入法或者稀释法来减小和消除物理干扰。

③ 电离干扰

当火焰温度足够高时，中性原子失去电子而变成带正电的离子，使火焰中的中性原子数目逐渐减小，导致测定灵敏度的降低，工作曲线向吸光度坐标方向弯曲。这种现象存在于碱金属和碱土金属等电离势较低的元素。

为了消除电离干扰，一方面适当控制火焰的温度（采用富燃火焰），另一方面在标准溶液和样品溶液中加入过量的消电离剂。消电离剂是指比被测元素电离电位低的元素，相同条件下消电离剂首先电离，产生大量的电子，抑制被测元素的电离，常用的消电离剂有钾、钠、铷、铯，以抑制被测元素的电离。

④ 光谱干扰

光谱干扰包括谱线重叠、光谱通带内存在非吸收线、原子化池内的直流发射、分子吸收、光散射等。当采用锐线光源和交流调制技术时，前3种因素一般可以不予考虑，主要考虑分子吸收和光散射的影响，它们是形成光谱背景的主要因素。分子吸收是指在原子化过程中生成的气体分子、氧化物及盐类分子对辐射吸收而引起的干扰。光散射是指在原子化过程中产生的固体微粒对光产生散射，使被散射的光偏离光路而不为检测器所检测，导致吸光度值偏高。

在石墨炉原子吸收法中，背景吸收的影响比火焰原子吸收法严重，测量时必须予以校正。可采用邻近非吸收线或邻近低灵敏度的吸收线（与分析线相差在10nm内）、连续光源（如氘灯、碘钨灯）、塞曼效应和自吸等方式进行校正。火焰吸收可用调零的方法进行校正。

用邻近非共振线校正背景时，先用分析线测量原子吸收与背景吸收的总吸光度。再用邻近线测量背景吸收的吸光度，两次测量值相减即得到校正了背景之后原子吸收的吸光度。

非共振线与分析线波长相近，可以模拟分析线的背景吸收。但这种方法只适用于分析线附近背景分布比较均匀的场合，常用于校正背景的非共振吸收线见表5-10。先用分析线测量原子吸收与背景吸收的总吸光度，再用邻近线测量背景吸收的吸光度两次测量值相减，得到校正了背景之后原子吸收的吸光度。

表 5-10 常用于校正背景的非共振吸收线 　　　　　　　　　　　单位：nm

分析线	非共振线	分析线	非共振线
Ag 328.07	Ag 312.30	Co 240.711	Co 241.16
Al 309.27	Mg 313.16	Cr 357.87	Ar 358.27
Au 242.80	Pt 265.95	Cu 324.75	Cu 323.12
B 249.67	Cu 244.16	Fe 248.33	Cu 249.21
Ba 553.55	Ne 556.28	Hg 253.65	Al 266.92
Be 234.86	Cu 244.16	In 303.94	In 305.12
Bi 223.06	Bi 227.66	K 766.49	Pb 763.22
Ca 422.67	Ne 430.40	Li 670.78	Ne 671.70
Cd 228.80	Cd 226.50	Mg 285.21	Mg 280.26

采用连续光源校正背景时，先用锐线光源测量分析线的原子吸收和背景吸收的总吸光度，再用氘灯（紫外区）或者碘钨灯、氙灯（可见光区）测量同一波长处的背景吸收，由于原子吸收谱线波长范围仅 $10^{-3} \sim 10^{-2}$nm，所以原子吸收可以忽略。计算两次测量的吸光度之差，即得到校正了背景的原子吸收。由于商品仪器多采用氘灯为连续光源扣除背景，所以该方法也常称为氘灯扣除背景法。待分析元素的主灵敏线大部分位于紫外区，所以氘灯法能校正大部分背景吸收，灵敏度的损失小。缺点是由于使用两个光源，需进行光斑拟合；应用范围小，仅适用于 350nm 以下波长；不能校正光谱线重叠和结构背景。

塞曼效应校正背景是基于光的偏振特性分为光源调制法和吸收线调制法两大类，后者应用较广。调制吸收线的方式有恒定磁场调制方式和可变磁场调制方式。恒定磁场调制方式测量灵敏度比常规原子吸收法有所降低。可变磁场调制方式的测量灵敏度与常规原子吸收法相当。塞曼效应校正背景波长覆盖整个波长范围（190~900nm）；可准确扣除由窄谱线分子吸收而造成的结构背景；可扣除某些谱线干扰；背景校正速度快提高了扣背景的准确性。

塞曼效应背景校正不受波长限制，可校正吸光度高达 1.5~2.0 的背景，而氘灯只能校正吸光度小于 1 的背景，背景校正的准确度较高。

自吸效应校正背景采用在低电流脉冲供电时，空心阴极灯发射锐线光谱，测定的是原子吸收和背景吸收的总吸光度。高电流脉冲供电时，空心阴极灯发射线变宽，当空心阴极灯内聚集的原子浓度足够高时，发射线产生自吸，在极端的情况下出现谱线自蚀，测得的是背景吸收的吸光度。上述两种脉冲供电条件下测得的吸光度之差，即为校正了背景吸收的原子吸收的吸光度。该方法能进行全波段的背景校正，又能进行结构背景校正。但是不是所有元素灯都能产生自吸效应，且影响元素灯的使用寿命；降低了灵敏度；动态线性范围窄。

2. 原子吸收光谱分析方法介绍

(1) 氢化物发生法

氢化物发生法适用于容易产生阴离子的元素，如 Se、Sn、Sb、As、Pb、Hg、Ge、Bi 等。这些元素一般不采取火焰原子化法检测，而是用硼氢化钠处理，因为硼氢化钠具有还原性，可以将这些元素还原成为阴离子，与硼氢化钠中电离产生的氢离子结合成气态氢化物。

如土壤监测中运用流动注射氢化物原子吸收检测河流中所含的沉积物汞和砷。经过试验后，检出砷限为 2ng·L^{-1}，精密度为 1.35% 至 5.07%，准确度在 93.5% 至 106.0%；检出汞限为 2ng·L^{-1}，精密度为 0.96% 至 5.52%，精准度在 93.1% 至 109.5%。这种方法不仅快速、简便，且准确度和精密度非常高，能更好地测试和分析环境样品。

（2）火焰原子化法

火焰原子化法（FAAS）适用于测定易原子化的元素，是原子吸收光谱法应用最为普遍的一种，对大多数元素有较高的灵敏度和检测限，且重现性好，易于操作。对于一些常见的、含量在一定可测范围内金属元素而言，火焰原子吸收法简单而快捷，结果的准确度非常高。普通火焰法可以检测的元素有（即最简单的标准配置/单火焰型）：锂、钠、镁、钾、钙、铬、锰、铁、钴、镍、铜、锌、镓、锗、砷、硒、铷、锶、钼、铒、钌、铑、钯、银、镉、铟、锡、锑、碲、铯、锇、铱、铂、金、铊、铅、铋。

（3）石墨炉原子吸收光谱法

石墨炉原子吸收光谱法（石墨炉原子化法）也称无火焰原子吸收，简称CFAAS。火焰原子化虽好，但缺点在于仅有10%的试液被原子化，而90%的试液由废液管排出，这样低的原子化效率成为提高灵敏度的主要障碍；而石墨炉原子化装置可提高原子化效率，使灵敏度提高10~200倍。石墨炉原子化法一种是利用热解作用使金属氧化物解离，它适用于有色金属、碱土金属；另一种是利用较强的碳还原气氛使一些金属氧化物被还原成自由原子，它主要针对易氧化、难解离的碱金属及一些过渡元素。另外，石墨炉原子化又有平台原子化和探针原子化两种进样技术，用样量都在几到几十微升，尤其对某些元素测定的灵敏度和检测限有极为显著的改善。一般的石墨炉可以瞬时升温至3000℃，对于一些含量极低的或者一些高温元素的定量检测十分有效，石墨炉原子吸收光谱法的精度及最小检测极限是目前所有测试方法中几乎无可替代的。但是石墨炉原子吸收光谱法还是存在一定的局限性：重现性还没有火焰法高，当待测样品比较复杂时，产生的结果会有很大的误差。

石墨炉主要用于检测高熔点元素和元素的痕量分析，必须使用石墨炉的元素（高熔点元素）：铝、硅、钪、钛、钒、钇、锆、铌、镨、钕、钷、钐、铕、钆、铽、镝、钬、铒、铥、镱、镥、钍、铀、镧、铈、铪、钽、钨。

（4）其他原子化法

其他原子化法包括金属器皿原子化法，针对挥发性元素，操作方便，易于掌握，但抗干扰能力差，测定误差较大，耗气量较大；粉末燃烧法，测定Hg、Bi等元素时其灵敏度高于普通火焰法；溅射原子化法，适用于易生成难溶性化合物的元素和放射性元素；电极放电原子化法，适用于难熔氧化物金属Al、Ti、Mo、W的测定；等离子体原子化法（ICP），适用于难熔金属Al、Y、Ti、V、Nb、Re等；激光原子化法，适用于任何形式的固体材料，比如测定石墨中的Ca、Ag、Cu、Li等；闪光原子化法，是一种用高温炉和高频感应加热炉的方法。

3. 原子吸收分光光度计日常维护

（1）空心阴极灯的维护

空心阴极灯如长期搁置不用，会因漏气、气体吸附等原因不能正常使用，甚至不能点燃，所以每隔2~3个月应将不常用的灯点燃2~3h，以保持灯的性能。

空心阴极灯使用一段时间以后会衰老，致使发光不稳，光强减弱，噪声增大及灵敏度下降，在这种情况下，可用激活器激活，或者把空心阴极灯反接后在规定的最大工作电流下通电半个小时。多数元素灯在经过激活处理后其使用性能在一定程度上得到恢复，延长灯的使用寿命。

取装元素灯时应拿灯座，不要拿灯管，以防止灯管破裂或通光窗口被沾污，导致光能量下降。如有污垢，可用脱脂棉蘸上 1∶3 的无水乙醇和乙醚混合液轻轻擦拭以予清除。

（2）氘灯的维护

不要在氘灯电流调节器处于很大值时开启氘灯，以免因大电流的冲击而影响使用寿命。使用氘灯切勿频繁启闭，以免影响其使用寿命。

（3）定期检查

检查废液管并及时倾倒废液；废液管积液到达雾化桶下面后会使测量极其不稳定，所以要随时检查废液管是否畅通，定时倾倒废液；乙炔气路的定期检查，以免管路老化产生漏气现象，发生危险；定期检查气路，每次换乙炔气瓶后一定要全面试漏。用肥皂水等可检验漏气情况的液体在所有接口处试漏，观察是否有气泡产生，判断其是否漏气。注意定期检查空气管路是否存在漏气现象，检查方法参见乙炔检查方法。

（4）空压机及空气气路的保养和维护

仪器室内湿度高时，空压机极易积水，严重影响测量的稳定性，应经常放水，避免水进入气路管道。

（5）火焰原子化器的保养和维护

每次样品测定工作结束后，在火焰点燃状态下，用去离子水喷雾 5～10min，清洗残留在雾化室中的样品溶液。然后停止清洗喷雾，等水分烘干后关闭乙炔气。

玻璃雾化器在测试使用氢氟酸的样品后，要注意及时清洗，清洗方法即在火焰点燃的状态下，吸喷去离子水 5～10min，以保证其使用寿命。

燃烧器和雾化室应经常检查保持清洁。对沾在燃烧器缝口上的积炭，可用刀片刮除。雾化室清洗时，可取下燃烧器，用去离子水直接倒入清洗即可。

（6）石墨炉原子化器的保养

石墨炉内部因测试样品的复杂程度不同会产生不同程度的残留物，通过洗耳球将可吹掉的杂质清除，使用酒精棉进行擦拭，将其清理干净，自然风干后加入石墨管空烧即可。

石英窗的清理，石英窗落入灰尘后会使透过率下降，产生能量的损失。清理方法为：将石英窗旋转拧下，用酒精棉擦拭干净后使用擦镜纸将污垢擦净，安装复位即可。

夏天天气比较热的时候冷却循环水水温不宜设置过低（18～19℃），会产生水雾凝结在石英窗上影响光路的顺畅通过。

4. 原子吸收光谱分析的应用

（1）在理论研究方面的应用

原子吸收可作为物理或物理化学的一种实验手段，对物质的一些基本性能进行测定和研究，另外也可研究金属元素在不同化合物中的不同形态。

（2）在元素分析方面的应用

原子吸收光谱分析，由于其灵敏度高、干扰少、分析方法简单快速，现已广泛地应用于工业、农业、生化、地质、冶金、食品、环保等各个领域，目前原子吸收已成为金属元素分析的强有力工具之一，而且在许多领域已作为标准分析方法。如化学工业中的水泥分析、玻璃分析、石油分析、电镀液分析、食盐电解液中杂质分析、煤灰分析及聚合物中无机元素分析；农业中的植物分析、肥料分析、饲料分析；生化和药物学中的体液成分分析、内脏及试样分析、药物分析；冶金中的钢铁分析、合金分析；地球化学中的水质分析、大气污染物分析、土壤分析、岩石矿物分析；食品中微量元素分析。

在对一些金属材料例如铝、铝合金、铜合金、钛合金等，一些电源材料例如银锌电池、铬镍电池、热电池、太阳电池等，这些材料运用原子吸收光谱法所测的实验数据普遍具有较高的准确度，实现了实验条件的优化与完善。

在分析与测试微量与常量的各种混合粉末电源材料时原子吸收光谱技术的应用十分广泛，其中还包括了控制与分析不同中间产物以及最终产品添加剂及杂质含量的内容。以日本某公司制造的 AA-670 型原子吸收光谱仪为例，其具有很高的准确性，在银粉中能够回收大约97％的铜铁。

分析与测定电解液、电镀液、浸渍液以及其他不同类型的溶液中金属离子含量即液体材料溶液分析的工作内容。一般大部分待测金属离子都是存在于溶液之中，因此，采用的检测方法必须具有较高的灵敏度。一旦被测浓度超过了测定范围，那么就需要稀释试样溶液，并结合实际情况，加入一定量的稀释液，例如硝酸铜、柠檬酸铵、硝酸等，以此确保在溶液材料分析中原子光谱吸收仪的应用得以优化，进而使得到的结果更加真实准确。

在化学试剂的分析中，原子吸收分光光度计也有着广泛的应用。此外，美国某公司制造的 M-5 型原子吸收光谱仪在化学试剂的微量与常量元素分析中也有着广泛的应用，在化学试剂中许多溶液的杂质含量的相对标准偏差较小，一般在 0.5％左右，可见其具有较高的准确性。

(3) 在有机物分析方面的应用

利用间接法可以测定多种有机物。8-羟基喹啉（Cu）、醇类（Cr）、醛类（Ag）、酯类（Fe）、酚类（Fe）、联乙酰（Ni）、酞酸（Cu）、脂肪胺（Co）、氨基酸（Cu）、维生素 C（Ni）、氨茴酸（Co）、雷米封（Cu）、甲酸奎宁（Zn）、有机酸酐（Fe）、苯甲基青霉素（Cu）、葡萄糖（Ca）、含卤素的有机化合物（Ag）等多种有机物，均通过与相应的金属元素之间的化学计量反应而间接测定。

(4) 金属化学形态分析中的应用

通过气相色谱和液体色谱分离然后以原子吸收光谱加以测定，可以分析同种金属元素的不同有机化合物。例如汽油中 5 种烷基铅，大气中的 5 种烷基铅、烷基硒、烷基胂、烷基锡，水体中的烷基胂、烷基铅、烷基汞、有机铬，生物中的烷基铅、烷基汞、有机锌、有机铜等多种金属有机化合物，均可通过不同类型的原子吸收光谱联用方式加以鉴别和测定。

参 考 文 献

[1] 朱明华，胡坪. 仪器分析. 第 4 版 [M]. 北京：高等教育出版社，2008.
[2] 李成平. 现代仪器分析实验 [M]. 北京：化学工业出版社，2013.
[3] 陈培榕，李景虹，邓勃. 现代仪器分析实验与技术 [M]. 北京：清华大学出版社，2006.
[4] 邓勃. 应用原子吸收与原子荧光光谱分析. 第 2 版 [M]. 北京：化学工业出版社，2007.
[5] 韩喜江. 现代仪器分析实验 [M]. 哈尔滨：哈尔滨工业大学出版社，2008.
[6] 张寒琦. 仪器分析 [M]. 北京：高等教育出版社，2009.
[7] 工业循环冷却水中钙、镁含量的测定原子吸收光谱法 [S]. GB/T 14636—2007.
[8] 郁桂云，钱晓荣. 仪器分析实验教程 [M]. 上海：华东理工大学出版社，2015.
[9] 卢士香. 仪器分析实验 [M]. 北京：北京理工大学出版社，2017.
[10] 生活饮用水标准检验方法金属指标 [S]. GB/T 5750.6—2006.

第六章 电位分析法

电位分析法（potentiometry）是以测量零电流条件下两电极（指示电极和参比电极）间电位差（电池电动势）为基础，利用指示电极的电极电位与溶液中某种离子活度（或浓度）之间的关系（能斯特方程）来分析待测物质活度（或浓度）的一种电化学分析方法。

在电位分析法中，由指示电极、参比电极与待测溶液构成电池体系。根据其原理不同，可分为直接电位法和电位滴定法两类。直接电位法是通过测量指示电极的电极电位，根据能斯特方程，计算出待测物质的含量。电位滴定法是通过测量滴定过程中指示电极电位的变化来确定滴定终点，进而计算出待测物质的含量。

一、基本原理

对于指示电极、参比电极和待测溶液构成的工作电池体系：

(−)│指示电极││待测溶液││参比电极│(+)

电池电动势为

$$E = \varphi_{参比} - \varphi_{指示} \tag{6-1}$$

对于指示电极，若电极反应为

$$Ox + ne^- \rightleftharpoons Red$$

根据能斯特方程

$$\varphi_{指示} = \varphi^{\ominus} + \frac{0.0592}{n} \lg \frac{a_{Ox}}{a_{Red}}$$

若其中某一状态的活度（或浓度）为固定值，则上式可变为

$$\varphi_{指示} = k \pm \frac{0.0592}{n} \lg a_x \tag{6-2}$$

对于参比电极，其电极电位在一定温度下基本稳定不变，不随溶液中电活性物质活度（或浓度）的变化而变化，即

$$\varphi_{参比} = k' \tag{6-3}$$

将式（6-2）、式（6-3）代入式（6-1）得

$$E = \varphi_{参比} - \varphi_{指示} = k' - \left(k \pm \frac{0.0592}{n} \lg a_x\right)$$

整理可得

$$E = K \pm \frac{0.0592}{n} \lg a_x$$

由上式可知,工作电池电动势与溶液中电活性物质的活度(或浓度)的对数值呈线性关系。

1. 电极

电位分析中,指示电极电位随着溶液中电活性物质活度(或浓度)的变化而变化,并能反映电活性物质的活度(或浓度);参比电极电位恒定,不受溶液组成或电流流动方向变化影响。

(1) 参比电极

参比电极是测量电池电动势、计算电极电位的基准,必须具备电位稳定、重现性好、电极电位已知等特点。IUPAC 规定标准氢电极电位为零,但由于是气体电极,使用不方便,因此实验室常用的参比电极有甘汞电极和银-氯化银电极。

甘汞电极和银-氯化银电极均属于金属|难溶盐电极,其电极反应及电极电位分别为:

银-氯化银电极（Ag|AgCl,Cl$^-$）电极反应 AgCl+e$^-$ $\rightleftharpoons$ Ag+Cl$^-$

电极电位 $E = E^{\ominus}_{AgCl/Ag} - 0.0592 \lg a_{Cl^-}$

甘汞电极（Hg|Hg$_2$Cl$_2$,Cl$^-$）电极反应 Hg$_2$Cl$_2$+2e$^-$ $\rightleftharpoons$ 2Hg+2Cl$^-$

电极电位 $E = E^{\ominus}_{Hg_2Cl_2/Hg} - 0.0592 \lg a_{Cl^-}$

一定温度下,只要氯离子的活度(或浓度)不变,甘汞电极和银-氯化银电极电势为常数。三种不同氯离子浓度下两种电极的电极电位见表 6-1。

表 6-1 不同氯离子浓度下甘汞电极和银-氯化银电极的电极电位（25℃）

KCl 溶液浓度	0.01 mol·L^{-1}	0.1 mol·L^{-1}	饱和
甘汞电极的电极电位/V	0.3365	0.2828	0.2438
银-氯化银的电极电位/V	0.2880	0.2355	0.2000

(2) 指示电极

在电位分析中,指示电极要具有响应速度快、选择性好等特点。常用的指示电极有金属基电极及离子选择性电极。

金属基电极以金属为基体,电极上有电子交换反应,即氧化还原反应发生,可分金属|金属离子电极、金属|难溶盐电极、金属|两种难溶盐-难溶盐阳离子电极、惰性金属电极等四种。由于构成金属基电极的溶液为还原剂或氧化剂,存在着较多的干扰,因此作为指示电极应用不广泛。

离子选择性电极(也称离子选择电极)是一类化学传感器,是由对某种给定离子具有特殊选择性的敏感膜及内参液和内参比电极构成。敏感膜是离子选择性电极的主要组成部分,能够分开两种电解质溶液,并允许特定离子在溶液和敏感膜的界面扩散渗透,形成膜电位。

1975 年,IUPAC 依据膜的特征推荐将离子选择性电极分为以下几类。

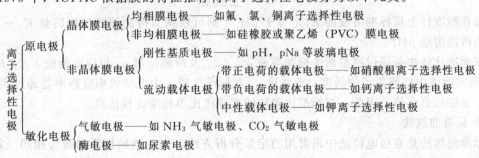

各类离子选择电极的响应机理虽各有特点,但工作原理都是利用膜电位的变化来测定溶液中离子的活度(或浓度)。如果以离子选择性电极作为指示电极,则此电位分析法又称为离子选择性电极分析法。

2. 分析方法

(1) 直接电位法

直接电位法是一种简便而快速的分析方法,适用于微量成分的测定,操作简单、选择性较好,可以用于测定有色甚至浑浊试样溶液中的待测成分。直接电位法的定量分析方法包括直读法、标准曲线法和标准加入法。常见直接电位法应用见表 6-2。

表 6-2　常见直接电位法应用

待测物质	离子选择性电极	线性范围/mol·L^{-1}	适用 pH 范围	应用举例
F$^-$	氟电极	$10^0 \sim 5 \times 10^{-7}$	5~8	水,牙膏,生物体
Cl$^-$	氯电极	$10^{-2} \sim 5 \times 10^{-5}$	2~11	水,碱液,催化剂
CN$^-$	氰电极	$10^{-2} \sim 10^{-6}$	11~13	废水,废渣
NO$_3^-$	硝酸根电极	$10^{-1} \sim 10^{-5}$	3~10	天然水
H$^+$	pH 玻璃电极	$10^{-1} \sim 10^{-14}$	1~14	溶液酸度
Na$^+$	pNa 玻璃电极	$10^{-1} \sim 10^{-7}$	9~10	锅炉水,天然水
K$^+$	钾微电极	$10^{-1} \sim 10^{-4}$	3~10	血清
Ca^{2+}	钙微电极	$10^{-1} \sim 10^{-7}$	4~10	血清

① 直读法(标准比较法)

直读法是在酸度计(或 pH 计)上直接读出待测离子活度(或浓度)的方法。由于测量条件难以掌握,不能直接用能斯特方程计算活度(或浓度),因此需要用已知活度(或浓度)的溶液去标定待测离子活度(或浓度)。直读法又可分为单标准比较法和双标准比较法。

单标准比较法是选择一个与待测离子活度 a_x 相近的标准溶液 a_s,在相同条件下,用同一对指示电极和参比电极分别标定标准溶液 E_s 与待测液的电动势 E_x。根据能斯特方程:

$$E_x = K \pm s \lg a_x$$
$$E_s = K \pm s \lg a_s$$

两式相减得

$$\lg a_x = \lg a_s \pm \frac{E_x - E_s}{s}$$

若测定对象为 H$^+$,则

$$pH_x = pH_s + \frac{E_x - E_s}{2.303RT/F}$$

即在酸度计上将标准溶液的 E_s 定位于 pH_s,则可根据对待测溶液的偏转量 $E_x - E_s$ 直接读出待测溶液 pH_x。

双标准比较法是通过测量两个标准溶液 a_{s1}、a_{s2} 及待测溶液 a_x 相应电池的 E_{s1}、E_{s2} 和 E_x 来测定溶液中待测离子的活度(或浓度)。双标准比较法中电极的响应斜率是通过实验测得的,更接近真实值。因此,双标准比较法的准确度比单标准比较法高。

② 标准曲线法

标准曲线法是直接电位法中最常用的定量分析方法,与一般的标准曲线法相同。首先,配置一系列含有不同浓度待测离子的标准溶液，用惰性电解质调节离子强度；然后，在相同的测试条件下，用选定的同一对指示电极和参比电极按浓度从低到高的顺序分别测定各标准溶液的电池电动势 E，作 E-$\lg c$ 或 E-pM 图（在一定范围内是一条直线）。将待测溶液调节离子强度后，用同一对电极测量其电动势 E_x，从 E-$\lg c$ 或 E-pM 图上找出与 E_x 相对应的浓度 c_x。

标准曲线法适用于测定简单样品及游离离子的浓度，也适用于大批量样品的分析。

③ **标准加入法**

当待测溶液组成较为复杂时应采用标准加入法，即将待测离子的标准溶液加入待测溶液中进行测定。首先，测定体积为 V_x，浓度为 c_x 的待测溶液的电池电动势 E_1；然后向样品中加入浓度为 c_s，体积为 V_s（$V_s \ll V_x$）的待测离子标准溶液，并测量电池电动势 E_2，则

$$E_1 = K \pm s\lg c_x$$

$$E_2 = K \pm s\lg \frac{c_x V_x + c_s V_s}{V_x + V_s}$$

两式相减得

$$\Delta E = E_2 - E_1 = s\lg \frac{c_x V_x + c_s V_s}{c_x(V_x + V_s)} \approx s\lg\left(1 + \frac{c_s V_s}{c_x V_x}\right)$$

令 $\Delta c = \dfrac{c_s V_s}{V_x}$，即标准加入后溶液浓度的改变量，则

$$c_x = \Delta c (10^{\frac{\Delta E}{\pm s}} - 1)^{-1}$$

其中 S 为电极的响应斜率。Δc 的最佳范围为 $c_s \sim 4 c_s$。

(2) 电位滴定法

在滴定过程中，随着滴定剂的加入及滴定反应的进行，待测离子的浓度不断地变化，在理论终点附近，待测离子浓度发生突变而导致电位的突变，因此，通过测量电动势的变化可以确定滴定终点。

电位滴定法大大拓展了滴定分析的应用范围。采用适当的指示电极可用于酸碱滴定、络合滴定、氧化还原滴定、沉淀滴定等各种类型的滴定，还可用于测定酸和碱的解离常数以及电对的条件电极电位等。与传统滴定分析方法相比，电位滴定需要酸度计（或离子计）、搅拌器等，操作较麻烦，但可用于混浊、有色溶液及缺乏合适指示剂的滴定，并且易于实现自动滴定。

常用确定电位滴定终点的方法有 E-V 曲线法、$\dfrac{\Delta E}{\Delta V}$-$V$ 曲线法和 $\dfrac{\Delta^2 E}{\Delta V^2}$-$V$ 曲线法。电位滴定法常见应用见表 6-3。

表 6-3 电位滴定法常见应用

滴定类型	待测离子	滴定剂	指示电极
酸碱滴定	H^+（或 OH^-）	OH^-（或 H^+）	pH 玻璃电极
络合滴定	Fe^{3+}	EDTA	Pt 电极
	Ca^{2+}	EDTA	钙离子选择性电极
	Al^{3+}	EDTA	汞膜电极
氧化还原滴定	As^{3+}	Ce^{4+}	Pt 电极
	I^-、Fe^{2+}、$C_2O_4^{2-}$	$KMnO_4$	Pt 电极
沉淀滴定	X^-	$AgNO_3$	卤离子选择性电极或银电极

① E-V 曲线法

以加入滴定剂的体积 V 为横坐标，以测得的电动势 E 为纵坐标，绘制 E-V 曲线，如图 6-1（a）所示。对反应物系数相等的反应，曲线上的转折点就是滴定终点，曲线突跃的中点即为化学计量点。对反应物系数不相等的反应，曲线突跃的中点与化学计量点稍有偏差，但可忽略，故仍可用突跃中点作为滴定中点。

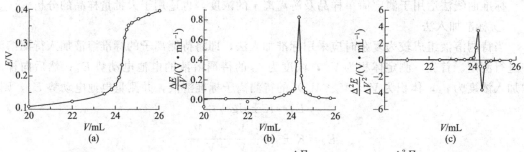

图 6-1 电位滴定曲线 （a）E-V 曲线法；（b）$\frac{\Delta E}{\Delta V}$-$V$ 曲线法；（c）$\frac{\Delta^2 E}{\Delta V^2}$-$V$ 曲线法

② $\frac{\Delta E}{\Delta V}$-$V$ 曲线法

又称一阶导数法。当滴定曲线突跃不明显时，可以绘制 $\Delta E/\Delta V$ 对 V 的一阶导数曲线，如图 6-1（b）所示。由图可以看出，远离滴定终点时，$\Delta E/\Delta V$ 较小；接近滴定终点时，$\Delta E/\Delta V$ 逐渐增大；在滴定终点时，$\Delta E/\Delta V$ 达到最大值；滴定终点后，$\Delta E/\Delta V$ 又逐渐减小。因此，曲线最大值所对应的点即为滴定终点。应该注意的是，图中 $\Delta E/\Delta V$ 是相邻两次测得电动势之差与相应的两次滴定剂体积差的比值，V 是相邻两次滴定剂体积的平均值。

③ $\frac{\Delta^2 E}{\Delta V^2}$-$V$ 曲线法

又称二阶导数法。$\frac{\Delta^2 E}{\Delta V^2}$ 表示在 $\Delta E/\Delta V$ 曲线上，体积改变引起的 $\Delta E/\Delta V$ 改变的大小，如图 6-1（c）所示。由图可以看出，滴定终点左右，$\Delta E/\Delta V$ 的变化由正变负，$\frac{\Delta^2 E}{\Delta V^2}=0$ 处所对应的点为滴定终点。$\frac{\Delta^2 E}{\Delta V^2}$ 由相邻两次 $\Delta E/\Delta V$ 求出，V 是两次 $\Delta E/\Delta V$ 对应的 V 的平均值。在实际工作中，只需根据化学计量点附近的几组数据求出 $\frac{\Delta^2 E}{\Delta V^2}$ 改变正负号前后的数值，即可求得滴定终点所消耗的标准溶液体积。

二、仪器组成与结构

1. 直接电位法常用仪器

直接电位法实验装置如图 6-2 所示。直接电位法常用酸度计（pH 计）或离子计测定溶液的 pH 或电位值。由于许多电极具有很大的电阻，因此酸度计或离子计均需要很高的输入阻抗。例如，美国生产的 PRION 微处理器离子计及其配套电极。该仪器测量精度高，输入阻抗大，并带有自动温度测定与补偿功能。还有如国产的 pH-2 或 pHS-3C 型酸度计等。pH 玻璃电极与离子选择电极可以根据条件用其他型号代替。

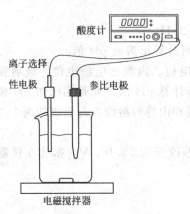
图 6-2 直接电位法装置示意图

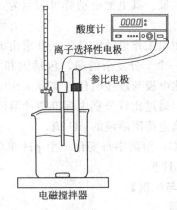
图 6-3 电位滴定法装置示意图

2. 电位滴定法常用仪器

电位滴定法所用的基本仪器装置如图 6-3 所示，包括滴定管、滴定池、指示电极、参比电极、搅拌器、测量电动势用的电位计等。

在滴定过程中，每滴加一次滴定剂，测定一次电动势，直到超过化学计量点为止，这样就得到一系列滴定剂用量（V）和相应的电动势（E）的数值。

电位滴定法又分为手动滴定法和自动滴定法。手动滴定法所需仪器简单，为上面所述酸度计或离子计，但是操作不方便。随着计算机技术与电子技术的发展，各种自动电位仪也相应出现，使滴定更加准确、快速和方便。自动电位滴定仪是借助于电子技术实现电位滴定自动化的仪器，分电计和滴定系统两大部分，电计采用电子放大控制线路，将指示电极与参比电极间的电位同预先设置的某一终点电位相比较，两信号的差值经放大后控制滴定系统的滴液速度。达到终点预设电位后，滴定自动停止。

三、实验部分

实验一 直接电位法测定水溶液 pH 值

【实验目的】
1. 了解酸度计的工作原理，学会校正仪器斜率。
2. 掌握酸度计的使用方法。
3. 熟练用直接电位法测定溶液 pH 值。

【实验原理】
饮用水、地表水及工业废水 pH 值是环境监测的一项重要指标。不仅如此，在生产实践和科学研究中经常会碰到 pH 值的测量。精确 pH 值的测量可参照 GB 6920—1986 水质 pH

值的测定玻璃电极法中相关要求。

测定溶液的 pH 值通常用 pH 玻璃电极作为指示电极，溶液的 pH 值是通过测定由溶液组成的电池电动势来确定的。以玻璃膜电极作为指示电极，与饱和甘汞电极和待测溶液组成一个工作电极。其电池电动势可表示为：

$$E = K + 0.592 pH$$

只要测出工作电池电动势，并求出 K 值，就可计算出溶液 pH 值。

K 是一个十分复杂的项，包括饱和甘汞电极电位、内参比电极电位、玻璃膜的不对称电位及参比电极与液接电位。实际工作中不能直接计算 pH 值，而是用已知 pH 值的标准溶液为基础，通过比较分别由标准缓冲溶液参与组成和由待测溶液参与组成的两个工作电池的电动势来确定待测溶液的 pH 值。

在 25℃，溶液中每变化一个 pH 单位，电位差改变为 59.16mV，据此在仪器上直接读出溶液的 pH 值。

【仪器与试剂】

1. 仪器

pHS-3C 型酸度计；pH 玻璃电极；甘汞电极。

2. 试剂

pH=4.00、pH=6.86、pH=9.18 标准缓冲溶液（25℃）；待测工业废水样品。

【实验步骤】

1. 用量筒量取待测工业废水试样 40mL，置于 100mL 烧杯中。
2. 先将待测水样与标准溶液调到同一温度，记录测定温度，并将仪器温度补偿旋钮调到该温度上，进行温度补偿。
3. 取 pH=6.86 标准缓冲溶液置于另一个烧杯中，对酸度计进行定位。
4. 取另一种标准缓冲溶液对酸度计进行斜率调整。若待测水样为酸性，则用 pH=4.00 标准缓冲溶液进行斜率调整；若待测水样为碱性，则用 pH=9.18 标准缓冲溶液进行斜率调整。
5. 用已经温度补偿、定位和斜率调整的酸度计测定待测工业废水的 pH。

【数据记录及处理】

按照如表 6-4 所示内容做好实验数据的记录与处理

表 6-4 试样 pH 值数据记录表

取样日期	取样时间	取样地点	测定时间	测定温度
测定酸度	pH_1	pH_2	pH_3	平均值
测定结果				

【注意事项】

1. 更换溶液时，先用去离子水认真冲洗电极，然后将电极浸入溶液中，小心摇动或进行搅拌使其均匀，静置，待读数稳定后记下 pH 值。
2. 玻璃电极在使用前先放入去离子水中浸泡 24h 以上。
3. 测定 pH 值时，玻璃电极的球泡应全部浸入溶液中，并使其稍高于甘汞电极的陶瓷芯端，以免搅拌时碰坏。
4. 必须注意玻璃电极的内电极与球泡之间、甘汞电极的内电极和陶瓷芯之间不得有气泡，以防断路。

5. 注意甘汞电极中的饱和氯化钾溶液的液面必须高出汞体，在室温下应有少许氯化钾晶体存在，以保证氯化钾溶液达到饱和，但需注意氯化钾晶体不可过多，以防止堵塞与被测溶液的通路。

6. 测定 pH 值时，为减小水样中二氧化碳的溶入或挥发，不应提前打开水样瓶。

7. 玻璃电极表面受到污染时，需进行处理。如果附着无机盐结垢，可用温稀盐酸溶解，对钙镁等难溶性结垢，可用 EDTA 二钠溶液溶解；沾有油污时，可由丙酮清洗。电极按上述方法处理后，应在去离子水中浸泡一昼夜再使用。注意忌用无水乙醇、脱水性洗涤剂处理电极。

【问题与讨论】
1. 酸度计斜率与电极斜率不一致时如何调节？
2. 测定前后电极如何处理？

实验二 电位滴定法测定工业废水氯化物含量

【实验目的】
1. 学习电位滴定法的基本原理和操作技术。
2. 了解氯离子的测定过程和现象。
3. 掌握电位滴定中数据处理的方法。

【实验原理】
无机化工产品中氯化物含量可以利用电位滴定法进行测量（GB/T 3050—2000）。此外，由于缺少合适的指示剂且滴定突跃较小，卤离子混合溶液中的氯、溴、碘的含量也可以利用电位滴定法进行测量。

在滴定过程中，随着滴定剂的加入及滴定反应的进行，待测离子的浓度不断地变化，在理论终点附近，待测离子浓度发生突变而导致电位的突变，因此，通过测量电动势的变化可以确定滴定终点。

本实验根据能斯特方程

$$E = E^{\ominus} - \frac{RT}{nF} \lg c_{Cl^-}$$

滴定过程中，$Cl^- + Ag^+ \rightleftharpoons AgCl \downarrow$，使得氯离子浓度降低，电位发生改变，接近化学计量点时，氯离子浓度发生突变，电位相应发生突变，而后继续加入滴定剂，溶液电位变化幅度减缓。以突变时滴定剂的消耗体积（$AgNO_3$ 标准溶液的体积，mL）来确定待测氯离子浓度。

【仪器与试剂】
1. 仪器
酸度计（mV 计）或自动电位滴定仪；磁力搅拌器；银电极；饱和甘汞电极；微量滴定管。

2. 试剂
1:1 HNO_3；0.05 mol·L^{-1} KCl 标准溶液；浓度约为 0.05 mol·L^{-1} 的 $AgNO_3$ 标准溶液；待测工业废水样品。

【实验步骤】
1. $AgNO_3$ 标准溶液的标定
准确移取 0.05 mol·L^{-1} KCl 标准溶液 10.00mL 于烧杯中，加去离子水 20mL，加 1~2

滴 1∶1 HNO_3，搅拌均匀。

开启酸度计，开关调在 mV 位置。在搅拌下，加入滴定剂，记录溶液电位随滴定剂的体积变化情况。随着 $AgNO_3$ 标准溶液的滴入，电位读数将不断变化，读数间隔可先大些（1~2mL），至一定量后，电位读数变化较大，则预示临近终点，此时应逐滴加入 $AgNO_3$ 标准溶液（0.5~0.1mL），并记录电位变化，直至继续加入 $AgNO_3$ 标准溶液后电位变化不再明显为止。绘制 $\Delta E/\Delta V$-V 曲线，求得终点时所消耗 $AgNO_3$ 标准溶液的确切体积。重复上述操作 3 次，求出平均值，进而求出 $AgNO_3$ 标准溶液的浓度。

2. 样品中氯离子含量的测定

（1）酸度计测定

准确移取水样 10.00mL 于烧杯中，加去离子水 20mL，加 1~2 滴 1∶1 HNO_3，搅拌均匀。加入已标定的硝酸银滴定剂，记录溶液电位随滴定剂的体积变化情况。同标定的步骤，做 $\Delta E/\Delta V$-V 曲线，求出水样中氯离子反应至终点所消耗的 $AgNO_3$ 标准溶液的确切体积。重复上述操作 3 次，求出平均值，进而求出待测样品中氯离子的浓度。

（2）自动电位滴定仪测定

采用上述手动方法进行初测，根据所得数据，用作图法或计算法求出计量点处的电池电动势 E，即可对同一批水样进行自动电位滴定。

自动电位滴定仪操作时，将选择器旋到"终点"位置，按下读数开关，预定终点调节器，使电表指针在 E 值，然后将旋钮转到 mV 位置。将滴定装置的工作开关调到"滴定"装置。取一份水样，将电极和毛细管仪器插入水样中开始搅拌，按下滴定开始开关至滴定指示灯和终点指示灯同时亮，自动滴定开始。当滴定器终点指示灯熄灭，读取并记录消耗 $AgNO_3$ 标准溶液的体积。重复上述操作 3 次，求出平均值，进而求出待测样品中氯离子的浓度。

【数据记录及处理】

1. 根据表 6-5 中数据，绘制 $\Delta E/\Delta V$-V 曲线，求得终点时所消耗 $AgNO_3$ 标准溶液的体积，计算 $AgNO_3$ 标准溶液浓度。

表 6-5 $AgNO_3$ 标准溶液的标定

V_{AgNO_3}/mL	E/V	ΔE/V	ΔV/mL	$\Delta E/\Delta V$ /(V·mL^{-1})	平均体积/mL

曲线最大值所对应的点即为滴定终点，由所消耗的 $AgNO_3$ 标准溶液体积，根根据物质反应平衡公式 $c_{Cl^-} \cdot V_{Cl^-} = c_{Ag^+} \cdot V_{Ag^+}$ 计算求出 $AgNO_3$ 标准溶液浓度。

2. 根据表 6-6 中数据，绘制 $\Delta E/\Delta V$-V 曲线，求得终点时所消耗 $AgNO_3$ 标准溶液的体积，计算水样中氯离子的含量及标准偏差。

表 6-6 水中氯离子的含量测定

V_{AgNO_3}/mL	E/V	ΔE/V	ΔV/mL	$\Delta E/\Delta V$ /(V·mL^{-1})	平均体积/mL

曲线最大值所对应的点即为滴定终点，由所消耗的 $AgNO_3$ 标准溶液体积，根据物质反应平衡公式 $c_{Ag^+}V_{Ag^+}=c_{Cl^-}V_{Cl^-}$ 计算求出水样中氯离子的含量（mol·L^{-1}）。

【注意事项】

1. 认真仔细阅读仪器使用说明书，接通电源，预热 20min 后使用。酸度计测定前要调零、校正。按 mV 键，将分挡开关处于"0"位，调节零点调节器，使电表指针在 1.00。将分挡开关拨到"校正"位置，调节校正调节器使电表指针在满度 2.00。将分挡转回"0"位。按下读数开关，调节定位调节器，使电表指针停在 mV 的零点处。定位结束松开读数开关。

2. 银电极表面易氧化而使性能下降，用三氧化二铝粉末打磨，露出光滑新鲜表面可恢复活性。参比电极所装电解液应为饱和 KNO_3 溶液。

3. 甘汞电极的位置比银电极略低些，有利于提高灵敏度。

4. 应在相对稳定后再读数，若数据一直变化，可考虑读数时降低转子的转数。

【问题与讨论】

1. 终点滴定剂体积的确定方法有哪几种？
2. 与化学分析中的容量法相比，电位滴定法有什么特点？

实验三　牙膏中可溶性氟及游离氟的测定

【实验目的】

1. 掌握离子选择性电极分析法的理论。
2. 巩固酸度计的使用方法。
3. 巩固标准曲线的分析方法。
4. 掌握氟离子选择电极测定氟化物的条件。

【实验原理】

氟是人体必需的微量元素之一，摄入适量的氟有利于牙齿的健康，但摄入过量则对人体有害，会引起各种急性或慢性氟中毒。不同地域地表水和地下水中均含有一定量的氟，很多工业废水中也含有较多的氟,我国国家环保局1987年就制定了水质氟化物的测定标准(GB7484—1987)。与我们生活日常相关的牙膏中也有少量的氟存在,其中含氟牙膏中氟含量较高。根据GB8372—2008牙膏的规定,含氟牙膏可溶性或游离氟含量为0.05%～0.15%(儿童含氟牙膏中0.05%～0.11%)。

氟离子选择性电极是一种以LaF_3单晶膜为敏感膜,$NaF+NaCl$为内参比溶液,Ag-$AgCl$为内参比电极的电化学传感器。以氟离子选择性电极为指示电极,饱和甘汞电极为参比电极,同时浸入含氟待测液中组成工作电池,可表示为:

$$Hg, Hg_2Cl_2 \mid KCl(饱和) \mid \mid 含氟待测溶液 \mid LaF_3 \mid NaF, NaCl \mid AgCl, Ag$$

在待测液中加入总离子强度调节缓冲液(TISAB),控制待测溶液的离子强度与酸度。当氟电极与含氟待测液接触时,电池的电动势E随溶液中氟离子浓度(或活度)变化而变化,服从关系式:

$$E = K - \frac{2.303RT}{F}\lg c_{F^-}$$

E与$\lg c_{F^-}$成直线关系,$-\frac{2.303RT}{F}$为该直线的斜率,亦为电极的斜率。

本实验采用标准曲线法进行定量。

【仪器与试剂】

1. 仪器

酸度计;氟离子选择性电极;甘汞电极;磁力搅拌器;聚乙烯杯;离心机;移液管;恒温水浴锅;烘箱。

2. 试剂

盐酸溶液$4mol \cdot L^{-1}$;氢氧化钠溶液$4mol \cdot L^{-1}$;待测牙膏样品。

(1) 氟离子标准溶液:准确称取0.1105g基准氟化钠(105℃±2℃,干燥2h),用去离子水溶解并定容至500mL,摇匀,贮存于聚乙烯塑料瓶内备用。该溶液浓度为$100mg \cdot kg^{-1}$。

(2) 总离子强度调节缓冲溶液(TISAB):100g柠檬酸三钠、60mL冰乙酸、60g氯化钠、30g氢氧化钠用水溶解,并调节pH至5.0～5.5,用水稀释到1000mL。

【实验步骤】

1. 电极的准备

检查甘汞电极内是否有氯化钾晶体,没有时需补加,待溶解平衡后使用。

氟电极在使用前于$0.001mol \cdot L^{-1}NaF$溶液中浸泡活化1～2h。用去离子水清洗电极,并测量其电位。若读数大于$-385mV$,则更换新的去离子水重复上述操作,直至电位读数小于$-385mV$。

2. 样品制备

任取试样牙膏1支,从中称取牙膏20g,精确至0.001g,置于50mL塑料烧杯中,逐渐加入去离子水,搅拌使其溶解,转移至100mL塑料容量瓶中,稀释至刻度,摇匀。分别倒入2个具有刻度的10mL离心管中,使其质量相等。在离心机($2000r \cdot min^{-1}$)中离心30min,冷却至室温,其上清液用于分析游离氟、可溶氟含量。

3. 标准曲线绘制

准确吸取0.5mL、1.0mL、1.5mL、2.0mL、2.5mL氟离子标准溶液,分别移入5个50mL塑料容量瓶中,并加入总离子强度调节缓冲液5mL,用去离子水稀释至刻度,然后逐个转入50mL塑料烧杯中,放入搅拌子,插入电极。在酸度计上按由稀到浓的顺序测定不同氟离子浓度的电位值 E，记录并绘制 E-$\lg c_{F^-}$ 标准曲线。测定时，搅拌 2min，静置 1min，待电位稳定后读数。重复搅拌、静置和读数过程，直至相邻两次读数之差不超过 ±1mV，最后一次读数记为 E。

4. 可溶性氟的测定

吸取制备的样品上清液 0.5mL 转入 2mL 离心管中，加 $4\text{mol}\cdot\text{L}^{-1}$ 盐酸 0.7mL，离心管加盖，50℃水浴 10min，移至 50mL 容量瓶，加入 $4\text{mol}\cdot\text{L}^{-1}$ 氢氧化钠 0.7mL 中和，再加 5mL 总离子强度调节缓冲液，用去离子水稀释至刻度，转入 50mL 塑料烧杯中。按照与步骤 3 相同的方法进行测量，并记录电位值。在标准曲线上查出其相应的氟含量，从而计算出可溶性氟含量。

5. 游离氟的测定

取制备的样品上清液 10mL 置于 50mL 塑料容量瓶中，加总离子强度调节缓冲液 5mL，用去离子水稀释至刻度，转入 50mL 塑料烧杯中，按照与步骤 3 相同的方法进行测量，并记录电位值。在标准曲线上查出其相应的氟含量，从而计算出游离氟含量。如果样品中游离氟含量过高，可根据实际情况适当稀释或减少取样量。

6. 电极的存放

实验结束后，用去离子水将电极充分冲洗干净，至电位值与起始空白值相近。用滤纸吸去水分，放在空气中，或者放在稀的氟化物标准溶液中。如果短时间内不再使用，应洗净，吸去水分，套上保护电极敏感部分的保护帽，收入电极盒中保存。

【数据记录及处理】

1. 根据表 6-7 中的数据，以标准溶液的浓度为横坐标，相应的测量电位值 E 为纵坐标，绘制标准曲线并计算线性回归方程。

表 6-7 实验数据记录表（一）

加入标准溶液体积/mL	氟离子浓度/$\text{mg}\cdot\text{kg}^{-1}$	$\lg c_{F^-}$	电位值/mV
0.5			
1			
1.5			
2.0			
2.5			
线性回归方程		相关系数	

2. 根据牙膏样品测得的电位及标准曲线的线性方程，计算牙膏样品中可溶性氟含量、游离氟含量（以质量百分含量表示）及标准偏差，记于表 6-8，并判断其氟含量是否合格。

表 6-8 实验数据记录表（二）

	取样量/mL	定容体积/mL	电位值/mV	含量/$\text{mg}\cdot\text{kg}^{-1}$
待测样中可溶性氟含量				
待测样中游离氟含量				

$$样品中可溶性氟含量 = -\lg c \times (50/0.5) \times (100/m) (\text{mg}\cdot\text{kg}^{-1})$$

$$样品中游离氟含量 = -\lg c \times (50/10) \times (100/m) (\text{mg}\cdot\text{kg}^{-1})$$

式中，$-\lg c$ 为标准曲线上所查出氟含量的值，再取负对数；m 为样品质量，g。

【注意事项】

1. 电极电位在搅拌时和静止时的读数不同，测定过程中，读数状态应保持一致。
2. 温度影响电极电位和样品的离解，必须使样品与标准溶液的温度相同，并注意调节仪器的温度补偿装置使之与溶液温度一致。每天要测定电极的实际斜率。
3. 不得用手指触摸电极的膜表面，为了保护电极，待测样品中氟的测定浓度最好不要超过 40mg·L^{-1}。
4. 插入电极前不要搅拌溶液，以免在电极表面附着气泡，影响测定的准确度。
5. 搅拌速度应适中、稳定，不要形成涡流。
6. 如果电极表面的膜被有机物等沾污，必须先清洗干净才能使用。清洗可用甲醇、丙酮等有机试剂，也可用洗涤剂。例如，可先将电极浸入温热的稀洗涤剂（1 份洗涤剂加 9 份水），保持 3～5min。必要时，可再放入另一份稀洗涤剂中，然后用水冲洗，再在 1∶1 的盐酸中浸 30s，最后用水冲洗干净，用滤纸吸去水分。

【问题与讨论】

1. 本实验测定的是氟离子的活度还是浓度？为什么？
2. 实验中为什么要加入 TISAB？所起的作用是什么？

实验四　可乐型饮料中总酸的测定

【实验目的】

1. 掌握电位滴定法的基本原理。
2. 理解电位滴定法的优点。
3. 了解含有溶解性气体样品的脱气方法。

【实验原理】

现在市场上饮料种类繁多，以百事可乐、可口可乐为首的碳酸饮料已风靡世界百余年，受到很多人尤其是年轻人的喜爱。可乐中含有碳酸、磷酸，大量饮用对人体有一定危害，易导致骨质疏松症的产生。国家标准"GB/T 10792—1995 碳酸饮料（汽水）"中曾规定总酸的测量要按照"GB/T 12456—1990 食品中总酸的测定"中电位滴定法进行。虽然"GB/T 10792—2008 碳酸饮料（汽水）"中删除了总酸等理化指标，但"GB/T 4928—2008 啤酒分析方法""GB/T 12456—2008 食品中总酸的测定"等国标中依然推荐利用电位滴定法进行总酸的测定。

可乐中包含各种色素类食品添加剂，并且含有的酸有一定的缓冲能力，所以在化学计量点处没有明显的突跃，用指示剂不能看到颜色的变化，但可以用 pH 计在滴定过程中随时测定溶液 pH 值，至 pH＝8.0 即为滴定终点。

【仪器与试剂】

1. 仪器

酸度计（pH 计）；磁力搅拌器；pH 复合电极；饱和甘汞电极；碱式滴定管；恒温水浴箱。

2. 试剂

0.1mol·L^{-1}NaOH 标准溶液；pH＝6.86、pH＝9.18 标准缓冲溶液（25℃）；待测可乐。

【实验步骤】
1. pH 计校准

将酸度计预热 30min，取 pH＝6.86 标准缓冲溶液置于塑料烧杯中，对酸度计进行定位。取 pH＝9.18 标准缓冲溶液对酸度计进行斜率调整。

2. 样品的处理

用倾注法将可乐脱气 50 次后（一个反复为一次），准确移取 50.00mL 可乐样品于 100mL 烧杯中，置于 40℃水浴锅中保温 30min 并不时振摇，以除去残余的二氧化碳，然后冷却至室温。

3. 总酸的测定

将复合电极插入样品溶液中，在搅拌下，加入 NaOH 标准溶液，滴定至 pH＝8.0 为终点，记录所消耗的氢氧化钠标准溶液体积，重复测定三次。接近滴定终点时，放慢滴定速度。一次滴加半滴，直至达到终点。

【数据记录及处理】

根据表 6-9 中数据，计算被测可乐中总酸的含量（$mol \cdot L^{-1}$）。

表 6-9　消耗 NaOH 滴定剂的体积

NaOH 浓度	体积 1	体积 2	体积 3	平均体积

$$可乐中总酸的含量 = \frac{c_{NaOH} \times V_{NaOH} \times K}{V_{可乐样品}}$$

K 为酸的换算系数，磷酸为 0.049。

【注意事项】

1. 更换溶液时，先用去离子水认真冲洗电极，然后将电极浸入溶液中，小心摇动或进行搅拌使其均匀，静置，待读数稳定后记下 pH 值。

2. 玻璃电极在使用前先放入去离子水中浸泡 24h 以上。

3. 测定 pH 值时，玻璃电极的球泡应全部浸入溶液中，并使其稍高于甘汞电极的陶瓷芯端，以免搅拌时碰坏。

4. 必须注意玻璃电极的内电极与球泡之间、甘汞电极的内电极和陶瓷芯之间不得有气泡，以防断路。

5. 注意甘汞电极中的饱和氯化钾溶液的液面必须高出汞体，在室温下应有少许氯化钾晶体存在，以保证氯化钾溶液达到饱和，但需注意氯化钾晶体不可过多，以防止堵塞与被测溶液的通路。

【问题与讨论】

1. 本实验为什么不能用指示剂法指示终点，而可以用电位滴定法指示终点。
2. 电位滴定法有什么特点？
3. 本实验的主要误差来源有哪些？

四、知识拓展

19 世纪以来，电化学分析法迅速发展。1801 年，W. Cruikshank 发现电解现象；1834 年，M. Faraday 提出著名的法拉第定律；1889 年，W. Nernst 提出著名的 Nernst 定律，为电位分析奠定了理论基础；1893 年，R. Behrend 发表第一篇关于电位滴定的论文；1922 年，Cremer 等发明 pH 玻璃电极；20 世纪 30 年代后，电子技术的发展使仪器分析得到飞速发展；20 世纪 60 年代后期，离子选择性电极出现；20 世纪 70 年代后，计算机与仪器相结合，数据存储、计算、分析参数的自动控制等应用使仪器分析更加高效、快速、准确。目前，基于电化学分析原理的电位滴定技术广泛应用于检测行业各领域。

与普通滴定法相比，电位滴定法的优越性十分明显：第一，在用于有色或浑浊溶液的滴定时，比人工判定终点准确可靠；第二，在没有或缺乏指示剂的情况下，仍可通过电位突变来判定终点；第三，滴定液的用量与速度可微控调节，溶液搅拌速度也可用程序控制，实验精度极高；第四，可用于浓度较稀的试液或滴定反应进行不够完全的情况；第五，可用于多个相关项目的连续滴定与多个滴定终点判定的情况，实现自动化和连续测定。

随着各种新型离子选择性电极的研制成功，电位滴定的应用范围将不断扩大，同时随着计算机技术、电子技术和高精度加工技术的发展，现代自动电位滴定仪得到了迅速发展，活塞式滴定管的分辨率已达万分之一；它的搅拌器、滴定装置都由主机自动控制启停和速度；滴定步骤可编制成为方法保存，滴定数据自动记录在仪器内；仪器自动判定滴定结束的条件，过程停止后，仪器内的微控制器会自动计算出终点和测量结果，当方法参数不能判断出终点时，可以修改参数后重新计算，并可保留许多历史测量数据供随时查看。

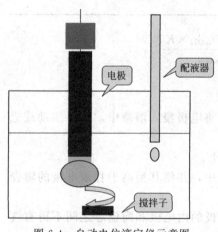

图 6-4　自动电位滴定仪示意图

自动电位滴定仪包括主机、搅拌器、滴定管装置、电极等，如图 6-4 所示。受主机驱动的活塞式玻璃滴定管用软管连接到图中的配液器，配液器头部是一个单向阀，用来防止样品溶液倒流进滴定管内。每次加液的体积可在主机键盘上或通过控制台设定（等量等当点滴定）；或随滴定过程自动控制（动态等当点滴定），使用者仍可通过参数对其变化规律进行调整。滴定停止的条件也通过主机加以设置。电极通过屏蔽电缆连到主机上，用来测量滴定过程中每次加液后的电位值，测量数据可设定为当电位变化速度低于设置值时接受，也可设定为等待一个设置时间后接受。根据不同的滴定种类，电极也相应分为玻璃 pH 电极，用于水相或非水相的酸碱滴定；银电极，用于氯、溴、碘、氰根、硫氰根等能和硝酸银形成沉淀的样品溶液的滴定；铂电极，用于氧化还原滴定；各种离子选择电极，主要用于配合滴定。除了离子选择电极需要和参比电极（一般是银-氯化银电极）配合使用外，其他电极都已做成复合电极，可单独使用。搅拌器分旋叶式搅拌器和磁力搅拌器，都可通过主机设置不同转速以改变搅拌效率。以机械搅拌代替人工搅拌，大大提高了搅拌效率，保证了电位测定的稳定性。主机内部装有微处理器控制电路，滴定管驱动装置及相关电路，键盘与显示器及相关电路，输入输出接口电路。除了完成以上提到的控制功能外，它还可以设置终点处一阶导数的最小值，终点的测量值范围或体积范围，选取第一个拐点还是最后一个拐点等各项条件，对记录在仪器内的数据进行处理，判断终点，计算本次测定结果和统计结果，打印报告等。现代滴定分析系统还可以自动定量添加去离子水或溶剂，自动定量添加辅助试剂，自动吸取样品溶液，自动完成大量成批样品分析并在中心服务器上生成纸制的或电子格式的报告等。现代自动电位滴定仪克服了手工滴定速度慢、样品准备繁琐、对使用者经验技能要求高等缺点，提高了工作效率和分析精度。它已经不再局限于滴定，而且可以完成样品制备、数据管理、远程控制、多台仪器整合等。

目前,自动电位滴定仪已被广泛应用于化工、药物、食品、能源、环保、科研、教育等不同的行业和领域。以瑞士万通自动电位滴定仪为例,现该仪器的应用已形成一套完整的电位滴定方法集,包括:电镀槽液电位滴定方法集、石化产品电位滴定方法集、食品电位滴定方法集、酒类电位滴定方法集、药物电位滴定方法集和表面活性剂电位滴定方法集等,可用来测定各相中氯化物、高锰酸钾、二氧化硫、凯氏氮、表面活性剂等各种待测物的含量。

影响离子选择电极测定结果的因素主要有温度、电动势、溶液 pH 值等。

① 温度　能斯特方程中,斜率及截距均与温度有关,因此测定过程中尽量保持温度恒定。数据记录时,也要同时记录温度,便于后续比较。

② 溶液 pH 值　溶液酸碱度对某些测定会产生影响,可利用缓冲溶液来维持溶液 pH 值的恒定。

③ 电动势　电动势与实验结果准确度直接相关,且离子价态越高,测量误差越大。离子选择性电极适合测定低价离子,高价离子则需将其转换为低价态后测定。

④ 干扰离子　干扰离子能与电极膜反应、与待测离子反应、影响溶液的离子强度等,最终不仅会影响离子活度,还会影响电极响应时间。为了消除干扰离子,实验过程中常采用各种掩蔽剂或分离干扰离子的方法来避免其干扰。

⑤ 待测离子浓度　只有在线性范围内,E 与 $\ln c$ 成正比。线性范围外,两者不符合线性关系。离子选择性电极的线性范围一般在 $10^{-1} \sim 10^{-6}$ mol·L^{-1},具体线性范围的确定与干扰离子、pH 值等因素有关。

⑥ 响应时间　响应时间指的是电极浸入待测溶液后,电位达到稳定的时间。通常采用电位达到 95% 时所需时间来表示。离子选择性电极的响应时间与待测离子活度、待测离子迁移速率、离子强度、干扰离子、膜的厚度及光洁度等因素均有关系。

⑦ 迟滞效应　迟滞效应是指离子选择性电极在测量前接触的溶液种类不同,电动势数值也会发生变化的现象。迟滞效应与测量前离子选择性电极接触的溶液种类、成分等因素有关,可以通过固定测量前离子选择性电极的条件来减小相应的误差。

附一　pHS-3C 型酸度计的使用

pHS-3C 型酸度计是数字显示酸度计,可同时显示 pH 值、温度值或电位(mV)、温度值。该仪器适用于高等院校、研究院所、环境监测、工矿企业等部门的化验室取样测定水溶液的 pH 值和电位(mV)值、配上 ORP 电极可测量溶液 ORP(氧化-还原电位)值。配上离子选择性电极,可测出该电极的电极电位值。

(一) 主要技术性能

1. 仪器级别:0.01 级。
2. 测量范围:pH (0.00~14.00) pH。
   　　　　　mV (0~±1800) mV (自动极性显示)。
3. 最小显示单位:0.01pH,1mV,0.1℃。
4. 温度补偿范围:0.0~60.0℃。

5. 电子单元基本误差：pH ±0.01pH，mV：±0.1%FS。

6. 仪器的基本误差：±0.02pH±1。

7. 温度补偿器误差：±0.01pH。

8. 电子单元重复性误差：pH：0.01 pH±1，mV：1mV±1。

9. 仪器重复性误差：不大于 0.01 pH±1。

10. 电子单元稳定性：±0.01pH±1/3h。

11. 正常使用条件环境温度：（5～40）℃；相对湿度：不大于85%；供电电源：AC 220V；除地球磁场外无其他磁场干扰；无显著的振动。

（二）仪器外型结构

PHS-3C 型酸度计仪器外型见图 6-5，仪器键盘见表 6-10，仪器附件见图 6-6。

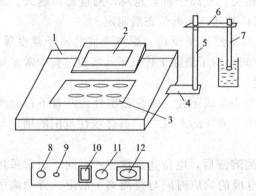
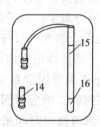

图 6-5　酸度计示意图　　　　　　　　　　图 6-6　仪器附件
1—机箱；2—显示屏；3—键盘；4—电极梗座；5—电极梗；　　14—Q9 短路插（已安装在仪器测量电极插座上）；
6—电极夹；7—电极；8—测量电极插座；9—温度电极插座；　　15—E-201-C 型 pH 复合电极；16—电极保护套
10—电源开关；11—保险丝座；12—电源插座

表 6-10　仪器键盘说明

按键	功能
pH/mV	pH/mV 转换键，pH、mV 测量模式转换
温度	"温度"键，对温度进行手动设置，自动温度补偿时此键不起作用
标定	"标定"键，对 pH 进行二点标定工作
△	"△"键，此键为数值上升键，按此键"△"为调节数值上升
▽	"▽"键，此键为数值下降键，按此键"▽"为调节数值下降
确认	"确认"键，按此键为确认上一步操作

（三）操作步骤

1. 开机前的准备

（1）将电极梗旋入电极梗固定座中。

（2）将电极夹插入电极梗中。

（3）将 pH 复合电极安装在电极夹上。

(4) 将 pH 复合电极下端的电极保护套拔下，并且拉下电极上端的橡皮套使其露出上端小孔。

(5) 用去离子水清洗电极。

2. 仪器的标定

仪器使用前首先要标定。一般情况下仪器在连续使用时，每天要标定一次。

(1) 将测量电极插座处拔掉 Q9 短路插头。

(2) 在测量电极插座处插入复合电极。

(3) 打开电源开关，仪器进入 pH 测量状态。按"温度"键，使仪器进入溶液温度调节状态（此时温度单位以℃指示），按"△"键或"▽"键调节温度显示数值上升或下降，使温度显示值和溶液温度一致，然后按"确认"键，仪器确认溶液温度值后回到 pH 测量状态（温度设置键在 mV 测量状态下不起作用）；

注：当接入温度电极时"温度"键不起作用，仪器自动进入自动温度补偿，显示的温度即为溶液温度（温度电极需另配）。

(4) 按"标定"键，此时显示"标定1""4.00"及"mV"，把用去离子水清洗过的电极插入 pH = 4.00 的标准缓冲溶液中，仪器显示实测的 mV 值，待 mV 读数稳定后按"确认"键，仪器显示"标定2""9.18"及"mV"，把用去离子水清洗过的电极插入 pH = 9.18 的标准缓冲溶液中，仪器显示实测的 mV 值，待 mV 读数稳定后按"确认"键，标定结束，仪器显示"测量"进入测量状态。

注：仪器在标定状态下，可通过按"△"键选择三种标准缓冲溶液中的任意二种（pH=4.00、pH=6.86、pH=9.18）作为标定液（选定的标准缓冲溶液会在温度显示位置显示出来），标定方法同上，第一种溶液标定好后仍需按"△"键选定第二种标准缓冲溶液。

(5) 用去离子水及被测溶液清洗电极后即可对被测溶液进行测量。

一般情况下，在 24h 内仪器不需再标定。

3. 测量 pH 值

经标定过的仪器，即可用来测量被测溶液，根据被测溶液与标定溶液温度是否相同，其测量步骤也有所不同。具体操作步骤如下所述。

(1) 被测溶液与标定溶液温度相同时

① 用去离子水清洗电极，再用被测溶液清洗一次。

② 把电极浸入被测溶液中，用玻璃棒搅拌溶液，使其均匀，在显示屏上读出溶液的 pH 值。

(2) 被测溶液和标定溶液温度不同时

① 用去离子水清洗电极，再用被测溶液清洗一次。

② 用温度计测出被测溶液的温度值。

③ 按"温度"键，使仪器进入溶液温度设置状态（此时温度单位以℃指示），按"△"键或"▽"键调节温度显示数值上升或下降，使温度显示值和被测溶液温度值一致，然后按"确认"键，仪器确定溶液温度后回到 pH 测量状态。

④ 把电极插入被测溶液内，用玻璃棒搅拌溶液，使其均匀后读出该溶液的 pH 值。如果采用自动温度补偿则只需将温度电极和测量电极同时放在溶液里即可。

4. 测量电极电位（mV 值）

(1) 打开电源开关，仪器进入 pH 测量状态；按"pH/mV"键，使仪器进入 mV 测量即可。

(2) 把 ORP 复合电极夹在电极架上。

(3) 用去离子水清洗电极，再用被测溶液清洗一次。

(4) 把复合电极的插头插入测量电极插座处。

(5) 把 ORP 复合电极插在被测溶液内，将溶液搅拌均匀后，即可在显示屏上读出该离子选择电极的电极电位（mV 值），还可自动显示±极性；如果被测信号超出仪器的测量（显示）范围，或测量端开路时，显示屏显示 1 EEE mV，作超载报警。

（四）仪器维护

仪器正确使用与维护可保证仪器正常、可靠地使用，特别是 pH 计这一类的仪器，它具有很高的输入阻抗，而且使用环境需经常接触化学药品，所以更需合理维护。

1. 仪器的输入端（测量电极插座）必须保持干燥清洁。仪器不用时，将 Q9 短路插头插入插座，防止灰尘及水汽浸入。

2. 测量时，电极的引入导线应保持静止，否则会引起测量不稳定。

3. 仪器采用了 MOS 集成电路，因此在检修时应保证有良好的接地。

4. 用缓冲溶液标定仪器时，要保证缓冲溶液的可靠性，不能配错缓冲溶液，否则将导致测量结果产生误差。

（五）电极使用、维护的注意事项

1. 电极在测量前必须用已知 pH 值的标准缓冲溶液进行标定。

2. 在每次标定、测量后进行下一次操作前，应该用去离子水充分清洗电极，再用被测液清洗一次电极。

3. 取下电极保护套时，应避免电极的敏感玻璃泡与硬物接触。

4. 测量结束，及时将电极保护套套上，电极套内应放少量饱和 KCl 溶液，以保持电极球泡的湿润，切忌浸泡在去离子水中。

5. 复合电极的外参比补充液为 $3 mol \cdot L^{-1}$ 氯化钾溶液，补充液可以从电极上端小孔加入，复合电极不使用时，盖上橡皮塞，防止补充液干涸。

6. 电极的引出端必须保持清洁干燥，绝对防止输出两端短路，否则将导致测量失准或失效。

7. 电极应与输入阻抗较高的 pH 计（$\geqslant 3 \times 10^{11} \Omega$）配套，以使其保持良好的特性。

8. 电极应避免长期浸在去离子水、蛋白质溶液和酸性氟化物溶液中，电极避免与有机硅油接触。

9. 电极经长期使用后，如发现斜率略有降低，则可把电极下端浸泡在 4% HF（氢氟酸）中 3~5s，用去离子水洗净、然后在 $0.1 mol \cdot L^{-1}$ 盐酸溶液中浸泡，使之复新，最好更换电极。

10. 被测溶液中如含有易污染敏感球泡或堵塞液接界的物质而使电极钝化，会出现斜率降低、显示读数不准现象。如发生该现象，则应根据污染物质的性质，用适当溶液清洗，使电极复新。

注1：选用清洗剂时，不能用四氯化碳、三氯乙烯、四氢呋喃等能溶解聚碳酸树脂的清洗液，因为电极外壳是用聚碳酸树脂制成的，其溶解后极易污染敏感玻璃球泡，从而使电极失效。也不能用复合电极去测上述溶液。此时请选用 65-1 型玻璃壳 pH 复合电极。

注2：pH复合电极的使用，最容易出现的问题是外参比电极的液接界处，液接界处的堵塞是产生误差的主要原因。

污染物质和清洗剂参考表

污染物	清洗剂
无机金属氧化物	低于1mol·L^{-1}稀酸
有机油脂类物质	稀洗涤剂（弱碱性）
树脂高分子物质	酒精、丙酮、乙醚（玻璃球泡清洗）
蛋白质血球沉淀物	5%胃蛋白酶+0.1mol·L^{-1} HCl溶液
颜料类物质	稀漂白液、过氧化氢

附二　ZD-2型自动电位滴定仪的使用

（一）仪器安装

将银-氯化银电极和饱和甘汞电极用电极夹固定，分别与仪器的"+"端及"-"端相连，将滴定开关放在"-"位置上。把滴定毛细管插入水样中，管端与电极下端应在同一水平位置。用电磁搅拌器搅拌数分钟，测定起始电池电动势。

（二）校正

（1）将选择器置于"pH测量"挡位置。
（2）将适量的标准溶液注入烧杯，将两支电极浸入溶液，并缓缓摇动烧杯。
（3）将温度补偿器调节在被测缓冲液的实际温度位置上。
（4）按下读数开关，调节校正器，使电表指针指在标准溶液的pH位置。
（5）复按读数开关，使其处在放开位置，电表指针应推回至pH=7处。
（6）校正至此结束，以去离子水冲洗电极。校正后切勿再旋动校正调节器，否则必须重新校正。

（三）自动电位滴定法的操作步骤

（1）将选择器旋到"终点"位置，按下读数开关，旋转预定终点调节器，使电表指针在终点pH值上，然后将旋钮转到mV位置。
（2）将滴定装置的工作开关调到"滴定"位置。
（3）将滴定剂装入滴定管，电磁阀的橡皮管上端与滴定管出口相连接，下端连接一毛细玻璃管作为滴定管，其出口高度应比指示电极的敏感部分中心稍高一些，使溶液滴出时能顺着搅拌的方向，首先接触到指示电极，以提高测量精密度。
（4）将工作选择开关置于"手动"处，调节电磁阀的支头螺丝，使按下滴定开关时，有适当流速的滴定剂流出，以每秒1~2滴为宜。再将工作选择旋至"滴定"处。
（5）将盛有试液的烧杯置于滴定台上，放入搅拌子，浸入电极，搅拌并调节至适当的搅拌速度。

(6) 读取滴定剂体积的初始读数,按下读数开关和滴定开关,约 2s 终点指示灯亮,滴定指示灯时亮时暗。逆时针转动预控制器,使滴定剂快速滴下,当指针与终点 pH 值相差 1~3pH 单位或终点电位值差 100~300mV 时,顺时针转动预控制器,使滴定速度减慢。当指针指到终点值时,滴定指示灯熄灭,约 10s 后终点指示灯也熄灭,表示滴定结束,读取滴定剂的体积读数。

(7) 完成滴定后,关闭全部电路开关和滴定活塞,旋松电磁阀的支头螺丝,取下电极淋洗其表面,分别按不同要求浸入去离子水、溶液或贮于盒子中。

(四) 注意事项

(1) 仪器的输入端(电极插座)必须保持干燥、清洁。仪器不用时,将 Q9 短路插头插入插座,防止灰尘及水汽侵入。

(2) 测量时,电极的引入导线应保持静止,否则会引起测量不稳定。

(3) 用缓冲溶液标定仪器时,要保证缓冲溶液的可靠性,不能配错缓冲溶液,否则将导致测量不准。

(4) 取下电极套后,应避免电极的敏感玻璃泡与硬物接触。

(5) 复合电极的外参比(或甘汞电极)应经常检查是否有饱和氯化钾溶液,补充液可以从电极上端小孔加入。

(6) 电极应避免长期浸在去离子水、蛋白质溶液和酸性氟化物溶液中。

(7) 电极应避免与有机硅油接触。

(8) 滴定前最好先用滴定剂将电磁阀橡皮管冲洗数次。

(9) 到达终点后,不可以按"滴定开始"按钮,否则仪器又将开始滴定。

(10) 与橡皮管起作用的高锰酸钾等溶液,请勿使用。

参 考 文 献

[1] 杜一平. 现代仪器分析方法. 第 2 版. 上海:华东理工大学出版社,2008.
[2] 郭旭明,韩建国. 仪器分析. 北京:化学工业出版社,2014.
[3] 陈培榕,李景虹,邓勃. 现代仪器分析实验与技术. 第 2 版. 北京:清华大学出版社,2006.
[4] 孙延一,吴灵. 仪器分析. 武汉:华中科技大学出版社,2012.
[5] 陈国松,陈昌云. 仪器分析实验. 南京:南京大学出版社,2009.
[6] 柳仁民. 仪器分析实验. 青岛:中国海洋大学出版社,2009.
[7] 李晓燕,张晓辉. 现代仪器分析. 北京:化学工业出版社,2008.
[8] 郁桂云等. 仪器分析实验教程. 第 2 版. 上海:华东理工大学出版社,2015.
[9] 曾泳淮. 分析化学(仪器分析部分). 第 3 版. 北京:高等教育出版社,2010.
[10] 高义霞等. 食品仪器分析实验指导. 成都:西南交通大学出版社,2016.
[11] 王桂林,陶淑芸. 浅谈自动电位滴定技术发展及在常规检测中的应用 [J]. 江苏水利,2013(8):35-36.
[12] 肖励雄. 自动电位滴定中的化学计量方法应用研究 [D]. 上海交通大学,2008.

第七章 伏安分析法

伏安分析法是以测量电解过程中所得到的电流-电压曲线进行定性和定量分析的一类电化学分析方法。其中，使用表面周期性地或不断进行更新的液态电极，如滴汞电极等作为工作电极的方法称为极谱法；使用静止或固体电极，如悬汞电极、铂电极或石墨电极等作为工作电极的方法称为伏安法。

极谱法是伏安分析法的早期形式，由 J. Heyrovsky 于 1922 年提出。常见极谱法包括直流极谱法、脉冲极谱法、方波极谱法和单扫描极谱法等，不仅可用于痕量物质的测定，而且可用于化学反应机理、电极过程动力学及平衡常数测定等基础研究。但由于汞的毒性，极谱分析法目前使用较少。

伏安法是在极谱法的基本理论基础上发展起来的。从 20 世纪 60 年代末起，随着电子技术的发展，以及固体电极、修饰电极的开发，伏安法得到了长足的发展，成为电分析化学中应用最广泛的一类分析方法。

极谱法与伏安法发展的一个重要目标是提高极谱分析的灵敏度，而提高灵敏度的主要途径首先是改进和发展测量方法的仪器技术，增大信噪比，如单扫描极谱法、循环伏安法、方波极谱法等；其次是寻找提高溶液中待测物质有效利用率的方法，如催化极谱法和溶出伏安法等。

一、基本原理

极谱法是以滴汞电极为极化电极，饱和甘汞电极为去极化电极的一种特殊电解分析方法，基本装置如图 7-1 所示。极谱分析通常采用三电极系统，按一定规律变化的外加电压施加于工作电极（滴汞电极）和辅助电极（Pt丝）上，用参比电极（饱和甘汞电极）与工作电极电位差的变化指示工作电极的电位变化。

滴汞电极上部为贮汞瓶，下接硅橡胶管和毛细管，毛细管内径 0.05mm。汞自毛细管中有规则、周期性滴落，滴落周期约 3~5s。E 为外电源，R 为滑线电阻，加在电解池两极上的电压可通过移动接触点来调节，并由伏特计 V 读出。A 为灵敏检流计，用来测量电解过程中线路上通过的微弱电流。由于滴汞电极的汞滴周期性地不断滴落，极谱电流随汞滴的生长与滴落呈周期性的变化，由此得到的电流-电压曲线称为极谱图。如图 7-2 所示。

从极谱图中电流-电压曲线可以看出，当外加电压未达到待测离子的分解电压之前，溶液中只有微小电流通过，称为残余电流（AB 段）；当外加电压增加到待测离子的分解电压后，待测离子开始被电解；超过分解电压后，外界电压少许增加，电流迅速升高；当外加电压增加到一定数值后，电流达到一个极限值，不再随外加电压的增加而增大，称为极限扩散电流（DE 段）。

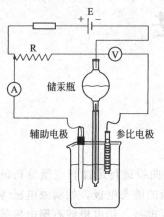

图 7-1　极谱法原理示意图

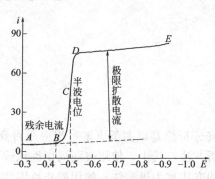

图 7-2　极谱曲线

极限扩散电流的大小与溶液中待测离子浓度呈正比，即 $i_d = Kc$，是极谱法定量分析的基础。当电流为极限电流的一半时，滴汞电极的电位为半波电位 $\varphi_{1/2}$。不同物质在一定条件下具有不同的半波电位，是极谱法定性分析的基础。

1. 循环伏安法

经典直流极谱法的电位扫描速率一般很慢，约为 $200\text{mV} \cdot \text{min}^{-1}$。若将扫描速率加快，如 $250\text{mV} \cdot \text{s}^{-1}$，电极表面的离子迅速还原，瞬时产生很大的极谱电流。又由于电极周围的离子来不及扩散到电极表面，使扩散层加厚，导致极谱电流迅速下降，形成峰型。

循环伏安法以等腰三角形脉冲电压施加于工作电极及参比电极上，得到如图 7-3 所示的曲线。扫描电压 V 与时间的关系见图 7-4。从起始电压 V_i 沿某一方向扫描到终止电压 V_s 后，再以同样的速度反方向扫至起始电压，完成一次循环。当电位从正向扫描时，电活性物质在电极上发生还原反应，产生还原波，其峰电流为 i_{pc}，峰电位为 φ_{pc}；当逆向扫描时，电极表面上的电活性物质的还原产物发生氧化反应，其峰电流为 i_{pa}，峰电位为 φ_{pa}。在一次三角形脉冲电压扫描过程中，完成一个还原过程和氧化过程的循环，故称循环伏安法。根据实际需要，可以进行连续循环扫描。

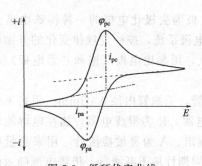

图 7-3　循环伏安曲线

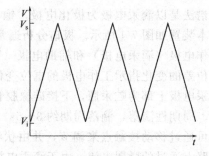

图 7-4　循环伏安法电位-时间关系图

循环伏安法可以用于研究电极反应的性质、机理和电极过程动力学参数。

(1) 判断电极过程的可逆性

对于可逆反应，循环伏安图的上下曲线是对称的，两峰峰电流值比为 $i_{pa}/i_{pc} \approx 1$。两峰峰电位之差为：

$$\Delta\varphi_p = \varphi_{pa} - \varphi_{pc} = \frac{2.303RT}{nF} = \frac{56.5}{n} \text{mV}(25℃)$$

$\Delta\varphi_p$ 与循环电压扫描中换向时的电位有关，也与实验条件有一定关系，会在一定范围内变化。一般认为当 $\Delta\varphi_p$ 为 $(55/n \sim 65/n)\text{mV}$ 时，即可认为该电极反应是可逆过程。

对于不可逆反应，除上下两条曲线不对称外，其阳极峰与阴极峰电位之差比 $(55/n \sim 65/n)\text{mV}$ 要大，因此，循环伏安法可以用来判断电极反应的可逆性。

应该注意：可逆电流峰的峰电位与电压扫描速率无关，且 $i_{pc} = i_{pa} \propto V^{1/2}$。

(2) 电极反应机理的研究

循环伏安法还可用来研究电极反应过程。如用对硝基酚的循环伏安图（图7-5）研究它的电化学反应产物和电化学-化学偶联反应，即在电极反应过程中，还伴随着其他的化学反应。

第一次由较正电位（图中 S 处）沿箭头方向做阴极扫描，在溶液中的电活性物质只有对硝基酚的情况下，该化合物在电极表面被还原产生对羟胺苯酚，从而得到一个还原峰 R_1。

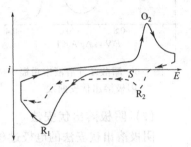

图7-5 对硝基酚的循环伏安图

$$\text{对硝基酚} + 4e^- + 4H^+ \longrightarrow \text{对羟胺苯酚} + 4H_2O$$

然后做反向阳极扫描，出现一个氧化峰 O_2；再做阴极扫描时，首先出现一个还原峰 R_2（与 O_2 为一对可逆的氧化还原峰），这对可逆的氧化还原峰（O_2/R_2）则对应着对羟胺苯酚和对亚硝基酚之间可逆的相互转化。继续扫描后，不可逆还原峰 R_1 变的较小。

$$\text{对羟胺苯酚} \rightleftharpoons \text{对亚硝基酚} + 2e^- + 2H^+$$

循环伏安法操作较为简便，对一个新的化合物的氧化还原电位的确定极为便利，因此在有机物、金属有机物和生物物质的氧化还原机理推断方面有较为重要的应用。

2. 溶出伏安法

溶出伏安法将电化学富集与测定有机地结合在一起，是一种灵敏度很高的电化学分析方法，检测下限可达 10^{-12} mol·L^{-1}。首先，在恒电位下进行电解，将待测物质还原富集在电极（如玻碳电极）上。为了提高富集效率，可同时使电极旋转或搅拌溶液，以加快待测物质传输到电极表面。富集量与电位、电极面积、时间及搅拌速度等因素有关。富集结束后，施加反向电压，使被富集的物质电解溶出，从而得到溶出极化曲线。溶出峰电流或峰高在测定条件固定时与待测物质的浓度呈正比，且工作电极表面积较小，通过电化学富集到电极表面的待测物质浓度较大，因此可以产生较大的溶出电流，从而提高测定的灵敏度。

溶出伏安法按照溶出时工作电极上发生反应的性质不同，可以分为阳极溶出伏安法和阴极溶出伏安法。

（1）阳极溶出伏安法

阳极溶出伏安法在溶出时向阳极方向扫描，工作电极上发生的是氧化反应。这类方法常用于金属离子的测定，如铋、镉、铜、镓、铅、铟、锌等。

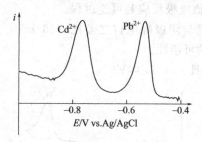

图7-6 醋酸缓冲溶液中铅镉阳极溶出伏安曲线

如测量在 $0.1\ mol\cdot L^{-1}$ pH=4.5 醋酸缓冲溶液中的痕量铅、镉时，首先将玻碳电极电位固定在 -1.2V，预电解一定时间，此时溶液中部分 Pb^{2+}、Cd^{2+} 在电极上还原。电解完毕后，反向扫描，相当于使用线性扫描伏安法进行溶出，分别得到镉、铅的溶出曲线，如图7-6所示。

必须说明的是，由于溶出伏安法一般采用部分电解法，为了确保待测物质电解部分的量与溶液中总量之间有恒定的比例关系，在每一次实验中必须严格保持相同的实验条件（电解时间、搅拌速率、电极电位等）。

（2）阴极溶出伏安法

阴极溶出伏安法的电极过程与阳极溶出伏安法相反，工作电极作为阳极电解富集，然后向阴极方向扫描。这类方法可用于某些阴离子的测定，如氯、溴、碘、硫等。

如用阴极溶出伏安法测定溶液中痕量 S^{2-}，以 $0.1\ mol\cdot L^{-1}$ NaOH 溶液为电解液，在 -0.4V 电解一定时间，此时悬汞电极上便形成难溶性的 HgS，

$$Hg + S^{2-} \longrightarrow HgS\downarrow + 2e^-$$

溶出时，悬汞电极的电位向阴极方向扫描，当达到 Hg_2S 的还原电位时，由于还原反应得到阴极溶出峰。

$$HgS\downarrow + 2e^- \longrightarrow Hg + S^{2-}$$

二、仪器组成与结构

电化学工作站（electrochemical workstation）是电化学测量系统的简称，是电化学研究和教学常用的测量设备，三电极系统恒电位仪典型电路示意图如图7-7所示。它将恒电位仪、恒电流仪和电化学交流阻抗分析仪有机结合，既可以做三种基本的常规实验，也可以做基于这三种基本功能的程式化实验。在实验中，既能检测电池电压、电流、容量等基本参数，又能检测体现电池反应机理的交流阻抗参数，从而完成对多种状态下电池参数的跟踪和分析；可进行循环伏安法、交流阻抗法、交流伏安法等测量。

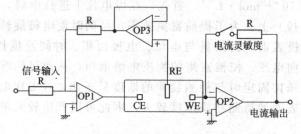

图7-7 三电极系统恒电位仪典型电路示意图

电化学工作站主要有2大类：单通道工作站和多通道工作站，区别在于多通道工作站可以同时进行多个样品测试，较单通道工作站有更高的测试效率，适合大规模研发测试需要，可以显著加快研发速度。电化学工作站已经是商品化的产品，不同厂商提供的不同型号的产品具有不同的电化学测量技术和功能，但基本的硬件参数指标和软件性能是相同的。常见电化学工作站有上海辰华仪器有限公司 CHI600E 系列电化学分析仪/工作站、美国 AMETEK 电化学工作站、瑞士万通 Autolab 电化学工作站等。

三、实验部分

实验一　循环伏安法测定电极反应参数

【实验目的】
1. 掌握用循环伏安法判断电极过程可逆性的实验方法。
2. 学习固体电极的处理方法。
3. 学习电化学工作站循环伏安功能的使用方法。
4. 了解扫描速率和浓度对循环伏安图的影响。

【实验原理】

循环伏安法以等腰三角形脉冲电压施加于工作电极上，从起始电压沿某一方向扫描到终止电压后，再以同样的速率反方向扫至起始电压，完成一次循环。当电位从正向负扫描时，电活性物质在电极上发生还原反应 $Ox + ne^{-1} \longrightarrow Red$，产生还原波，其峰电流为 i_{pc}，峰电位为 φ_{pc}；当逆向扫描时，电极表面上的电活性物质的还原产物发生氧化反应 $Red \longrightarrow Ox + ne^{-1}$，其峰电流为 i_{pa}，峰电位为 φ_{pa}。

第一个循环正向扫描可逆体系的峰电流可由 Randles-Sevcik 方程表示：

$$i_p = 2.69 \times 10^5 n^{3/2} AD^{1/2} cv^{1/2}$$

式中，i_p 为峰电流；n 为电子数；A 为电极面积；D 为扩散系数；c 为浓度；v 为扫描速度。根据上式，i_p 随 $v^{1/2}$ 的增加而增加，并与浓度呈正比。

对于可逆反应，循环伏安图的上下曲线是对称的，两峰峰电流值比 $i_{pa}/i_{pc} \approx 1$。两峰峰电位之差为：

$$\Delta \varphi_p = \varphi_{pa} - \varphi_{pc} = \frac{2.303RT}{nF} = \frac{56.5}{n} mV(25℃)$$

对于不可逆反应，除上下两条曲线不对称外，其阳极峰与阴极峰电位之差比 $(55/n \sim 65/n)mV$ 要大。

因此，循环伏安法可以用来判断电极反应的可逆性。

【仪器与试剂】

1. 仪器

电化学工作站或电化学分析仪；玻碳电极（工作电极）；铂片电极（辅助电极）；银-氯化银电极（参比电极）；移液管；容量瓶等。

2. 试剂

$0.1 mol \cdot L^{-1} K_3[Fe(CN)_6]$ 溶液；$1.00 mol \cdot L^{-1}$ NaCl 溶液。

【实验步骤】
1. 工作电极的预处理

固体电极处理的第一步是进行机械研磨、抛光到镜面程度。用 Al_2O_3 粉末按照 $1.0\mu m$、$0.3\mu m$、$0.05\mu m$ 粒度在抛光布上分别进行抛光。每次抛光后，先洗去表面污物，再移入超声水浴中清洗，每次 2~3min，重复 3 次。最后用乙醇和去离子水彻底清洗，得到一个平滑光洁、新鲜的电极表面。

2. 支持电解质的循环伏安图

在电解池中加入一定体积的 $1.00 mol \cdot L^{-1}$ NaCl 溶液，插入电极并与电化学工作站连接（以新处理过的玻碳电极为工作电极、铂片电极为辅助电极、银-氯化银电极为参比电极）。设定循环伏安扫描参数：扫描速率为 $50\ mV \cdot s^{-1}$，起始电位为 -0.2 V，终止电位为 $+0.8$ V。开始循环伏安扫描，记录循环伏安图。

3. 不同浓度 $K_3[Fe(CN)_6]$ 溶液的循环伏安图

分别作 $0.01 mol \cdot L^{-1}$、$0.02 mol \cdot L^{-1}$、$0.04 mol \cdot L^{-1}$、$0.06 mol \cdot L^{-1}$、$0.08 mol \cdot L^{-1}$ 的 $K_3[Fe(CN)_6]$ 溶液的循环伏安图（支持电解质 NaCl 溶液浓度为 $1.00 mol \cdot L^{-1}$），并将主要参数记录在表 7-1 中。

4. 不同扫描速度下 $K_3[Fe(CN)_6]$ 溶液的循环伏安图

在 $0.04 mol \cdot L^{-1} K_3[Fe(CN)_6]$ 溶液中，分别以 $10 mV \cdot s^{-1}$、$50 mV \cdot s^{-1}$、$100 mV \cdot s^{-1}$、$150 mV \cdot s^{-1}$、$200 mV \cdot s^{-1}$ 的速率，在 $-0.2 \sim +0.8V$ 电位范围内进行扫描，分别记录循环伏安图后将主要参数记录在表 7-2 中。

【数据记录及处理】
1. 根据表 7-1 分别以氧化电流和还原电流的大小对 $K_3[Fe(CN)_6]$ 溶液浓度作图。

表 7-1 不同浓度 $K_3[Fe(CN)_6]$ 溶液的循环伏安数据记录

NaCl 溶液/mL	$K_3[Fe(CN)_6]$ 溶液		扫描速率 $/mV \cdot s^{-1}$	氧化峰		还原峰		$\Delta\varphi_p$/V
	加入量/mL	浓度 $/mol \cdot L^{-1}$		电位 φ_{pa}/V	电流 $i_{pa}/\mu A$	电位 φ_{pc}/V	电流 $i_{pc}/\mu A$	
			50					
			50					
			50					
			50					
			50					

2. 根据表 7-2 分别以氧化电流和还原电流的大小对扫描速率的 1/2 次方作图。

表 7-2 不同扫描速度下 $K_3[Fe(CN)_6]$ 溶液的循环伏安数据记录

NaCl 溶液/mL	$K_3[Fe(CN)_6]$ 溶液		扫描速率 $/mV \cdot s^{-1}$	氧化峰		还原峰	
	加入量/mL	浓度 $/mol \cdot L^{-1}$		电位 φ_{pa}/V	电流 $i_{pa}/\mu A$	电位 φ_{pc}/V	电流 $i_{pc}/\mu A$
			10				
			50				
			100				
			150				
			200				

【注意事项】

1. 溶液中的溶解氧具有电活性，干扰测定，应预先通入 N_2 10～15min 以除去溶液中的溶解氧。

2. 工作电极表面必须仔细打磨并清洗，否则严重影响循环伏安图图形。

3. 电极接线不能错误。不同厂家的电化学工作站电极引线颜色设置不同，要严格按照说明书连接，以免损坏仪器。

4. 在相同条件下扫描时，应进行 10～20 次循环伏安扫描，待循环伏安曲线基本稳定后读取数据；在改变扫描条件之后，为使电极表面恢复初始条件，应将电极提起后再放入溶液中，或用搅拌子搅拌溶液，等溶液静止 1～2min 再扫描。

5. 扫描过程中，要保持溶液静止，并尽量保证实验室处于安静状态中。

【问题与讨论】

1. 扫描速率和浓度对循环伏安图有什么影响？

2. 如何用本次实验结果判断该实验的电极过程是否可逆？

实验二 阳极溶出伏安法测定工业废水中铅、镉含量

【实验目的】

1. 掌握阳极溶出伏安法的基本原理。
2. 学习电化学工作站阳极溶出伏安功能的使用方法。
3. 掌握标准加入法进行定量分析。

【实验原理】

溶出伏安法将电化学富集与测定有机地结合在一起，是一种灵敏度很高的电化学分析方法。首先，在恒电位下进行电解，将待测物质还原富集在电极（如玻碳电极）上。为了提高富集效率，可同时使电极旋转或搅拌溶液，以加快待测物质传输到电极表面。富集结束后，施加反向电压，使被富集的物质电解溶出，从而得到溶出极化曲线。溶出峰电流或峰高在测定条件固定时与待测物质的浓度呈正比，且工作电极表面积较小，通过电化学富集到电极表面的待测物质浓度较大，因此可以产生较大的溶出电流，从而提高测定的灵敏度。

由于采用部分电解法，即无需使溶液中全部待测离子电沉积在工作电极上，这样可以缩短富集时间，提高分析速度。为了确保富集量与溶液中的总量之间维持恒定的比例关系，实验中富集时间、静止时间、扫描速率、电极位置和搅拌速率等条件都应保持严格一致。

在电沉积富集待测离子的过程中，由于汞可以和多种金属形成汞齐，增加待测金属离子的沉积量，因此常使用汞膜电极作为工作电极。但由于汞的毒性较大，科研人员不断寻找替代方法。研究发现，铋也可以和多种金属形成合金，并且在阳极溶出伏安法测定金属离子的过程中将铋同步镀在工作电极表面形成铋膜，也能提高待测金属离子的检测信号。

【仪器与试剂】

1. 仪器

电化学工作站或电化学分析仪；玻碳电极（工作电极）；铂片电极（辅助电极）；银-氯化银电极（参比电极）；移液管；电解池等。

2. 试剂

50mg·L^{-1} Pb^{2+} 标准溶液；50mg·L^{-1} Cd^{2+} 标准溶液；100mg·L^{-1} Bi^{3+} 标准溶液；待测工业废水样品。

HAc-NaAc 溶液（pH≈5.6）：95mL 2mol·L^{-1} HAc 溶液与 905mL 2mol·L^{-1} NaAc 溶液混合均匀。

【实验步骤】

1. 工作电极的预处理

固体电极处理的第一步是进行机械研磨、抛光到镜面程度。用 Al$_2$O$_3$ 粉末按照 1.0μm、0.3μm、0.05μm 粒度在抛光布上分别进行抛光。每次抛光后，先洗去表面污物，再移入超声水浴中清洗，每次 2～3min，重复 3 次。最后用乙醇和去离子水彻底清洗，得到一个平滑光洁、新鲜的电极表面。

2. 设置电化学工作站

打开电化学工作站，连接好电极，选择单扫描模式，起始电位 -1.2V，终止电位 -0.3V，扫描速度 100mV·s^{-1}。打开预处理（precondition）功能，参数设置为 step1（搅拌）：potential，-1.2V；time，120s；step2（停止搅拌）：potential，-0.3V，time，30s。

3. 定量测定样品中的 Pb^{2+} 和 Cd^{2+}

将取得的工业废水样品过 0.8μm 滤膜后取 20mL，加入 1mL HAc-NaAc 溶液及 0.1mL 100mg·L^{-1} Bi^{3+} 标准溶液，加入搅拌子，利用电磁搅拌器将溶液搅拌均匀，运行程序并记录溶出伏安曲线，重复测定 3～5 次。

在上述电解池中加入 10μL 50mg·L^{-1} Pb^{2+} 标准溶液和 Cd^{2+} 标准溶液，再次记录溶出伏安曲线（重复测定 3～5 次），重复添加 2 次并记录。

【数据记录及处理】

1. 记录实验条件

预电解时间，静止时间，溶出电位范围，清洗电位，清洗时间。

2. 测量水样溶出伏安曲线上 Pb^{2+} 和 Cd^{2+} 的峰电流，以及加入标准溶液后相应的峰电流，填写表 7-3。

表 7-3 水样及其标准溶液加入后的峰电流值

测量项目		峰电流			
		0（水样）	1（水样+1 份标液）	2（水样+2 份标液）	3（水样+3 份标液）
Cd^{2+}	1				
	2				
	3				
	平均值				
Pb^{2+}	1				
	2				
	3				
	平均值				

3. 根据表 7-3 数据绘制标准加入曲线，并计算水样中 Pb^{2+} 和 Cd^{2+} 的浓度。

【注意事项】

1. 每进行一次溶出测定后，应在扫描终止电位 +1.0 V 电位处停扫 30 s 左右，使电极上残余的金属溶出。经扫描检验溶出曲线基线基本平直后，再进行下一次测定。

2. 加入标准溶液时，尽量不改变电极位置，确保实验条件一致。

3. 由于在溶出过程中需要保持溶液处于静止状态，因此务必注意关闭电磁搅拌器。

4. 铋属微毒类，注意废液的安全处置。

【问题与讨论】
1. 结合本实验说明阳极溶出伏安法的基本原理。
2. 溶出伏安法为什么有较高的灵敏度？
3. 实验中为什么对各实验条件必须保持严格的一致？

实验三　库仑滴定法测定砷

【实验目的】
1. 了解库仑滴定法的基本原理和要求。
2. 掌握库仑滴定法的实验技术。
3. 了解双铂极电流法指示滴定终点的原理。

【实验原理】
库仑滴定法是由电解产生的滴定剂来测定微量或痕量物质的一种分析方法。很多国标方法中都是使用库仑滴定法进行测定，如微量水分测定（GB/T 26793—2011）、硫含量测定（GB/T 31425—2015）、原油水含量测定（GB/T 11146—2009）等。

本实验利用恒电流电解 KI 溶液产生滴定剂 I_2 来测定 As（Ⅲ），电解池工作电极上的反应为：

铂阳极　　　　　　　　$3I^- \longrightarrow I_3^- + 2e^-$
铂阴极　　　　　　　　$2H_2O + 2e^- \longrightarrow H_2\uparrow + 2OH^-$

溶液中的反应为：
$$3I^- + HAsO_3^{2-} + H_2O \longrightarrow HAsO_4^{2-} + I_3^- + 2H^+$$

砷的含量可以由电解电流 I（A）和电解时间 t（s）按法拉第电解定律来计算：

$$m_{As} = \frac{ItM_{As}}{zF}(g)$$

式中，M_{As} 是 As 的摩尔质量（74.92mol·L^{-1}）；z 是 As(Ⅲ) 氧化为 As(Ⅴ) 失去的电子数；F 是法拉第常数，96485C·mol^{-1}。

在 pH 值为 5~9 的介质中，反应定量地向右进行。pH>9 时，I_3^- 发生歧化反应。为了使电解产生碘的电流效率达到 100%，要求电解液的 pH<9。为此，实验中采用磷酸盐缓冲溶液维持电解液的 pH 值在 7~8。

电解液中的溶解氧也可以使 I^- 氧化为 I_3^-，使测定结果偏低。在准确度要求较高的测定中应采取除氧措施。此外，凡是对电极反应和化学反应有影响的杂质都应除去。氧和杂质的影响也可以用空白校正来消除。

滴定终点采用双铂极电流法指示，即在电解池中插入一对铂电极作为指示电极，加上一个很小的直流电压（一般为几十毫伏至一二百毫伏）。由于 As（Ⅴ）/As（Ⅲ）电对的不可逆性，在滴定终点前，在指示电极上该电对不发生电极反应，因此只通过极微小的残余电流。而在滴定终点后，溶液中有了过量的碘，I_3^- 和 I^- 在指示电极上发生如下的可逆电极反应：

阳极　　　　　　　　$3I^- \longrightarrow I_3^- + 2e^-$
阴极　　　　　　　　$I_3^- + 2e^- \longrightarrow 3I^-$

因而通过指示电极的电流明显增大，这可由串联的检流计显示出来。

【仪器与试剂】

1. 仪器

直流稳压电源（1～30V）；线绕电阻；电键；毫伏表（mV）；电磁搅拌器；毫安表（mA）；库仑计；检流计；秒表；电位器。

2. 试剂

0.1mol·L^{-1} K$_3$[Fe(CN)$_6$]溶液；1.00mol·L^{-1} NaCl溶液。

（1）As（Ⅲ）溶液：称取As$_2$O$_3$（分析纯，预先在硫酸干燥器中干燥48h）0.660g放入200mL烧杯中，加少量水润湿，加入0.5mol·L^{-1} NaOH溶液5～10mL，搅拌使其溶解，再加入40～50mL水，用1mol·L^{-1} H$_3$PO$_4$溶液调节pH值至7。转移到100mL容量瓶中用水稀释至刻度，摇匀备用。此溶液含As（Ⅲ）5.00mg·mL^{-1}，使用时需进一步稀释至500μg·mL^{-1}。

（2）磷酸盐缓冲溶液：7.8g NaH$_2$PO$_4$·2H$_2$O和1g NaOH溶于250mL水中。

（3）0.2mol·L^{-1} KI溶液：8.3gKI溶于250mL水中，保存于棕色试剂瓶中。

【实验步骤】

1. 按图7-8准备好实验装置，并在库仑池中加入25mL磷酸盐缓冲溶液、25mL KI溶液以及1.00mLAs（Ⅲ）溶液。接通指示终点电路，调节电位器使毫伏表上的电压值为100mV左右，调节检流计上的调零旋钮使检流计的指针在零附近。

2. 打开直流稳压电源开关，调节电压值在25～30V。

3. 打开电磁搅拌器，将电解电路打开，调节线绕电阻使电解电流在10mA左右。电解进行至检流计指针迅速漂移为止，断开电解系统、指示终点系统及搅拌器开关。

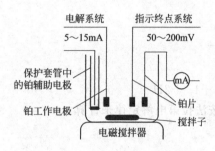

图7-8 库仑滴定法实验装置

4. 在库仑池中再加入1.00mL As（Ⅲ）溶液，依次打开电磁搅拌器、指示终点系统，打开电解系统同时开始秒表计时，准确记下电解电流（mA数值，精确到小数点后两位）。电解进行至检流计指针迅速漂移时终止。断开电解系统同时停止秒表计时，再断开指示终点系统，记下电解时间。

在以上溶液中再加入1.00mL As（Ⅲ）溶液，至少重复测定三次，以取得平行的实验结果。

5. 按公式计算As（Ⅲ）的含量，以μg·mL^{-1}表示并与加入As（Ⅲ）溶液的标准值相比较。

【数据记录及处理】

根据表7-4分别记录电解时间、电解电流并计算As（Ⅲ）的含量。

表7-4 库仑滴定数据记录

次数	电解时间/s		电解电流/mA	As（Ⅲ）含量
	起始时间	结束时间		
1				
2				
3				
平均值	—	—		

【注意事项】
1. 每次测定都必须准确量取试液。
2. 电极的极性切勿接错，若接错必须仔细清洗电极。
3. 保护套管内应放溴化钾溶液，使铂辅助电极浸没。

【问题与讨论】
1. 本实验是怎样获得恒定电流的？
2. 试说明本实验中双铂极电流法指示滴定终点的原理。
3. 本实验的误差来源是什么？实验中应注意些什么？

实验四 微分脉冲伏安法测定维生素C

【实验目的】
1. 了解微分脉冲伏安法的原理。
2. 学习电化学工作站微分脉冲伏安功能的使用方法。
3. 掌握微分脉冲伏安法的实验技术。

【实验原理】
微分脉冲伏安法是一种灵敏度较高的伏安分析技术，它是对施加在工作电极上线性变化的电位叠加一个等振幅（ΔU 为 5~100mV）、持续时间为 40~80ms 的矩形脉冲电压，测量脉冲加入前 20ms 和终止前 20ms 时电流之差 Δi（图 7-9）。在直流极谱波的 $\varphi_{1/2}$ 处 Δi 值最大，因此微分脉冲伏安图呈对称的峰状（图 7-10），峰电位相当于直流极谱波的半波电位。由于采用了两次电流取样的方法，因而能很好地扣除因直流电压引起的背景电流。微分脉冲伏安法峰电流 i_p 的大小与脉冲振幅的大小成正比，但振幅大，分辨率不好。峰电流不受残余电流的影响。

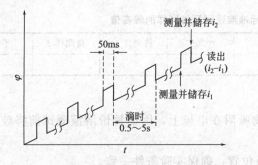

图 7-9 微分脉冲伏安法电极电位与时间的关系

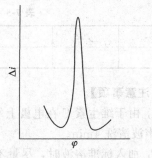

图 7-10 微分脉冲伏安图

维生素C又称抗坏血酸，是生命不可缺少的物质。它在玻碳电极上能直接发生氧化反应。本实验用微分脉冲伏安法测定维生素C片剂中维生素C的含量。

【仪器与试剂】
1. 仪器
电化学工作站或电化学分析仪：玻碳电极（$d=4$mm）为工作电极、饱和甘汞电极为参比电极、铂丝电极为辅助电极；超声波清洗器；10mL 比色管七只。

2. 试剂
1mg·mL^{-1} 维生素C标准溶液；1.00mol·L^{-1} HAc-NaAc溶液；市售维生素C片剂；

实验用水均为煮沸后冷却的去离子水。

【实验步骤】

1. 在五支 10mL 比色管中各加入 2mL HAc-NaAc 缓冲液，再分别加入 0mL，0.20mL，0.40mL，0.60mL，0.80mL 维生素 C 标准溶液后用去离子水稀释至刻度，用来制作校准曲线。

2. 在 50mL 烧杯中加入市售维生素 C 片剂一片，加适量水搅拌使其溶解后转移至 100mL 容量瓶中，稀释到刻度后放置至澄清，用作试样溶液。在 10mL 比色管中加入 2mLHAc-NaAc 缓冲液后，再加入上述澄清后的试样溶液 0.50mL，用去离子水稀释至刻度。配制两份。

3. 将玻碳电极在麂皮上用抛光粉抛光后，再超声清洗两次，每次用去离子水洗 2min。

4. 开启 CHI 电化学系统及计算机电源开关，启动电化学程序，在菜单中依次选择 Setup，Technique，DPV，Parameter，输入以下参数：

InitE/V	-0.2	Pulse Width/S	0.05
High E/V	0.7	Sampling Width/V	0.02
IncrE/V	0.004	Pulse Period/S	0.4
Amplitude/V	0.05	Sensitivity/(A/V)	5×10^{-6}

5. 将实验步骤 1 中配制的五份溶液从低浓度到高浓度依次做微分脉冲伏安图，并从伏安图上读取峰电流值。

6. 将试样溶液如实验步骤 5 的操作，做微分脉冲伏安图，并从图上读取峰高。

【数据记录及处理】

以五份维生素 C 标准溶液所测得的峰高（以 μA 或 mm 表示）对相应的浓度做校准曲线，并由试样溶液测得的峰高（表 7-5）从校准曲线上查得浓度，计算片剂中维生素 C 的含量（以 mg/片表示），与药瓶上的标示值相比较。

表 7-5 维生素 C 标准溶液样及待测样的峰高值

0	0.02	0.04	0.06	0.08	待测样1	待测样2	平均值

【注意事项】

1. 由于维生素 C 在电极上氧化的产物吸附在电极上，因而每份溶液测试前将玻碳电极用超声波清洗 4min。

2. 加入标准溶液时，尽量不改变电极位置，确保实验条件一致。

【问题与讨论】

1. 微分脉冲伏安法为何能达到较高的灵敏度？

2. 微分脉冲伏安图为什么呈峰型？

四、知识拓展

伏安分析法具有很高的灵敏度，主要是由于经过长时间的预电解过程，可将被测物质富集浓缩在工作电极表面。伏安分析法过程中，各操作条件对其测定结果的灵敏度、准确性都会产生影响，因此需要特别注意。

伏安分析法的工作电极有各种汞电极和玻碳电极、铂电极、金电极等固体电极。相比之下，汞电极不适合在较正电位下工作，而固体电极则不受限制。

伏安法预电解的目的是富集，为了提高富集效果，可搅拌溶液，以促使被测物质输送到电极表面。富集到工作电极上物质的量与预电解电位、电极比表面积、预电解时间和搅拌速度均有关系。为保证实验的准确性和稳定性，尽可能保证各操作条件一致。

理论上，预电解电位应该比同条件下的半波电位负 $(0.2/n)$V；实际上，预电解电位通常比同条件下半波电位负 $0.2 \sim 0.5$V，也可由实验确定。

预电解时间根据电极的种类及被测物质浓度不同可进行调节。一般来说，当工作电极一定时，被测物质浓度越低，预电解时间越长。预电解时间的增加可增加测定灵敏度，但容易导致线性关系变差，因此，具体时间还需要根据情况进行适当调节。

预电解结束后，溶出过程前，需要有一段休止期。休止期的目的是使工作电极上的电解沉积物均匀分布，一般 $3 \sim 4$min 即可，此时停止电解及搅拌。

溶出过程的目的是产生溶出伏安曲线，溶出过程中电位变化方向与预电解过程相反。对于阳极溶出伏安法来说，工作电极电位逐渐变正；对于阴极溶出伏安法，工作电极逐渐变负。溶出过程中，扫描电压变化速率需保持恒定。

如需除氧，可通 N_2 或加入 Na_2SO_3。

元素周期表中有 31 种元素能利用阳极溶出伏安法进行测定，15 种元素能利用阴极溶出伏安法测定。

阳极溶出伏安法测定的浓度范围为 $10^{-6} \sim 10^{-11}$ mol·L^{-1}，检出限可达 10^{-12} mol·L^{-1}，可同时测定几种含量在 ppb 或 ppt 浓度范围内的元素，具有较好的精度。

目前市面上的重金属便携式或在线测定仪的基本原理大部分基于溶出伏安法，检出限最低可达 0.1ppb，低于甚至远低于国标规定的限制，能满足在线及应急监测的需求，可测定常见的二十几种金属元素。

溶出伏安技术在近年来继续得到发展，其应用领域不断拓展，研究技术也不断更新。其中有如下几个有代表性的进展。

(1) 原位 (in situ) 测量环境中的痕量金属

环境中重金属的监测对于生态评估和了解污染物分布是极其重要的。传统的用于痕量金属分析的方法，其主要局限性在于样品的扰动。这来源于采样过程、可能对样品进行的存储和处理以及在金属分离过程中所需较长的时间。为了阐明金属在生物化学过程中所起的作用，尤其是在评估金属的环境毒物学作用时，必须完全保持和获悉物种的分布和属性。这就需要发展可浸入水中的，没有扰动或扰动极小的传感器或探针来自动、原位测量。

将可浸入水中的探针用于自动监测其优点在于：①可以用较低成本建立整个生态系统的详尽的空间和时间数据库；②快速测定污染物泄漏，能尽快采取补救措施；③能够测量难以到达的地方（钻孔、深水湖和海洋）。

伏安法就非常适宜，因为它能建立自动、小型化、能耗低的装置。

(2) 金属在自组装膜上的溶出伏安检测

溶出伏安法是进行金属元素检测的一种有力工具，由于待测物从稀释液中富集到极微小面积的电极表面，使电极表面的待测物浓度得到极大的提高，从而使溶出时的法拉第电流大大增加，是一种极为灵敏的分析方法。工作电极在溶出伏安法中的作用是作为极化电极，通常有汞电极和由碳、石墨或贵金属制成的固体电极。使用得最多的是汞电极。但汞有毒，易污染环境，且对操作人员的健康有损害。而固体电极没有这些缺点，并在较正的电位下也能使用。但固体电极的固有缺陷，如沉淀的沾污、依附现象的存在以及某些物质在电极上有较大的过电位等，使电极反应速度变慢，限制了其应用范围。因此将化学修饰电极，特别是自组装膜修饰电极作为工作电极，利用其优良的电化学性能，同时结合灵敏的溶出伏安法，就可在一定程度上克服上述缺陷，丰富溶出伏安法的应用领域。

附　CHI电化学工作站操作规程

（一）实验操作

将电极夹头夹到实际电解池上。设定实验技术和参数后，便可进行实验。

实验中如果需要电位保持或暂停扫描（仅对伏安法而言），可用 Control 菜单中的 Pause/Resume 命令。此命令在工具栏上有对应的键。如果需要继续扫描，可再按一次该键。对于循环伏安法，如果临时需要改变电位扫描极性，可用 Reverse（反向）命令，在工具栏也有相应的键。若要停止实验，可用 Stop（停止）命令或按工具栏上相应的键。如果实验过程中发现电流溢出（Overflow，经常表现为电流突然成为一水平直线或得到警告），可停止实验，在参数设定命令中重设灵敏度（Sensitivity）。数值越小越灵敏（1.0×10^{-6} 要比 1.0×10^{-5} 灵敏）。如果溢出，应将灵敏度调低（数值调大）。灵敏度的设置以尽可能灵敏而又不溢出为准。如果灵敏度太低，虽不致溢出，但由于电流转换成的电压信号太弱，模数转换器只用了其满量程的很小一部分，数据的分辨率会很差，且相对噪声增大。

对于 600 和 700 系列的仪器，在 CV 扫速低于 $0.01V\cdot s^{-1}$ 时，参数设定时可设自动灵敏度控制（AutoSens）。此外，TAFEL，BE 和 IMP 都是自动灵敏度控制的。

实验结束后，可执行 Graphics 菜单中的 PresentDataPlot 命令进行数据显示。这时实验参数和结果（例如峰高，峰电位和峰面积等）都会在图的右边显示出来。你可做各种显示和数据处理。很多实验数据可以用不同的方式显示。在 Graphics 菜单的 GraphOption 命令中可找到数据显示方式的控制，例如 CV 可允许你选择任意段的数据显示，CC 可允许 Q-t 或 Q-t/2 的显示，ACV 可选择绝对值电流或相敏电流（任意相位角设定），SWV 可显示正反向或差值电流，IMP 可显示波德图或奈奎斯特图，等等。

要存储实验数据，可执行 File 菜单中的 SaveAs 命令。文件总是以二进制（Binary）的格式储存，用户需要输入文件名，但不必加 .bin 的文件类型。如果你忘了存数据，下次实验或读入其他文件时会将当前数据抹去。若要防止此类事情发生，可在 Setup 菜单的 System 命令中选择 PresentDataOverrideWarning。这样，以后每次实验前或读入文件前都会给出警告（如果当前数据尚未存的话）。若要切换实验技术，可执行 Setup 菜单中的 Technique 命令，选择新的实验技术，然后重新设定参数。

如果要做溶出伏安法，则可在 Control 的菜单中执行 StrippingMode 命令，在显示的对话框中设置 StrippingModeEnabled。如果要使沉积电位不同于溶出扫描时的初始电位（也是静置时的电位），可选择 DepositionE，并给出相应的沉积电位值。只有单扫描伏安法才有相应的溶出伏安法，因此 CV 没有相应的溶出法。

一般情况下，每次实验结束后电解池与恒电位仪会自动断开。做流动电解池检测时，往往需要电解池与恒电位仪始终保持接通，以使电极表面的化学转化过程和双电层的充电过程结束而得到很低的背景电流。用户可用 Cell（电解池控制）命令设置 "Cell On between It Runs"。这样，实验结束后电解池将保持接通状态。

（二）其他注意事项

仪器的电源应采用单相三线。其中地线应与大连接良好。地线的作用不但可起到机壳屏蔽以降低噪声，而且也是为了安全，不致由漏电而引起触电。

仪器不宜时开时关，但晚上离开实验室时建议关机。

使用温度 15～28℃，此温度范围外也能工作，但会造成漂移和影响仪器寿命。

电极夹头长时间使用造成脱落，可自行焊接，但注意夹头不要和同轴电缆外面一层网状的屏蔽层短路。

常用的软件命令，如 Open（打开文件），SaceAs（储存数据），Print（打印），Technique（实验技术），Parameters（实验参数），Run（运行实验），Pause/Resume（暂停/继续），Stop（终止实验），ReverseScanDirection（反转扫描极性），iRCompensation（iR 降补偿），Filter（滤波器），CellControl（电解池控制），PresentDataDisplay（当前数据显示），Zoom（局部放大显示），ManualResult（手工报告结果），PeakDefinition（峰形定义），GraphOptions（图形设置），Color（颜色），Font（字体），CopytoClipboard（复制到剪贴板），Smooth（平滑），Derivative（导数），Semi-derivativeandSemi-integral（半微分半积分），DataList（数据列表）等都在工具栏上有相应的键。执行一个命令只需按一次键。这可大大提高软件使用速度。你应熟悉并掌握工具栏中键的使用。

CHI6xxD，CHI7xxD 和 CHI900 的后面装有散热风扇。风扇是机械运动装置，所以会产生声音。一般情况下都在可容忍的范围。有时仪器刚打开时会产生较大的噪音，可关掉电源再打开。如果该较大噪音仍存在，可让仪器再开一会，过一段时间应能回复正常。风扇噪音不会造成仪器损坏。

（三）Setup 设置

1. Technique 实验技术

CHI 电化学分析仪是多功能仪器。用此命令可选择某一电化学实验技术。将鼠标器指向所选择的技术，然后双击该技术名就行。也可单击技术名，然后按 OK 键。如果某伏安法技术有相对应的极谱法（Polarography），亦可选择极谱法。差别在于极谱法每次采样周期结束后都会送出一个敲击汞滴的 TTL 信号。如果你的汞电极可用 TTL 信号控制的话，你可做极谱实验。如果某伏安法技术有相对应的溶出法（Stripping），你可在 Control（控制）菜单下用 StrippingMode（溶出方式）命令设置溶出法的控制参数并进行溶出伏安法的实验。

2. Parameters 实验参数

选定实验技术后，就可设置所需的实验参数。实验参数的动态范围可用 Help（帮助）看到。如果你输入的参数超出了许可范围，程序会给出警告，给出许可范围，并让你修改。在数据采集不溢出的情况下，你应该选择尽可能高的 Sensitivity（灵敏度）。这样模/数转换器可充分利用其动态范围。这可保证数据有较高的精度和较高的信噪比。

3. System 系统设置

用此命令可设置串行通讯口，电流的极性。电流电位轴正负的走向。LineFrequency（工频）在中国应设在 50Hz。工频的设置会影响信号采样周期的预设置。在某些实验技术中，将采样时间设为交流电周期的整倍数，可显著提高信噪比。如果你选择 PresentData OverrideWarning（当前数据被冲掉警告），每次做新的实验前或读入数据文件前，如果你前一实验数据尚未存储，系统会发出警告。

4. HardwareTest 硬件测试

如果你觉得仪器硬件可能有问题，你可用该命令做硬件测试。主要测试参数是只读存储器，随机存储器，电位和电流的失调，灵敏度及增益误差等。如果发现测试错误，可反复测几次，如果结果相同，可能硬件有故障。你亦应该用一 1 ％的精密电阻作模拟电解池用循环伏安法做测试。可将参比（白色夹头）和对极（红色插头）同接在电阻的一端，而工作电极的夹头（绿色）解电阻的另一端。电阻值可取 100kΩ，电位范围可在 0.5V 到 -0.5V，灵敏度可设在 1.0e-006A/V。得到的循环伏安图应是一条斜的直线。任一点的电流都应等于该点所对应的电位值除以电阻值。如果数据错误，请和上海辰华仪器公司或 CHInstruments 联系。

5. Control 控制

（1）**Run 运行** 实验选定实验技术和参数后，便可进行实验。此命令启动实验测量。

（2）**Pause/Resume 暂停/继续** 实验在伏安法实验过程中，用此命令可暂停电位扫描，这时电解池仍接通。再次执行此命令可继续实验测量。此命令不适用于快速实验。

（3）**StopRun 终止实验** 执行此命令可终止实验。对于快速实验，由于实验可在短时间内完成。大部分时间是用于数据传送，所以此命令不适用。

（4）**ReverseScan 反转扫描极性** 此命令只适用于 CyclicVoltammetry（循环伏安法），且当扫描速度低于 0.5V/s 时有效。实验过程中执行此命令可改变电位扫描方向。这对初次考察一个体系特别有用。随时改变扫描极性可防止过大电流流过电极以防止电极损坏。

（5）**RepetitiveRuns 反复运行** 实验如果需要反复地进行同样条件的测量，可用此命令。最大实验重复次数为 999 次。如果用户输入基础文件名，每次实验结束后，数据将被存到磁盘上，所用文件名为基础文件名加上该实验的次数。如果不给出文件名，数据将不被储存。如果用户设置信号平均，在所有的实验结束后，各次实验数据会被相加然后除以实验的次数。信号平均后的数据以基础文件名加零而被存入盘中。用户还可输入两次相邻实验的间隔，或等待用户许可再进行下一次测量。

（6）**RunStatus 实验状态** 此命令可允许用户对实验的某些条件进行控制，例如是否要校正电位和电流的零点，是否要检查电极线接线情况，是否要 iR 降补偿，实验数据是否要平滑，以及通氮，搅拌和旋转电极控制，等等。

（7）**Cell 电解池控制** 此命令可用于控制通气除氧，搅拌，汞电极的敲击，以及电解池的临时通断。仪器有通气，搅拌和敲击的 TTL 信号输出。如果用户有相应的被控制设备且与 TTL 匹配，就能实现这些动作的自动控制。对于 CHI6xxC 系列的仪器，此命令还可设定三电极或四电极系统。

（8）**StepFunction 电位阶跃函数** 此命令可产生电位阶跃信号。可用于电极的预处理或其他用途。电极电位在两个值之间来回阶跃，电位值和阶跃时间可调。启动后会显示状态，但没有数据采集和显示。

（9）**Preconditioning 电极预处理** 在每次实验前，可允许电极在三个电位下进行预处理。三个电位及每个电位下保持的时间长短可调。

（10）**PresentDataPlot 当前数据作图** 此命令用于显示当前的数据。图形的显示方式可通过 GraphOption（图形设置），ColorandLegend（颜色和符号）以及 Font（字体）等命令设置。有些实验技术有多种数据显示方式（Help 中给出了不同技术的不同显示方式），可通过 GraphOption（图形设置）命令来设置。例如 CV 可允许你选择任意段的数据显示，CC 可允许 Q-t 或 Q-t/2 的显示，ACV 可选择绝对值电流或相敏电流（任意相位角设定），

SWV 可显示正反向或差值电流，IMP 可显示波德图或奈奎斯特图，等等。

X 和 Y 轴可以拉大缩小。将鼠标移至 X 或 Y 轴上，鼠标的显示会变成上下箭头（Y 轴）或左右箭头（X 轴），这时按下鼠标的左键，然后移动鼠标，当左键松开时，轴的范围就改变了。如果双击 X 或 Y 轴，会出现一个轴的设定的对话框，可用于改变轴有关的一些设定。例如轴的标记的表达除了用科学（Scientific）表达（例如：微安表达为 1e-6A）外也可用工程（Engineering）的表达（例如：微安表达为 1μA）。轴上的标记线数（Ticks）也可人工设定了。

数据图中可允许插入文字。用鼠标在数据区域中双击，会出现插入文字的对话框。鼠标双击的位置也就是文字显示的第一个字母的左上角位置。文字的位置，字体，颜色，大小和旋转角度都可调节。如果要修改或删除现有文字，可将鼠标移至第一个字母的左上角，然后双击，这时会选中现有文字。这时可作修改或删除。如果将数据存盘的话，输入的文字会和数据一起被储存。

（11）OverlayPlot 数据重叠显示　此命令可将多组数据重叠在同一张图上以作比较。图的 X-Y 轴的范围取决于当前的数据。也可用 GraphOption（图形设置）命令来锁定 X-Y 轴的范围。选择多文件可按住键盘上的 CTRL 键，同时用鼠标器一个一个地选择文件名，然后按 OK 键。

（12）AddtoOverlay 增加重叠显示文件　如果已有多组数据在屏幕上重叠显示，但还要再叠加一组或数组数据，可用此命令。此命令还能选择不在同一个子目录中的数据。

（13）ParallelPlot 数据平行显示　此命令可将多组数据平行并排地显示在屏幕上。这对不同实验技术所得到的数据显示及判断十分有用。

（14）ManualResults 手工报告结果　通常程序会自动搜寻峰或波，并报告峰或波的电位，高度和面积。如果由于某种原因，自动报告的结果不准确，用户可做手工峰或波的测量。按下工具栏的 ManualResults 键后，可用鼠标器画峰的基线。先将鼠标器移至基线的一端，按下鼠标器的左键，然后移动鼠标器到基线的另一端，放开左键。从峰值到基线的高度，电位，以及峰和基线之间的面积都会报告出来。对于类似于极谱的波，则需要用上述的方法定义两条基线，即波前和波后的两条基线。

（15）PeakDefinition 峰形定义　常见的电化学信号响应可能是类似于高斯分布的对称峰（GausianPeak），或是由于扩散层变厚引起电流下降的拖尾峰（DiffusivePeak），或是类似于极谱波的稳态响应（SygmoidalWave）。由于响应的不同，搜寻和定义峰或波的方法也不同。用此命令可定义峰或波的类型。用户并可选择是否要报告峰或波的电位，半峰电位，峰电流和峰面积。

（16）Smooth 平滑　此命令用于平滑实验数据。可有两种方法进行平滑：最小二乘法或傅里叶变换。最小二乘法可允许 5 至 49 点的平滑。点数取得越多，平滑效果越好，但也越容易造成数据失真。很多时候傅里叶变换可给出很好的平滑效果且较小的失真。傅里叶变换平滑的截止值（Cutoff）取得越小，平滑效果越好，但也越易失真。用户还可决定是否实验结束后自动对数据进行平滑。

（17）BaselineCorrection 基线校正　此命令可用于校正实验数据的基线，以便更好更准确地测量。用户可用鼠标器确定基线。先将鼠标器移至基线的一端，按下鼠标器的左键，然后移动鼠标器到基线的另一端，放开左键。原始数据将减去输入的基线，从而使得倾斜的基线变得平坦。此命令还可用于直流电平的扣除。如果用户用鼠标器在想要扣除的直流电平处定义一条水平基线，原始数据将减去这一电平。

参 考 文 献

[1] 杜一平. 现代仪器分析方法. 第2版. 上海：华东理工大学出版社，2008.
[2] 郭旭明，韩建国. 仪器分析. 北京：化学工业出版社，2014.
[3] 陈培榕，李景虹，邓勃. 现代仪器分析实验与技术. 第2版. 北京：清华大学出版社，2006.
[4] 孙延一，吴灵. 仪器分析. 武汉：华中科技大学出版社，2012.
[5] 陈国松，陈昌云. 仪器分析实验. 南京：南京大学出版社，2009.
[6] 柳仁民. 仪器分析实验. 青岛：中国海洋大学出版社，2009.
[7] 李晓燕，张晓辉. 现代仪器分析. 北京：化学工业出版社，2008.
[8] 郁桂云等. 仪器分析实验教程. 第2版. 上海：华东理工大学出版社，2015.
[9] 曾泳淮. 分析化学（仪器分析部分）. 第3版. 北京：高等教育出版社，2010.
[10] 北京大学化学与分子工程学院分析化学教学组. 基础分析化学实验. 第3版. 北京：北京大学出版社，2010.
[11] 杨柳. 几种新型电容生物传感器及复杂样品溶出伏安分析技术的研究与应用 [D]. 湖南大学，2005.

第八章
气相色谱分析

一、基本原理

色谱技术中，气相色谱（GC）和液相色谱（LC）是最重要的两个技术，前者针对挥发性、沸点较低、热稳定性物质；后者针对非挥发性、高沸点、热不稳定性物质。

气相色谱主要利用物质的沸点、极性及吸附性质的差异来实现混合物的分离。待测样品在汽化室汽化后被惰性气体（即载气，一般是 N_2、He 等）带入色谱柱，柱内含有液体或固体固定相，由于样品中各组分的沸点、极性或吸附性能不同，每种组分都倾向于在流动相和固定相之间形成分配或吸附平衡。由于载气的流动，使样品组分随流动相一起迁移，并在两相间进行反复多次的分配（吸附-脱附或溶解-解析），结果在载气（流动相）中分配浓度大的组分先流出色谱柱，而在固定相中分配浓度大的组分后流出。待测样品中各组分经色谱柱分离后，按先后次序经过检测器时，检测器就将流动相中各组分浓度或质量的变化转变为相应的电信号，由记录仪记录的信号-时间曲线或信号-流动相体积曲线，称为色谱流出曲线，包含了色谱的全部原始信息。在没有组分流出时，色谱图的记录是检测器的本底信号，即色谱图的基线。按照导入检测器的先后次序，经过与标准物或标准值对比，可以区分出是什么组分，即定性分析；根据峰高度或峰面积可以计算出各组分含量，即定量分析。

将毛细管柱应用到气相色谱法，使气相色谱法的高效能、高选择性、高速度的特点更加突出，应用领域更加广泛。

气相色谱法直接分离的样品应是可挥发、热稳定的，沸点一般不超过500℃。据资料统计，在目前已知的混合物中，约有20%～25%混合物可用气相色谱直接分析。气相色谱法的特点是：分离效率高、分析速度快、检测灵敏度高、样品用量少、选择性好、可实现多组分同时分析、易于自动化。除气相色谱自有的检测器外，还可以同质谱、红外等多种分析仪器联用。

二、仪器组成与结构

气相色谱仪的基本构造包括：气路系统、进样系统、分离系统（色谱柱）、检测系统、记录系统（工作站）、温控系统。图 8-1 为气相色谱仪流程图。

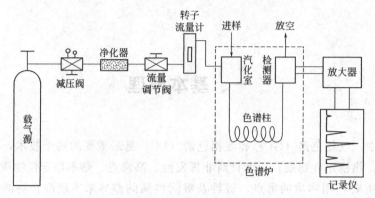

图 8-1　气相色谱流程图

载气由高压钢瓶中流出，经减压阀降压到所需压力后，通过净化器使载气净化，再经流量调节阀和转子流量计后，以稳定的压力、恒定的速度流经汽化室与汽化的样品混合，将样品气体带入色谱柱中进行分离。分离后的各组分随着载气先后流入检测器，然后随载气放空。检测器将物质的浓度或质量的变化转变为一定的电信号，经放大后在记录仪上记录下来，就得到色谱流出曲线。

根据色谱流出曲线上得到的每个峰的保留时间，可以进行定性分析，根据峰面积或峰高的大小，可以进行定量分析。

1. 气路系统

气相色谱仪中的气路是一个载气连续运行的密闭管路系统。载气系统包括气源、气体净化、气体流速控制和流量。其中气体流速和流量的控制精度影响着气相色谱的稳定性，调节最佳载气流速并保持恒定是保证有效分析的前提。速率理论指出，溶质在柱中的保留行为直接受载气流速的影响，载气流速不稳定会引起色谱峰峰型改变及保留时间变化，或影响检测器的灵敏度、噪声及漂移，都会影响定性、定量分析结果的准确性。因此，载气流速的稳定性是保证气相色谱分析的重要条件。

作为气相色谱的载气，要求化学稳定性好、纯度高、价格便宜并易取得。常用的载气有氢气、氮气、氩气、氦气、二氧化碳气等。其中氢气和氮气价格便宜，性质良好，是用作载气的良好气体。

① 氢气　由于它具有分子量小、分子半径大、热导系数大、黏度小等特点，是 TCD 常用的载气。在 FID 中它是必用的燃气。氢气易燃易爆，使用时，应特别注意安全。

② 氮气　相对分子量较大、扩散系数小、柱效比较高，除 TCD 外，在其他检测器中，多采用氮气作载气。之所以在 TCD 中使用较少，因为热导检测器的原理是利用被测组分与载气之间的导热率差异来检测组分的浓度变化，差异越大，检测器的灵敏度越高。而氮气的

导热率跟大多数有机化合物相近，用氮气作载气，灵敏度很低。氢气和氦气的导热率比有机物大很多，因此灵敏度高。但在分析 H_2 时，必须采用 N_2 作载气，否则无法用 TCD 解决 H_2 的分析问题。

③ 氦气　相对分子量小、导热率大，从色谱载气性能上看，与氢气性质接近，且安全性高。但由于价格较高，使用较少。

选择载气，首先要考虑使用何种检测器。使用热导检测器时，选用氢或氦作载气，能提高灵敏度，氢载气还能延长热敏元件钨丝的寿命。使用氢火焰离子化检测器宜用氮气作载气，也可用氢气；使用电子捕获检测器常用氮气。使用火焰光度检测器常用氮气和氢气。气体的扩散系数与载气的摩尔质量平方根成反比，所以选用摩尔质量大的载气、可以减小分子扩散系数，提高柱效。但选用摩尔质量小的载气，会使气相传质阻力系数减小，使柱效提高。因此使用低线速载气时，应选用摩尔质量大的载气，使用高线速载气时，宜选用摩尔量小的载气。

2. 进样系统

进样系统包括进样器和汽化室。气相色谱可以分析气体，也可以分析具有挥发性的液体或固体物质，对于沸点高或不挥发的物质，可采用衍生化法或裂解的方法，将转化后的样品进行气相色谱分析。气相色谱分离要求在最短的时间内，以"塞子"的形式打进一定量的试样，进样方式主要有注射器进样、气体进样阀进样、自动进样器进样、分流进样器进样等。

对于液体样品，一般采用注射器进样、自动进样器进样；对于气体样品，常用六通阀进样；对于固体样品，一般溶解于常见溶剂转变为溶液进样；对于高分子固体，可采用裂解法进样。

汽化室的作用是把液体样品瞬间加热变成蒸汽，然后由载气带入色谱柱。

3. 分离系统（色谱柱）

色谱柱包括管柱和固定相两部分。填充柱一般采用玻璃、不锈钢两种材质，内径通常为 2～6mm，长 0.5～10m。毛细管柱通常为内径 0.1～0.5mm，长 25～100m 的石英玻璃柱。毛细管柱一般柱内没有填料，多在内壁涂上一层固定液或沉积一层吸附剂。

固定相是色谱分离的关键部分，固定相的种类很多，可遵照"相似相溶"的原则，根据样品的性质选择固定相。

色谱柱的分离需要在一定的温度条件下工作，因此，对分离系统要进行温度控制。

4. 检测系统

检测系统是色谱仪的眼睛，通常由检测元件、放大器、显示记录三部分组成。在色谱仪中，被色谱柱分离后的试样组分依次进入检测器，按其浓度或质量随时间的变化，转化成相应电信号，经放大后记录和显示，给出色谱图。

根据试样的化学物理特性，共有五种检测器可供选择：氢火焰离子化检测器（FID）；热导检测器（TCD）；电子捕获检测器（ECD）；氮磷检测器（NPD）；火焰光度检测器（FPD）。

对于有机化合物检测，选择氢火焰离子化检测器（FID）。对于通用性检测，选择热导检测器（TCD）。对于卤化物的检测，选择电子捕获检测器（ECD），如用于分析卤素化合物、多核芳烃、一些金属螯合物和甾族化合物。对于含氮或含磷化合物检测，选择氮磷检测器（NPD）。对于测定含硫、含磷化合物，可选择火焰光度检测器（FPD），如石油产品中微量硫化合物及农药中有机磷化合物的分析。

5. 温控系统

温度是色谱分离条件的重要选择参数，汽化室、分离室（色谱柱）、检测器三部分在色谱仪操作时均需控制温度。汽化室温度应使液体试样在汽化室瞬间汽化但又不分解，通常选在试样的沸点或稍高于沸点；检测室温度要保证被分离后的组分通过时不在此冷凝；分离室（色谱柱）的温度一般通过实验选择，要使试样既完全分离，又不会峰形扩展、拖尾。经验表明：柱温等于样品的平均沸点或高于平均沸点 10℃时最为适宜。

色谱柱温度低有利于分配，有利于组分的分离，但温度过低，被测组分可能在柱中冷凝或者传质阻力增加，使色谱峰扩张，甚至拖尾。色谱柱温度高有利于传质，但柱温过高时，分配系数变小，不利于分离。当试样复杂时，可以采用程序升温控制温度变化，使各组分在最佳温度下分离。

三、实验部分

实验一　气相色谱气路系统的连接、检漏及载气流速的测量与校正

【实验目的】
1. 了解气相色谱仪的结构，熟悉各单元组件的功能。
2. 熟悉气路系统，掌握检漏方法。
3. 掌握载气流速的测量和校正方法。

【实验原理】
1. 气路系统

气路系统是气相色谱仪中极为重要的部件。气路系统主要指载气连续运行的密闭管路，包括连接管线、调节测量气流的各个部件以及汽化室、色谱柱、检测器等。使用氢火焰离子化检测器时，还需引入辅助气体，如氢气、空气等。它们流经的管路也属于气路系统。

由高压钢瓶供给的载气，先经减压阀使气体压力降到适当值，再经过净化器进入色谱仪。色谱仪上的稳压表、压力表、调节阀、流量计等部件是用来调节、控制、测量载气的压力和流速的。氢气、空气气路系统也分别装有相应的调节、控制、测量部件。

气路系统必须保持清洁、密闭，各调节、控制部件的性能必须正常可靠。

2. 载气流速

在气相色谱分析过程中，调节最佳载气流速并保持恒定是保证有效分析的前提。载气流速需经常测定。载气流速 F_c 是指在色谱柱出口温度及压力下测得的载气体积流速。单位 $mL \cdot min^{-1}$。对不同的色谱填充柱，要求有不同的载气流速。通常的填充柱载气流速约为 $10 \sim 50 mL \cdot min^{-1}$；细径毛细柱的载气流速约为 $1 \sim 3 mL \cdot min^{-1}$；粗径毛细柱的载气流速约为 $3 \sim 10 mL \cdot min^{-1}$。色谱仪上的转子流量计，用以测量气体体积流速，但转子高度与流速并非简单的线性关系，且与介质有关。有些仪器可以设置载气流速，而一部分仪器通过设置气体的压力控制气体流速，用皂膜流量计测量气体的体积流速。

(1) 视体积流速（F'_{c_0}）（mL·min^{-1}）

用皂膜流量计在柱后直接测得的体积叫视体积流速。它不仅包括了载气流速，还包括了当时条件下的饱和蒸汽流速。

(2) 实际体积流速（F_{c_0}）

校正了水蒸气后的载气流速

$$F_{c_0}=F'_{c_0}\frac{p_0-p_W}{p_0} \quad (8-1)$$

式中，p_0 为大气压，mmHg；p_W 为室温下的饱和水蒸气压，mmHg。

(3) 校正体积流速（F_c）

由于气体体积随温度变化，而柱温又不同于室温，故需作温度校正。

$$F_c=F_{c_0}\frac{T_c}{T_a} \quad (8-2)$$

式中，T_c 为柱温，K；T_a：室温，K。

(4) 平均体积流速（$\bar{F}_c$）

气体体积与压力有关，但色谱柱内压力不均，存在压力梯度，需进行压力校正。

$$\bar{F}_c=F_c\frac{3(p_i/p_0)^2-1}{2(p_i/p_0)^2-1} \quad (8-3)$$

式中，p_i 为柱入处载气压力；p_0 为柱出处载气压力，计算时 p_i、p_0 单位要相同。

【仪器与试剂】

1. 仪器

气相色谱仪（附 TCD、FID）；皂膜流量计；气路管道；高压氮气瓶；高压氢气瓶；减压表。

2. 试剂

10% NaOH 溶液；硅胶；活性炭；分子筛。

【实验步骤】

气相色谱常以高压钢瓶气为气源，使用钢瓶必须安装减压表。

1. 正确选择减压表

高压钢瓶必须要安装好减压表后方可使用。一般来说，可燃性气体钢瓶上的减压表的螺纹为反扣（如氢、乙炔），不燃性或助燃性气瓶（如 N_2、O_2）为正扣。各种减压表绝不能混用，以防爆炸。减压表接口螺母与气瓶嘴的螺纹必须匹配，减压表上有两个弹簧压力表，示值大的指示钢瓶内的气体压力，示值小的指示输出压力。开启钢瓶时，压力表指示瓶内压力，用肥皂水检查接口处是否漏气。

2. 准备净化管

载气的净化是为了保证 GC 的分析质量和分析结果的稳定性，延长色谱柱寿命和减少检测器的噪声。净化器的作用是去除气体中的水分、烃、氧。存在气源管路及气瓶中的水分、烃、氧会产生噪声、额外峰和基线"毛刺"，尤其对特殊检测器（例如 ECD、PID）影响更为显著，极端情况下还会破坏色谱柱。常用的气体净化剂有分子筛、硅胶和活性炭。

(1) 清洗净化管：先用 10% NaOH 溶液浸泡半小时，用水冲洗烘干。

(2) 活化清洗剂：硅胶 120℃烘至蓝色；活性炭 300℃烘 2h；分子筛 550℃烘 3h，不得超过 600℃。

(3) 填装净化管：三种等量净化剂依次装入净化管，之间隔以玻璃棉。标明气体出入口，出口处塞一玻璃棉，硅胶装在出口处。

3. 管道的连接

用一段管子将净化管连接到减压表出口，净化管的另一端接色谱仪。连接前先开启气源，用气体冲洗一下，遂关气源，将管道接到仪器口。

4. 检漏

色谱分析中，保证整个气路系统的严密性十分重要，须认真检查，易漏气的地方为各接头接口处。

检漏方法如下所述。

（1）开启气源，导入载气，调节减压表为 $2.5\text{kg}\cdot\text{cm}^{-2}$，先关闭仪器上的进气稳压阀，用小毛笔蘸肥皂水（或洗洁精）检查从气源到接口处的全部接口。

（2）将色谱柱接到热导检测器上，开启进气减压阀，并调节仪器上压力表：$2\text{kg}\cdot\text{cm}^{-2}$，调转子流量计流速最大，堵住主机外侧的排气口，如转子流量计的浮子能落到底，则不漏气；反之，则需用肥皂水检查仪器内部各接口。

（3）氢气、空气的检查同前。

（4）漏气现象的消除：上紧丝扣接口，如无效，卸开丝扣，检查垫子是否平整，不能用时需更换。

5. 载气流速的测定及校正

（1）将柱出口与热导检测器相连，在皂膜流量计内装入适量皂液。使液面恰好处于支管口的中线处，用胶管将其与载气相连。

（2）开启载气，调节载气压力至需要值，调节转子高度，一分钟后轻捏胶头，使皂液上升封住支管即会产生一个皂膜。

（3）用秒表记下皂膜通过一定体积所需的时间，换算成以 $\text{mL}\cdot\text{min}^{-1}$ 为单位的载气流速。

（4）用上述方法，依次测定转子流量计高度为 0 格、5 格、10 格、15 格、20 格、25 格、30 格时的体积流速，然后测定另一气路的流速。

（5）再分别测量以氢气为载气的气路的流速。

（6）以转子流量计上转子的高度为横坐标，以视体积流速为纵坐标，绘制转子流量计的校正曲线，同时记录载气种类、柱温、室温、气压等参数。

（7）根据视体积流速，按下式可计算出实际体积流速。

$$F_{c_0}=F'_{c_0}\frac{p_0-p_W}{p_0}$$

（8）据下式求出在柱温条件下载气在柱中的校正体积流速及平均体积流速。

$$\bar{F}_c=F_c\frac{3(p_i/p_0)^2-1}{2(p_i/p_0)^2-1}$$

【数据记录及处理】

记录不同转子流量计高度对应的视体积流速于表 8-1，并计算平均体积流速。

表 8-1　不同转子流量计高度对应的视体积流速及平均体积流速

转子流量计高度	0	5	10	15	20	25	30
视体积流速/$\text{mL}\cdot\text{min}^{-1}$							
平均体积流速/$\text{mL}\cdot\text{min}^{-1}$							

【注意事项】
1. 氢气减压表安装在自燃性气体钢瓶上。
2. 氧气减压表安装在非自燃性气体钢瓶上。
3. 安装减压表时，所有工具及接头，一律禁油。
4. 开启钢瓶时，瓶口不准对向人和仪器。
5. 净化管垂直安装，上口进气下口出气。
6. 凡涂过皂液的地方用滤纸擦干。

【问题与讨论】
1. 气相色谱仪是由哪几部分组成的？各起什么作用？
2. 如何检验色谱系统的密闭性？

实验二　归一化法测定苯、甲苯、乙酸乙酯混合样品

【实验目的】
1. 了解校正因子的含义、用途和测定方法。
2. 学会面积归一化定量方法。
3. 掌握气相色谱定量分析的原理。

【实验原理】

色谱定量分析的依据是，在一定条件下，被测物质的质量 m 与检测器的响应值成正比，即：

$$m_i = f_i A_i \tag{8-4}$$

或：

$$m_i = f_{ih} h_i \tag{8-5}$$

式中，A_i 为被测组分的峰面积；h_i 为被测组分的峰高；f_i 为以峰面积表示时的绝对校正因子；f_{ih} 为以峰高表示时的绝对校正因子。

因为响应值除正比于组分含量外，还与样品的性质有关，即在相同的条件下，数量相等的不同物质产生的信号的大小可能不同。且由于受操作条件影响较大，f_i 或 f_{ih} 的测定较困难，因此，在进行定量分析时需加以校正。

在实际操作中都采用相对校正因子 f'，f' 为组分 i 和标准物质 s 的绝对校正因子之比：

$$f' = \frac{f_i}{f_s} = \frac{m_i}{A_i} \cdot \frac{A_s}{m_s} = \frac{m_i}{m_s} \cdot \frac{A_s}{A_i} \tag{8-6}$$

式中，m_i、m_s 分别为待测物质和标准物质之质量；A_i、A_s 分别为待测物质和标准物质之峰面积。

相对校正因子 f' 与检测器类型有关，与检测器结构特性及操作条件无关。

f'、f 可以从文献查得，亦可直接测量。准确称量一定质量的待测物质和标准物质，进样，分别测得峰面积，即可求其相对校正因子。

$$m_i = f'_i A_i \tag{8-7}$$
$$m_i = f'_{ih} h_i \tag{8-8}$$

所以定量时需要注意以下几点。

（1）准确测量响应信号 A 或 h。A 或 h 是最基本的定量数据，可以直接从色谱仪测得。

（2）准确求得相对校正因子 f'。

(3) 选择合适的定量方法。

常用的定量方法有归一化法、外标法、内标法，本实验采用归一法。

归一法就是分别求出样品中所有组分的峰面积和相对校正因子，然后依次求各组分的百分含量。

$$m_i\% = \frac{m_i}{m_1 + m_2 + \cdots + m_j} \times 100 = \frac{f_i' A_i}{\sum_{i=1}^{n}(f_i' A_i)} \times 100 \tag{8-9}$$

归一法优点：简便、准确、定量结果与进样量重复性无关（在色谱柱不超载的范围内）、操作条件略有变化时对结果影响较小。

缺点：必须所有组分在一个分析周期内都流出色谱柱，而且检测器对它们都产生信号。不适用于微量杂质的含量测定。

本实验以苯为标准试剂，利用保留时间对混合物中苯、甲苯、乙酸乙酯进行定性分析；通过测量混合物试样中苯、甲苯、乙酸乙酯各组分峰面积，用归一化法计算各组分的质量分数。

【仪器与试剂】

1. 仪器

气相色谱仪（附 TCD、FID）；微量注射器：$1\mu L$、$5\mu L$、$10\mu L$。

色谱操作条件

(1) 色谱柱：毛细管色谱柱（$260mm \times 4.5mm \times 5\mu m$）

(2) 固定相：SE-30/SE-54。

(3) 载气：氮气、氢气、空气。

(4) 温度：柱温60℃；检测器温度100℃；汽化室温度150℃。

2. 试剂

三组分混合样（苯、甲苯、乙酸乙酯，均为优级纯）。

【实验步骤】

按上述条件开机调试，待仪器稳定后依次进行。

1. 定性分析

(1) 用$1\mu L$注射器分别进苯、甲苯、乙酸乙酯$0.1\mu L$，记录色谱图，准确测量各峰的保留时间（t_R）。

(2) 在相同条件下进$0.1 \sim 0.2\mu L$三组分混合样记录色谱图，准确测量各峰的保留时间（t_R）。

2. 测量校正因子

于分析天平上准确称取三种标准试样于同一容器中混匀，在设定的条件下进样$0.1 \sim 0.2\mu L$，记录峰面积。

3. 定量分析

进$0.1 \sim 0.2\mu L$未知混合样。记录色谱图，测量峰面积。

4. 关机

【数据记录及处理】

1. 根据保留时间（表8-2）确定各峰归属。

表 8-2　组分的保留时间

项目	苯			甲苯			乙酸乙酯		
	1	2	平均值	1	2	平均值	1	2	平均值
t_{Ri}/min									
t_{Rs}/min									
m/g									

2. 根据所称标样质量和各峰面积（表 8-3），计算相对校正因子（以苯为标准物）。

表 8-3　计算相对校正因子

项目	苯			甲苯			乙酸乙酯		
	1	2	平均值	1	2	平均值	1	2	平均值
m_i									
A_i									
f_i									
$\bar{f_i}$									

3. 根据未知样品中峰面积，用归一化法计算待测样品中各组分的百分含量。

【注意事项】

1. 苯、甲苯等均有毒，务必把洗涤液注入废液瓶中，密封，盖好瓶塞，防止蒸汽挥发，危害人体。

2. 氢火焰离子化检测器在点火时，可先通稍大于工作流量的氢气，以利于点火，氢火焰点燃后再调至规定的流速。

3. 氢火焰离子化检测器判断氢火焰是否点燃的方法：将冷金属物置于检测器出口上方，若有水汽冷凝在金属表面，表明氢火焰已点燃；或基流值发生变化，说明火已点燃。

4. 使用热导检测器，应先通载气，确保载气通过热导检测器后，方可打开桥流开关。

5. 进样前一定要将微量注射器用相应试剂清洗干净，清洗干净的微量注射器应该专用，不能与准备进样别的试剂的微量注射器混用。

6. 测定时，取样准确，进样要求迅速，瞬间快速取出注射器；注入试样溶液时不应有气泡。

【问题与讨论】

1. 归一化法使用的条件是什么？
2. 如何求校正因子？在什么条件下可以不考虑校正因子？

实验三　药物中残留有机溶剂的气相色谱分析
——内标法测定乙酸正丁酯中的杂质含量

【实验目的】

1. 学习内标标准曲线法定量的基本原理。
2. 复习并巩固气相色谱分析原理及其操作步骤。
3. 掌握药物中常见有机残留溶剂的测定原理及其方法。

【实验原理】

乙酸正丁酯是一种具有水果香味的无色透明液体,是目前食品工业中广泛使用的一种羧酸酯类合成香料,也是我国 GB 2760—2011《食品添加剂使用标准》允许使用的食品添加剂之一。工业合成乙酸正丁酯主要采用乙酸和正丁醇在浓硫酸催化下直接酯化生成,该方法具有转化率高、成本投入小、工艺流程简单等优点,但是两种反应原料在浓硫酸的作用下,不可避免会发生氧化、磺化、脱水和异构化等一系列副反应,从而生成乙酸异丁酯、正丁醚等副产物,影响最终产品的品质和食用安全性,为此我国 GB 28325—2012《食品添加剂乙酸丁酯》明确规定食品添加剂乙酸正丁酯的纯度不得小于 98%。

气相色谱法作为一种高效、简单、快捷的检测手段,近年来被广泛应用于食品安全的分析中。本实验采用内标标准曲线法,用正庚烷做内标物,确定乙酸正丁酯中的甲醇、异丙醇、乙酸乙酯、环己烷等杂质含量。

用内标法测定时,需在试样中加入一种物质作为内标,而内标物质应符合下列条件。

(1) 应是试样中不存在的物质。

(2) 峰的位置位于被测组分附近,或位于几个待测组分的峰中间,但必须与样品中的所有峰不重叠,即完全分开。

(3) 物化性质与被测组分相近,不与被测样品发生化学反应,同时要能完全溶于被测样品中。

(4) 加入的量与被测组分相近。

设被测组分的质量为 m_i,在质量为 $m_{试样}$ 的试样中加入内标物的质量为 m_s,被测组分及内标物的色谱峰面积分别为 A_i、A_s,被测组分和内标物的质量校正因子分别为 f_i、f_s,则:

$$m_i = f_i A_i \tag{8-10}$$

$$m_s = f_s A_s \tag{8-11}$$

得到式(8-11):

$$m_i = m_s \frac{f_i A_i}{f_s A_s} \tag{8-12}$$

则

$$w_i(\%) = \frac{m_i}{m_{试样}} \times 100 = \frac{m_s}{m_{试样}} \frac{f_i A_i}{f_s A_s} \times 100 \tag{8-13}$$

分析时先将试样准确称重,再加入适量的内标物准确称量,混合均匀后即可取样进行色谱分析,出峰后分别测得内标物与待测组分的峰面积,并按式(8-13)计算待测组分的含量。

校正因子可查手册或通过实验测定。

当假定内标物的校正因子 $f_s = 1$ 时,被测组分的含量可由下式求得。

$$w_i(\%) = \frac{m_i}{m_{试样}} \times 100 = \frac{m_s}{m_{试样}} \frac{f_i A_i}{A_s} \times 100 \tag{8-14}$$

从式(8-14)可知,若想求得待测组分的含量,需先求出被测组分的校正因子 f_i。

而内标标准曲线法,即配制一系列的标准溶液,测得相应的 A_i/A_s,m_i/m_s。以 A_i/A_s 对 m_i/m_s 绘制标准曲线。这样就可以在无需预先测定 f_i 的情况下,称取一定量的试样 $m_{试样}$ 和内标物 m_s,混合进样,根据 A_i/A_s 之值由标准曲线求得 m_i/m_s,再根据公式 $w_i = \frac{m_s m_i}{m_{试样} m_s} \times 100\%$ 求得待测组分的质量分数 w_i。

【仪器与试剂】

1. 仪器

气相色谱仪；微量进样器（1μL，0.5μL，5μL）；移液管（0.5mL、1mL、2mL）；高纯氮、高纯氢、低噪声空气净化源。

2. 试剂

异丙醇（$\rho=0.785\text{g}\cdot\text{cm}^{-3}$）；正庚烷（$\rho=0.65\text{g}\cdot\text{cm}^{-3}$）；环己烷（$\rho=0.779\text{g}\cdot\text{cm}^{-3}$）；甲醇（$\rho=0.7914\text{g}\cdot\text{cm}^{-3}$）；乙酸乙酯（$\rho=0.901\text{g}\cdot\text{cm}^{-3}$）；乙酸正丁酯（$\rho=0.8824\text{g}\cdot\text{cm}^{-3}$）；未知试样25mL（含1.0g正庚烷）。

标准溶液按表8-4配制，分别置于5支25mL的容量瓶中，用乙酸正丁酯稀释，混匀备用。

表8-4 标准溶液的配制

编号	$m_{正庚烷}$/g	$m_{甲醇}$/g	$m_{异丙醇}$/g	$m_{环己烷}$/g	$m_{乙酸乙酯}$/g
1	1.00	0.25	0.25	0.25	0.25
2	1.00	0.50	0.50	0.50	0.50
3	1.00	0.75	0.75	0.75	0.75
4	1.00	1.00	1.00	1.00	1.00
5	1.00	1.25	1.25	1.25	1.25

【实验步骤】

1. 实验条件

毛细管柱；柱温：70℃；汽化室温度：150℃；检测器温度：150℃；载气：氮气；检测器：氢火焰离子化检测器（FID）。

2. 准备工作

根据实验条件，按仪器操作步骤将色谱仪调节至可进样状态，待仪器的电路和气路系统达到平衡，色谱工作站的基线平直时，即可进样。

3. 纯物质进样

吸取各纯物质0.2μL进样，记录各纯物质的保留时间。

4. 标准溶液进样

吸取标准溶液1μL进样，记录各组分的保留时间和色谱峰面积。

5. 未知试液进样

在同样条件下，吸取未知试液1μL进样，记录各组分的保留时间和色谱峰面积。

【数据记录及处理】

1. 记录纯物质的保留时间（表8-5）。

表8-5 纯物质的保留时间

项目	甲醇	异丙醇	乙酸乙酯	正庚烷	环己烷	乙酸正丁酯
保留时间/min						

2. 记录标准溶液及未知试样各组分色谱峰面积（表 8-6），并进行未知试样的测定（表 8-7）。

表 8-6　标准溶液及未知试样各组分色谱峰面积

编号	$A_{甲醇}$/mV·s	$A_{异丙醇}$/mV·s	$A_{乙酸乙酯}$/mV·s	$A_{环己烷}$/mV·s	$A_{正庚烷}$/mV·s
1					
2					
3					
4					
5					
未知					

表 8-7　未知试样的测定

未知液	编号	A_i/A_s	m_i/m_s	w_i	w_i平均值
甲醇	1				
	2				
异丙醇	1				
	2				
乙酸乙酯	1				
	2				
环己烷	1				
	2				

3. 以正庚烷为内标物质，计算 m_i/m_s，A_i/A_s 值，见表 8-7。
4. 以 A_i/A_s 对 m_i/m_s 作图，绘制各组分的标准曲线，得到线性回归方程和线性相关系数。
5. 根据未知试样 A_i/A_s 的值，由标准曲线计算出相应的 m_i/m_s 的值。
6. 计算未知试样中甲醇、异丙醇、乙酸乙酯、环己烷的质量分数。

【问题与讨论】
1. 实验中是否需要严格控制进样量？实验条件若有变化是否会影响测定结果，为什么？
2. 内标标准曲线法中，是否需要先测定校正因子，为什么？
3. 比较气相色谱法中归一化法、内标法、外标法 3 种定量方法的优缺点。
4. 根据纯物质的保留时间，确定各物质的沸点大小，并说明理由。

实验四　气相色谱法测定涂料中苯、甲苯、二甲苯

【实验目的】
1. 了解程序升温色谱法的特点及应用。
2. 初步掌握程序升温色谱法操作技术。
3. 学习内标法进行定量的方法。

【实验原理】

溶剂型涂料是很多家庭的装修必需品，由于苯、甲苯、二甲苯等具有溶解力强、挥发速度适中等特点，是溶剂型涂料常用的溶剂。但是这些物质挥发会增加空气中苯系物的浓度。长期接触低浓度苯、甲苯、二甲苯，会对人体的氧化、抗氧化系统造成不利影响。苯系物对人的呼吸道、神经系统及血液系统也会造成一定的损害，可引起鼻咽充血、神经衰弱综合征及白细胞和血小板的减少，影响血液的携氧能力，造成组织缺氧等。世界各国对苯、甲苯、二甲苯的生产和使用现场挥发到空气中的浓度都有严格的限量标准。因此，准确地检测出涂料样品中苯、甲苯、二甲苯的含量具有重要意义。

针对溶剂型涂料和胶黏剂中的苯、甲苯、二甲苯的检测标准有：GB 18581—2009《室内装饰装修材料溶剂型木器漆涂料中有害物质限量》、GB 18583—2008《室内装饰装修材料胶粘剂中有害物质限量》和 GB 50325—2010（2013 年版）《民用建筑工程室内环境污染控制规范》。

在色谱分析中，柱温恒定的色谱过程，称作恒温色谱，应用于组分沸程差别不大的样品。对于宽沸程样品，柱温选在平均沸点左右对大部分组分不合适：低沸点组分因柱温太高很快流出，色谱峰尖而重叠，紧挤在一起，测量、定量误差大；高沸程组分则因柱温太低，流出时间长，色谱峰宽且矮，甚至有组分不能在一次分析中流出，而在随后的分析中作为基线噪声出现，或作为无法说明的"鬼峰"出现，增加了测量、鉴定的困难。

对于宽沸程多组分混合物，可采用程序升温色谱法。在色谱进样后，柱温按预定的加热程序，随时间呈线性或非线性增加，混合物中所有组分将在其最佳柱温下流出色谱柱。当采用足够低的初始温度，低沸点组分就能得到更好分离，随着柱温的升高，每一个较高沸点的组分就被升高的柱温"推出"色谱柱，高组分沸点也能加快流出，从而得到良好的尖峰。因此，程序升温色谱法是在一个分析周期内，柱温随时间不断升高，使柱温与组分的沸点相互对应，低沸点组分和高沸点组分在色谱柱中都有适宜的保留、色谱峰分布均匀且峰形对称。

程序升温的方式，分为线性升温和非线性升温两类。

本实验参照 GB 18581—2009 的测定方法，用非线性升温方式，以正庚烷为内标物，测定涂料中苯、甲苯、二甲苯样品。

涂料样品经稀释后，在色谱柱中苯、甲苯、二甲苯及其他组分会分离开来，用氢火焰离子化检测器检测，以内标法定量，可以实现对涂料中的苯、甲苯、二甲苯的测定。

内标法是将一定量的纯物质作为内标物，加入到准确称取的试样中，根据被测物和内标物的质量及其在色谱图上相应的峰面积比，求出某组分的含量。

采用公式：

$$w_i = \frac{f_i m_s A_i}{f_s m A_s} \tag{8-15}$$

或

$$w_i = \frac{f_i m_s h_i}{f_s m h_s} \tag{8-15a}$$

式中，m_s 为内标物的质量；m 为样品的质量；A_i 或 h_i 为被测组分的峰面积或峰高；A_s 或 h_s 为内标物的峰面积或峰高；f_s、f_i 分别为内标物及样品的质量校正因子；$f_{is} = f_i/f_s$，即等于样品相对于内标物的相对质量校正因子。

本实验采用正庚烷作为内标物，通过测量内标物和待测组分的峰面积的相对值来进行计算的，因而由于操作条件的变化而引起的误差都同时反映在内标物及待测组分上而抵消，可得到较准确的结果。

当测定样品中某几个组分，或所有组分不能完全出峰时，可采用内标法进行测定。

【仪器与试剂】

1. 仪器

气相色谱仪（配有程序升温功能和氢火焰离子化检测器）；$1\mu L$ 微量进样器；$50\mu L$ 微量注射器。

2. 试剂

乙酸乙酯；苯；甲苯；二甲苯；正庚烷。以上试剂均为色谱纯。

【实验步骤】

1. 色谱条件

色谱柱：CP-Sil 24 CB（$30m\times 0.32mm\times 0.25\mu m$）（50%苯基/50%二甲基聚硅氧烷，中等极性固定相）；

汽化室温度：200℃；

检测室温度：200℃；

载气（N_2）流速 20~25mL·min^{-1}；

燃烧气（H_2）流速：30~40mL·min^{-1}；

助燃气（空气）流速：500~600mL·min^{-1}；

柱温：80℃，恒温 2min 后以 20℃·min^{-1} 升温至 140℃，保持 3min，再以 40℃·min^{-1} 升温至 180℃，保持 1min。

2. 相对校正因子的测定

（1）标准样品的配制：分别精确量取苯、甲苯、二甲苯 $25\mu L$ 及内标物正庚烷 $50\mu L$，用乙酸乙酯稀释至 4mL，密封并摇匀。

（2）相对校正因子的测定：待仪器稳定后，吸取 $0.6\mu L$ 标准样品注入汽化室，记录色谱图、采集色谱数据。

3. 样品的测定

将样品摇匀后，在 5mL 离心管中加入 1.000g 样品和 $50\mu L$ 正庚烷，用乙酸乙酯稀释至 4mL，密封摇匀。在与测定相对校正因子相同的色谱条件下对样品进行测定，记录各组分在色谱柱上的色谱图和色谱数据。

【数据记录及处理】

1. 记录各组分保留值并计算相对质量校正因子（表8-8）。

表 8-8　各组分保留值并计算相对质量校正因子

组分	苯	甲苯	二甲苯
保留时间 t_R/min			
峰面积 A			
质量 m/g			

2. 按下式分别计算苯、甲苯、二甲苯对正庚烷的相对质量校正因子。

$$f_{is}=\frac{m_i A_s}{m_s A_i} \tag{8-16}$$

式中，f_{is} 为试样对正庚烷的相对质量校正因子；m_i 为试样的质量，g；A_s 为正庚烷的峰面积；m_s 为正庚烷质量，g；A_i 为试样的峰面积。

3. 按下式分别计算苯、甲苯、二甲苯各自的质量分数。

$$w_i = f_{is}\frac{m_s A_i}{m A_s} \tag{8-17}$$

式中，m 为样品质量，g；w_i 为试样的质量分数。

【问题与讨论】
1. 内标法的优点是什么？在什么情况下使用内标法进行定量分析？
2. 在什么情况下考虑使用程序升温？
3. 程序升温操作中柱温如何选择？

实验五 蔬菜中有机磷农药残留量的气相色谱分析
（GB/T 5009.20—2003 食品中有机磷农药残留量的测定）

【实验目的】
1. 学习食品中有机磷农药残留的气相色谱测定方法。
2. 练习火焰光度检测器的使用。
3. 掌握气相色谱仪的工作原理及使用方法。

【实验原理】
蔬菜中农药残留含量是影响蔬菜质量安全的主要因素之一。在中华人民共和国农业行业标准《无公害食品》及《绿色食品》中，规定了无公害食品蔬菜及绿色食品蔬菜中甲胺磷、甲拌磷、乙酰甲胺磷、乐果等多种农药残留不能检出或超标。有机磷农药是一类广谱性高效化学杀虫剂，产品品种繁多、易降解、价格低廉，在农业生产中被广泛应用。因其毒性较强及使用不当，在农产品中的残留对人类健康造成较大危害，食物中毒事件屡有发生。因此对其在农产品中的残留量进行监测具有重要意义。

本实验采用气相色谱法，用二氯甲烷提取蔬菜、水果中的有机磷，用火焰光度检测器进行检测。

火焰光度检测器（FPD）是一种只对含硫和含磷的有机化合物具有响应的高灵敏度专属型检测器，也叫硫磷检测器，常用于分析含硫、磷的农药及环境监测中分析含微量硫、磷的有机污染物。当含硫或含磷的试样被载气带入检测器，并在富氢火焰（$H_2 : O_2 > 3 : 1$）中燃烧时，含硫化合物会发出 394nm 的特征谱线，含磷化合物会发出 526nm 的特征谱线。当测定含硫化合物或含磷化合物时，分别采用不同的滤光片，使发射光通过滤光片照射到光电倍增管上，光电倍增管将光转变成电流，经放大后记录下来。

将蔬菜样品用二氯甲烷超声提取后，注入气相色谱仪，样品汽化后在载气携带下于色谱柱中分离，由火焰光度检测器检测。当含有机磷的试样在检测器中的富氢焰上燃烧时，以 HPO 碎片的形式，发射出波长为 526nm 的特性光，这种光经检测器的单色器（滤光片）将非特征光谱滤除后，由光电倍增管接收，产生电信号而被检出。利用试样的峰面积或峰高进行定量分析。

【仪器与试剂】
1. 仪器
气相色谱仪，附有火焰光度检测器（FPD）；电动振荡器；组织捣碎机；旋转蒸发仪。
2. 试剂
二氯甲烷；丙酮；无水硫酸钠（在 700℃ 灼烧 4h 后备用）；中性氧化铝（在 550℃ 灼烧 4h 后备用）；硫酸钠溶液。

甲胺磷标准储备液（100μg·mL^{-1}）：分别准确称取甲胺磷标准品（含量≥98%），用二氯甲烷溶解、稀释定容，放在冰箱中保存。

【实验步骤】

1. 色谱条件

色谱柱：HP-5（30m×0.32mm×0.25μm）；

柱温：柱初始温度70℃，保持1min，以15℃·min^{-1}速率升温至235℃，保持2min；

汽化室温度：230℃；

检测器温度：250℃；

载气：高纯氮气；

载气流速：1.6mL·min^{-1}；氢气流速：75mL·min^{-1}；空气流速：100mL·min^{-1}；

进样方式：不分流进样1μL

2. 标准溶液配制

用二氯甲烷将甲胺磷标准储备液（100μg·mL^{-1}）逐级稀释成浓度为0.20μg·mL^{-1}、0.50μg·mL^{-1}、1.00μg·mL^{-1}、2.00μg·mL^{-1}、5.00μg·mL^{-1}的标准系列溶液，同时用二氯甲烷作为空白对照。

3. 样品处理

取适量蔬菜擦净，去掉不可食部分后称取蔬菜试样，将蔬菜切碎混匀。称取10.0g混匀的试样，置于250mL具塞锥形瓶中，加30～100g无水硫酸钠脱水，剧烈振摇后如有固体硫酸钠存在，说明所加无水硫酸钠已够。加0.2～0.8g活性炭脱色。加50mL二氯甲烷，在超声振荡器上振摇30min，经滤纸过滤。溶液过滤到烧杯中，用氮气吹至近干，转移至10mL容量瓶中，用少量二氯甲烷分多次洗涤烧杯，并移至10mL容量瓶中，并定容至10mL，吸取2μL溶液进行分析。

4. 标准曲线绘制

在规定的气相色谱条件下，测量甲胺磷系列标准溶液的色谱峰峰面积，平行测定3次，绘制标准曲线。

5. 样品测定

在相同的气相色谱条件下，测量蔬菜样品提取液的色谱峰峰面积，平行测定3次，记录测定数据，从标准曲线中查出相应的含量，计算样品中有机磷农药的含量。

【数据记录及处理】

1. 记录标准溶液及未知试样各组分色谱峰面积（表8-9）。

表8-9 测试数据记录

编号	$c/\mu g \cdot mL^{-1}$	$A_{甲胺磷}/mV \cdot s$
1		(1)
		(2)
2		(1)
		(2)
3		(1)
		(2)
4		(1)
		(2)

续表

编号	$c/\mu g \cdot mL^{-1}$	$A_{甲胺磷}/mV \cdot s$
5		(1)
		(2)
未知样		(1)
		(2)

2. 结果计算

按下式计算：
$$X = \frac{A}{m \times 1000} \ (mg \cdot kg^{-1})$$

式中，X 为试样中有机磷农药的含量，$mg \cdot kg^{-1}$；A 为进样体积中有机磷农药的质量，由标准曲线查得，ng；m 为与进样体积（μL）相当的试样质量，g。计算结果保留两位有效数字。

【注意事项】

1. 本法采用毒性较小且价格较为便宜的二氯甲烷作为提取试剂，国标上多用乙腈作为有机磷农药的提取试剂及分配净化试剂，但其毒性较大。

2. 使用 FPD 最好用氢气作为载气，其次是氦气，最好不用氮气。这是因为用氮气作为载气时，FPD 对硫的响应值随氮气流速的增加而减小。氢气作为载气时，在相当大的范围内，响应值随氢气流速增加而增加。因此，最佳载气流速应通过实验来确定。

3. 氧气与氢气的比决定了火焰的性质和温度，从而影响 FPD 的灵敏度，是最关键的影响因素。实际工作中应根据被测组分性质，通过实验确定最佳氧气与氢气比。

【问题与讨论】

1. 本实验的气路系统包括哪些，各有何作用？
2. 电子捕获检测器及火焰光度检测器的原理及适用范围各是什么？
3. 如何检验该实验方法的准确度？如何提高检测结果的准确度？

四、知识扩展

1. 气相色谱中钢瓶的使用

在实验室中，气相色谱仪需要使用氮气、氦气、氩气、氢气和空气等作为气源。钢瓶气由于质量稳定性可控，更换简单，操作方便，提供气体稳定等原因，在实验室中大量存在。

在规范的操作中，由于气体钢瓶建有专门的存储空间，通过气路管线连接到实验室，使用时只需要在实验室扳动一下开关阀（图 8-2）即可供气。

在部分没有气路管线的实验室中，使用钢瓶气源，就要开启钢瓶上部的钢瓶开关(图 8-3)。

图 8-2 气路管线开关阀

 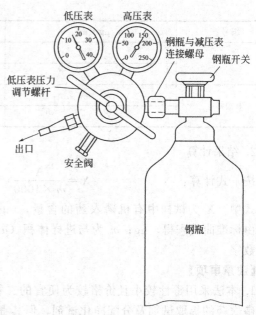

图 8-3 气体钢瓶的开关

在实际工作中，会经常遇到更换钢瓶和安全检查，下面简单介绍如何正确使用钢瓶，以及在使用过程中的注意事项。

(1) 钢瓶如何存放？

钢瓶应储存在阴凉通风，远离火种、热源的库房内。防止日光直晒及雨淋水湿。与其他类化学危险品隔离贮存，库温不超过 30℃；压缩气体和液化气体必须与爆炸物品、氧化剂、易燃物品、自燃物品、腐蚀性物品隔离储存。易燃气体不得与助燃气体、剧毒气体同贮。氧气不得与油脂混合贮存。(GB 15603—1995 常用危险化学品贮存通则)

《气瓶安全技术监察规程》TSG R0006—2014 要求：储存瓶装气体实瓶时，存放空间温度不得超过 40℃，否则应当采用喷淋等冷却措施；空瓶与实瓶应当分开放置，并有明显标志；毒性气体实瓶和瓶内气体相互接触能引起燃烧、爆炸、产生毒物的实瓶，应当分室存放，并在附近配备防毒用具和消防器材；存储易起聚合反应或分解反应的瓶装气体时，应当根据气体的性质控制存放空间的最高温度和规定储存期限。

对于实验常用的氮气、氢气和空气而言，请把各自的空瓶和实瓶分开存放，氢气钢瓶和空气钢瓶分开存放。

有些仪器需要使用易燃气体，如甲烷、乙炔、氢气，作为易燃气体时，应注意管路尽量短，减少中间接头的连接，同时气瓶一定装入防爆气瓶柜内，气瓶输出端接回火器，可阻止火焰回流气瓶引起爆炸，防爆气瓶柜顶端应连接到室外通风排气口，且有泄漏报警装置，一旦泄漏能及时报警并将气体排到室外。

(2) 供应商送来钢瓶，应该做哪些检查？

① 接收气瓶时，应该检查气瓶是否有清晰可见的外表涂色和警示标签。气瓶颜色标志应符合 GB/T 7144—2016 气瓶颜色标志的要求（表 8-10）。

气瓶的警示标签应符合 GB 16804—2011 气瓶警示标签的要求，如图 8-4 所示。

检查气瓶的外表（瓶身、气嘴）是否存在腐蚀、变形、磨损、裂纹等严重缺陷。

检查气瓶的附件（减震圈，瓶帽、瓶阀）是否齐全、完好，如图 8-5 所示。

表 8-10 气瓶颜色标志

充装气体	化学式（或符号）	体色	字样	字色	色环
空气	Air	黑	空气	白	$p=20$，白色单环
氩气	Ar	银灰	氩	深绿	$p \geqslant 30$，白色双环
氦气	He	银灰	氦	深绿	
氮气	N_2	黑	氮	白	$p=20$，白色单环
氧气	O_2	淡（酞）蓝	氧	黑	$p \geqslant 30$，白色双环
氢气	H_2	淡绿	氢	大红	$p=20$，大红单环 $p \geqslant 30$，大红双环

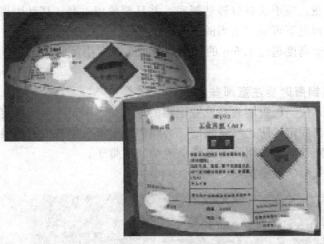

图 8-4 气瓶的警示标签

图 8-5 检查气瓶的附件

第八章 气相色谱分析

② 检查气瓶是否超过定期检验周期。
③ 其他规定需要检查的项目。

(3) 钢瓶如何从库房运输到使用位置？

运输气瓶时应当整齐放置，横放时，瓶端朝向一致；立放时，要妥善固定，防止气瓶倾倒；佩戴好瓶帽（有防护罩的气瓶除外），轻装轻卸，严禁抛、滑、滚、碰、撞、敲击气瓶；吊装时，严禁使用电磁起重机和金属链绳。（TSG R0006—2014 气瓶安全技术监察规程）

氢气瓶的搬运中应当轻拿轻放，不得摔滚，严禁撞击和强烈震动。不得从车上往下滚卸。（GB 4962—2008 氢气使用安全技术规程）

搬运气瓶时，要旋紧瓶帽，以直立向上的位置来移动，注意轻装轻卸，禁止从瓶帽处提升气瓶。

近距离移动气瓶，应手扶瓶肩转动瓶底，并且要使用手套。移动距离较远时，应使用专用小车搬运，特殊情况下可采用适当的安全方式搬运。

禁止用身体搬运高度超过 1.5m 的气瓶到手推车或专用吊篮等里面，可采用手扶瓶肩转动瓶底的滚动方式。

(4) 开始使用钢瓶时要注意那些方面？

使用钢瓶之前，应当检查实验室放置钢瓶的地方是否满足存放的规定。

立放时，要妥善固定，防止气瓶倾倒：必须固定上部、单独固定到墙上、放置在框内或防倾倒装置上，固定气瓶经常用到的是铁链或结实的带子。

在气瓶室中，气瓶的固定如图 8-6 所示。

图 8-6　气瓶室中气瓶的固定

区分钢瓶使用状态是在用还是备用，见图 8-7。

氢气的使用区域应当通风良好；氢气有可能积聚处或者氢气浓度可能增加处可设置固定式可燃气体报警仪。

使用氢气的管路上应当安装阻火器，如图 8-8 所示。

高压钢瓶必须要安装好减压阀后方可使用。一般，可燃性气体钢瓶上阀门的螺纹为反扣的（如氢、乙炔），不燃性或助燃性气瓶（如 N_2、O_2）为正扣。各种减压阀绝不能混用，以防爆炸。

图 8-7 钢瓶的使用状态标签

图 8-8 氢气管路的阻火器

瓶内气体不得用尽,压缩气体瓶内的剩余压力不得小于 0.05MPa;实际的使用中,应当建立良好的气瓶使用台账,记录每日用量;对于实验室气相色谱使用而言,瓶内气体压力过低时,会对基线造成影响,因此建议在低于 1MPa 时更换钢瓶。

钢瓶使用前应当对接口和管线进行检漏,避免泄露。

使用完毕按规定关闭阀门,主阀应拧紧不得泄露。养成离开实验室时检查气瓶的习惯。

2. 气相色谱分析方法的建立步骤

在实际工作中,当我们拿到一个未知样品,进行定性和定量分析,一般常规的步骤如下所述。

(1) 样品的来源和预处理方法

GC 能直接分析的样品通常是气体或液体,固体样品在分析前应当溶解在适当的溶剂中,而且还要保证样品中不含 GC 不能分析的组分(如无机盐),防止损坏色谱柱。这样,我们在接到一个未知样品时,就必须了解其来源,从而估计样品可能含有的组分,以及样品的沸点范围。如果样品体系简单,试样组分可汽化则可直接分析。如果样品中有不能用 GC 直接分析的组分,或样品浓度太低,就必须进行预处理,如采用吸附、解析、萃取、浓缩、稀释、提纯、衍生化等方法处理样品。

(2) 确定仪器配置

仪器配置包括分析样品需采用的进样装置、载气、色谱柱以及检测器。

一般应首先确定检测器类型。碳氢化合物常选择 FID 检测器,含电负性基团(F、Cl 等)较多且碳氢含量较少的物质易选择 ECD 检测器;对检测灵敏度要求不高,或含有非碳氢化合物组分时,可选择 TCD 检测器;对于含硫、磷的样品可选择 FPD 检测器。

对于液体样品可选择隔膜垫进样方式,气体样品可采用六通阀或吸附热解析进样方法,当色谱仪仅配置隔膜垫进样方式时,气体样品可采用吸附-溶剂解析-隔膜垫进样的方式进行分析。

根据待测组分性质选择适合的色谱柱，一般遵循相似相溶规律。分离非极性物质时选择非极性色谱柱，分离极性物质时选择极性色谱柱。色谱柱确定后，根据样本中待测组分的分配系数的差值情况，确定色谱柱工作温度，简单体系采用等温方式，分配系数相差较大的复杂体系采用程序升温方式进行分析。

常用的载气有氢气、氮气、氦气等。氢气、氦气的分子量较小常作为填充柱色谱的载气；氮气的分子量较大，常作为毛细管气相色谱的载气；气相色谱质谱联用仪用氦气作为载气。

(3) 确定初始操作条件

当样品准备好，且仪器配置确定之后，就可开始进行尝试性分离。这时要确定初始分离条件，主要包括进样量、进样口温度、检测器温度、色谱柱温度和载气流速。进样量要根据样品浓度、色谱柱容量和检测器灵敏度来确定。样品浓度不超过 $10\text{mg} \cdot \text{mL}^{-1}$ 时，填充柱的进样量通常为 $1\sim5\mu L$，而对于毛细管柱，若分流比为 50:1 时，进样量一般不超过 $2\mu L$。进样口温度主要由样品的沸点范围决定，还要考虑色谱柱的使用温度。原则上讲，进样口温度高一些有利，一般要接近样品中沸点最高的组分的沸点，但要低于样品的分解温度。

(4) 分离条件优化

分离条件优化的目的是要在最短的分析时间内达到符合要求的分离结果。在改变柱温和载气流速也不能够使样品各组分分离时，就应更换更长的色谱柱，甚至更换不同固定相的色谱柱，因为在 GC 中，色谱柱是分离成败的关键。

(5) 定性鉴定

所谓定性鉴定就是确定色谱峰的归属。对于简单的样品，可通过标准物质对照来定性。即在相同的色谱条件下，分别注射标准样品和实际样品，根据保留值即可确定色谱图上哪个峰是要分析的组分。定性时必须注意，在同一色谱柱上，不同化合物可能有相同的保留值，所以，对未知样品的定性仅仅用一个保留数据是不够的，采用双柱或多柱保留指数定性是 GC 中较为可靠的方法，因为不同的化合物在不同的色谱柱上具有相同保留值的概率要小得多。条件允许时可采用气-质色谱进行定性。

(6) 定量分析

常用的色谱定量方法有峰面积（峰高）百分比法、归一化法、内标法、外标法和标准加入法（又叫叠加法）。峰面积（峰高）百分比法最简单，但最不准确，只有样品由同系物组成，或者只是为了粗略地定量时才选择该法。相比而言，内标法的定量精度最高，因为它是用相对于内标物的响应值来定量的，而内标物要分别加到标准样品和未知样品中，这样就可抵消由于操作条件（包括进样量）的波动带来的误差。标准加入法，是在未知样品中定量加入待测物的标准品，然后根据峰面积（或峰高）的增加量来进行定量计算。其样品制备过程与内标法类似但计算原理则完全来自外标法。标准加入法定量精度应该介于内标法和外标法之间。

(7) 方法验证

方法验证就是要证明所开发方法的实用性和可靠性。实用性一般指所用仪器配置是否全部可作为商品购得，样品处理方法是否简单易操作，分析时间是否合理，分析成本是否可被同行接受等。可靠性则包括定量的线性范围、检测限、方法回收率、重复性、重现性和准确度等。

3. 气相色谱柱的选择

气相色谱柱的选择要注意固定相的极性及最高使用温度，柱温不能超过固定相的最高使用温度。色谱柱的固定相按极性相似的原则进行选择。根据相似相溶原理，固定相与被测组分性质越相近，固定相对其流动阻力越大，其保留时间越长。色谱柱就是通过这个原理将不同性质的混合物相互分开的。

(1) 常用的固定液种类

常用的固定液种类有两种：聚硅氧烷，聚乙二醇，见表 8-11。

表 8-11 常见不同厂家固定液性质

固定相	菲罗门	J&W	Agilent	Restek	极性
100%二甲基聚硅氧烷	ZB-1	DB-1	HP-1	Rtx-1	非极性
5%苯基+95%二甲基聚硅氧烷	ZB-5	DB-5	HP-5	Rtx-5	非极性
6%氰丙基苯基+94%二甲基聚硅氧烷	ZB-624	DB-624 DB-1301	HP-5	Rtx-624	中等极性
三氟丙基甲基聚硅氧烷		DB-200		Rtx-200	中等极性
聚乙二醇（PEG）	ZB-WAX ZB-WAXplus	DB-WAX	HP-INNOWax	Rtx-Wax	强极性
硝基对苯二酸改性的聚乙二醇	ZB-FFAP	DB-FFAP	HP-FFAP		强极性

(2) 色谱柱的规格

色谱柱的规格，有柱长、内径及固定液膜厚三个参数，决定了这根色谱柱的分析性能。气相色谱毛细管柱的参数及规格见表 8-12。

表 8-12 实验室常用色谱柱规格

参数	实验室使用规格	
内径	0.25mm, 0.32mm, 0.53mm	柱内径越小，理论塔板数就越高，柱效就越高，但色谱柱的容量随内径增大而增大。
柱长	30m, 60m, 105m	柱长增加可以增加分离度，60m 长色谱柱适用于分析多组分的复杂样品。
膜厚	0.25μm, 1.0μm, 1.80μm, 3.0μm	厚液膜的柱容量大，薄液膜可以使保留强的物质加快流出。

参考文献

[1] 刘虎威. 气相色谱方法及应用. 北京：化工出版社，2007.
[2] 北京大学化学与分子工程学院. 基础分析化学实验. 第 3 版，北京：北京大学出版社，2009.
[3] Skoog D A, West D M, Holler F J, Crouch S R. Fundamentals of Analytical Chemistry, Belmont：Brooks /Cole，2004.
[4] 朱明华. 仪器分析. 北京：高等教育出版社，2000.
[5] 中华人民共和国国家标准. 食品添加剂使用标准 [S]. GB 2760—2011.
[6] 中华人民共和国国家标准. 食品添加剂乙酸丁酯 [S]. GB 28325—2012.

[7] GB 18581—2009 中华人民共和国国家标准. 室内装饰装修材料溶剂型木器漆涂料中有害物质限量 [S].
[8] 中华人民共和国国家标准. 室内装饰装修材料胶粘剂中有害物质限量 [S]. GB 18583—2008.
[9] 中华人民共和国国家标准. 民用建筑工程室内环境污染控制规范 [S]. GB 50325—2010.
[10] 中华人民共和国国家标准. 食品中有机磷农药残留量的测定 [S]. GB/T 5009.20—2003.
[11] 中华人民共和国国家标准. 常用危险化学品贮存通则 [S]. GB 15603—1995.
[12] 特种设备安全技术规范. 气瓶安全技术监察规程 [S]. TSG R0006—2014.
[13] 中华人民共和国国家标准. 气瓶颜色标志 [S]. GB/T 7144—2016.
[14] 中华人民共和国国家标准. 气瓶警示标签 [S]. GB 16804—2011.
[15] 中华人民共和国国家标准. 氢气使用安全技术规程 [S]. GB 4962—2008.

第九章 高效液相色谱分析

一、基本原理

高效液相色谱是在气相色谱和经典色谱的基础上发展起来的,它与经典液相色谱没有本质的区别,不同点是高效液相色谱比经典液相色谱有较高的效率并实现了自动化操作。经典的液相色谱法,流动相在常压下输送,所用的固定相柱效低、分析周期长。而高效液相色谱法引用了气相色谱的理论,流动相改为高压输送;色谱柱是以特殊的方法用小粒径的填料填充而成,从而使柱效大大高于经典液相色谱(每米塔板数可达几万或几十万);同时柱后连有高灵敏度的检测器,可对流出物进行连续检测。因此,高效液相色谱具有分析速度快、分离效能高、自动化等特点。所以人们称它为高压、高速、高效或现代液相色谱法。

高效液相色谱法按分离机制的不同分为液固吸附色谱法、液液色谱法、离子交换色谱法、离子对色谱法及分子排阻色谱法。

液液色谱法按固定相和流动相的极性不同可分为正相色谱法(NPC)和反相色谱法(RPC)。

正相色谱法采用极性固定相(如聚乙二醇、氨基与腈基键合相),流动相为相对非极性的疏水性溶剂(烷烃类如正己烷、环己烷),常加入乙醇、异丙醇、四氢呋喃、三氯甲烷等以调节组分的保留时间,常用于分离中等极性和极性较强的化合物(如酚类、胺类、羰基类及氨基酸类等)。

反相色谱法一般用非极性固定相(如 C18、C8),流动相为水或缓冲液,常加入甲醇、乙腈、异丙醇、丙酮、四氢呋喃等与水互溶的有机溶剂以调节保留时间。适用于分离非极性和极性较弱的化合物。随着柱填料的快速发展,反相色谱在高效液相色谱中应用广泛,现已应用于某些无机样品或易解离样品的分析。为控制样品在分析过程的解离,常用缓冲液控制流动相的 pH 值。但需要注意的是,C18 和 C8 使用的 pH 值通常为 2.5~7.5(2~8),太高的 pH 值会使硅胶溶解,太低的 pH 值会使键合的烷基脱落。据统计,反相色谱法占整个 HPLC 应用的 80% 左右。

从表 9-1 可看出,当极性为中等时正相色谱法与反相色谱法没有明显的界线(如氨基键合固定相)。

高效液相色谱法与气相色谱法的主要差别在于流动相和操作条件。在气相色谱中,流动相是惰性气体,分离主要取决于组分分子与固定相之间的作用力。而在高效液相色谱中,流

表 9-1　正相色谱法与反相色谱法比较表

	正相色谱法	反相色谱法
固定相极性	高～中	中～低
流动相极性	低～中	中～高
组分洗脱次序	极性小先洗出	极性大先洗出

动相与组分之间有一定的亲和力，分离过程是组分、流动相和固定相三者间相互作用的结果，分离不但取决于组分和固定相的性质，还与流动相的性质密切相关。高效液相色谱一般可在室温下进行，采用颗粒极细的固定相，柱内压降很大，加上流动相黏度高，必须采用高压输送，以维持一定的流动相线速度。

虽然气相色谱法虽具有分离能力强、灵敏度高、分析速度快、操作方便等优点，但是受技术条件的限制，沸点太高的物质或热稳定性差的物质都难于应用气相色谱法进行分析。而高效液相色谱法只要求试样能制成溶液，而不需要汽化，因此不受试样挥发性的限制，对于高沸点、热稳定性差、相对分子质量大（大于 400 以上）的有机物（这些物质几乎占有机物总数 75%～80%）原则上都可以用高效液相色谱法进行分离、分析。

二、仪器组成与结构

高效液相色谱仪通常做成独立的单元组件，然后根据分析要求将需要的单元组件组合起来，通常包括：高压输液系统、进样器、色谱柱、检测器及工作站（数据处理系统）等几部分，如图 9-1 所示。

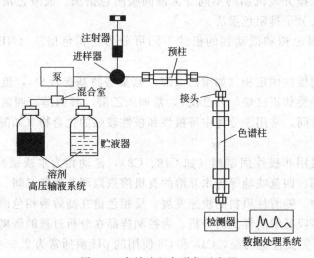

图 9-1　高效液相色谱仪示意图

其工作流程为：高压输液系统将贮液器中的流动相以稳定的流速（或压力）输送至分析体系，在色谱柱之前通过进样器将样品导入，流动相将样品依次带入预柱、色谱柱，在色谱柱中各组分被分离，并依次随流动相流至检测器，检测到的信号送至数据处理系统记录、处理和保存。

1. 高压输液系统

高压输液系统一般包括贮液器、高压输液泵、梯度洗脱装置等。

贮液器一般由玻璃、不锈钢或特种塑料制成，容量为 1~2L，用来贮存流动相。

高压输液泵是高效液相色谱仪的关键部件，其作用是将流动相以稳定的流速或压力送到色谱分离系统。它的稳定性直接关系到分析结果的重现性、精度和准确性，要求压力平稳无脉动，流速稳定，流量可调节，泵体材料耐化学腐蚀，死体积小，一般要求能耐 40~60MPa 的高压。

梯度洗脱装置是指分离过程中改变流动相的组成（溶剂极性、离子强度、pH 值等）或改变流动相的浓度。依据梯度装置所能提供的流路个数可分为：二元梯度、三元梯度等。

梯度洗脱技术可改进复杂样品的分离，改善峰形，减少拖尾并缩短分析时间。提高分离精度，降低最小检测限。特别对于保留值相差较大的混合物分离是极为重要的手段。

2. 进样系统

现在大都使用六通进样阀或自动进样器。

（1）六通阀进样器

六通阀进样器的工作原理与气相色谱中的六通阀进样相似，进样体积由定量管确定，规格为 10μL 和 20μL，结构如图 9-2 所示。

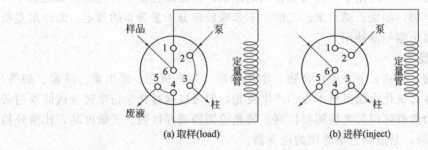

图 9-2　高效液相色谱仪六通阀进样器

（2）自动进样器

自动进样器是由计算机自动控制定量阀，按预先编制的注射样品操作程序进行工作。取样、进样、复位、样品管路清洗和样品盘的转动，全部按预定程序自动进行，一次可进行几十个或上百个样品的分析。

3. 色谱柱

液相色谱仪常用的色谱柱一般采用内壁抛光的不锈钢或塑料柱管。标准的填充柱内径多为 4.6mm，柱子的长度一般为 10~50cm，柱子的形状一般采用直形柱，具有较高的柱效，易于在填充时保证填充均匀，装柱与换柱都比较方便。

色谱柱在装填料之前是没有方向性的，但填充完毕的色谱柱是有方向的，即流动的方向应与柱的填充方向（装柱时填充液的流向）一致。色谱柱的管外都以箭头显著地标明该柱的使用方向（而不像气相色谱那样，色谱柱两头标明接检测器或进样器），安装和换色谱柱时一定要使流动相能按箭头所指方向流动。

预柱（保护柱）的作用是保护延长分析柱的寿命，可以挡住流动相中的细小颗粒，阻止其堵塞色谱柱。预柱可更换。

4. 检测器

检测器是用来连续检测被色谱分离后的流出物组成和含量的装置。它利用被检测物的某一物理或化学性质与流动相有差异的原理，当被测物从色谱柱流出时，会导致流动相背景值发生变化，从而在色谱图上以色谱峰的形式表现出来。

常用的检测器有紫外-可见光检测器、示差折光检测器及荧光检测器等。

(1) 紫外-可见光检测器（UV-Vis）

紫外-可见光检测器（UV-Vis）是目前液相色谱中应用最广泛的检测器。可检测紫外光区（190~350nm）范围和可见光（350~850nm）范围有光吸收的样品组分。

在用紫外-可见光检测器检测时，为了得到较高的灵敏度，常选择被测物质能产生最大吸收的波长作为检测波长，但为了选择性或其他目的也可适当牺牲灵敏度而选择吸收稍弱的波长。另外，应尽可能选择在检测波长下没有背景吸收的流动相。

(2) 示差折光检测器（RID）

示差折光检测器（RID），又称折光检测器，是一种通用型检测器。它是通过连续检测参比池和测量池中溶液的折射率之差来测定试样的浓度。

示差折光检测器的普及程度仅次于紫外检测器，属于总体性能检测器，它对没有紫外吸收的物质，如高分子化合物、糖类、脂肪烷烃等都能够检测。示差折光检测器还适用于由于流动相紫外吸收本底大，不适用于紫外吸收检测的体系。在凝胶色谱中折光检测器是必不可少的，尤其是对聚合物，如聚乙烯、聚乙二醇、丁苯橡胶等分子量分布的测定。此外示差折光检测器在制备色谱中也经常使用。

(3) 荧光检测器

许多有机化合物，特别是芳香族化合物、生化物质（如有机胺、维生素、激素、酶等）能发射出荧光，或者有机化合物虽然本身不产生荧光，但可以通过化学衍生转变成能发射荧光的物质，这两类物质都可用荧光检测器检测。荧光检测器选择性强、灵敏度高，比紫外检测器高 2~3 个数量级，是液相色谱常用的检测器。

5. 数据处理系统

数据处理系统包括：记录仪、色谱数据处理机和色谱工作站，其作用是记录和处理色谱分析的数据。

高效液相色谱仪现已广泛使用色谱工作站来记录和处理色谱分析数据并进行仪器的操作与控制，在使用时可根据具体软件的有关说明或指导书进行操作。

三、实验部分

实验一　高效液相色谱柱效能的测定

【实验目的】

1. 学习高效液相色谱柱效能的测定方法。
2. 熟悉液相色谱柱的性能评价指标。

3. 了解高效液相色谱仪基本结构和工作原理，初步学习操作方法。

【实验原理】

柱效是色谱柱分离能力的度量，主要由操作参数和动力学因素决定。一般可通过测定色谱柱的定性重现性、定量重现性、理论塔板数、拖尾因子、分离度等加以评价。柱效越高，其分离能力越强。

本实验主要通过测定色谱柱的理论塔板数、拖尾因子和分离度来评价柱效能。

1. 理论塔板数的测定

在色谱柱效能测试中，理论塔板数是最重要的指标，理论塔板数越大，柱效越高。同一色谱柱，不同测试物质，得到的理论塔板数也不同。根据国家计量检定规程（JJG 705—2014）的规定，反相色谱柱的理论塔板数一般要在 $3\times10^4 \sim 4\times10^4 \mathrm{m}^{-1}$ 范围内，正相色谱柱的理论塔板数一般要在 $4\times10^4 \sim 5\times10^4 \cdot \mathrm{m}^{-1}$ 范围内。

色谱柱的理论塔板数 N 按式（9-1）计算：

$$N = 5.54\left(\frac{t_R}{W_{1/2}}\right)^2 = 16\left(\frac{t_R}{W}\right)^2 \tag{9-1}$$

式中，t_R 为色谱峰的保留时间；$W_{1/2}$ 为半峰宽；W 为峰宽。

2. 拖尾因子的测定

拖尾因子 T（tailing factor），也称为对称因子或不对称因子（symmetry factor），用以衡量色谱峰的对称性，如图 9-3 所示。《中华人民共和国药典》规定对称因子 T 应为 0.95～1.05。T 在 0.95～1.05 之间的色谱峰为对称峰，小于 0.95 者为前延峰，大于 1.05 者为拖尾峰。拖尾因子 T 按式（9-2）计算。

$$T = \frac{W_{0.05h}}{2A} = \frac{A+B}{2A} \tag{9-2}$$

式中，$W_{0.05h}$ 为 0.05 倍色谱峰高处的色谱峰宽；A、B 分别为在该处的色谱峰前沿与后沿和色谱峰顶点至基线的垂线之间的距离；h 为色谱峰高。

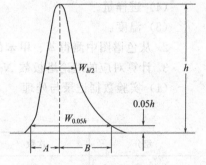

图 9-3 对称因子计算示意图

3. 分离度 R 的测定

分离度 R 是判断相邻两组分在色谱柱中总分离效能的指标。相邻两组分分离度大于 1.5，才能达到完全分离。分离度 R 按式（9-3）计算：

$$R = \frac{2[t_{R(2)} - t_{R(1)}]}{W_1 + W_2} \tag{9-3}$$

式中，$t_{R(1)}$、$t_{R(2)}$ 分别两相邻色谱峰的保留时间；W_1、W_2 两相邻色谱峰的峰底宽度，与保留值的单位相同。

【仪器与试剂】

1. 仪器

高效液相色谱仪，配紫外检测器；紫外分光光度计；微量注射器；超声振荡器；0.45μm 微孔滤膜；分析天平；50mL 容量瓶。

2. 试剂

苯（分析纯）；甲苯（分析纯）；甲醇（色谱纯）；二次蒸馏水。

【实验步骤】

1. 色谱条件

固定相：硅胶-C18（250mm×3.9mm×5μm）；

流动相：甲醇：水（80：20）；

流速：1.0mL·min^{-1}；

紫外检测波长：254nm；

进样量：20μL；

温度：室温。

2. 标准溶液配制 配制含苯、甲苯各1μg·mL^{-1}的甲醇溶液，混匀，用有机相滤膜（孔径：0.45μm）过滤，作为样品溶液备用。

3. 依次打开仪器和电脑，打开色谱工作站，编辑方法。

4. 待基线平衡后，取苯、甲苯混合的标准溶液进样20μL，记录色谱图，重复2次，记录下色谱图数据。

5. 实验完毕冲洗柱子1h后，按操作流程关闭仪器，整理打扫实验台。

【数据记录及处理】

1. 记录实验条件。

(1) 色谱柱与固定相。

(2) 流动相及其流量、柱前压。

(3) 检测器及检测波长。

(4) 进样量。

(5) 温度。

2. 从色谱图中测得苯、甲苯的保留时间 t_R 半峰宽 $W_{1/2}$ 和峰宽 W（表9-1）。

3. 计算对应的理论塔板数 N 和分离度 R，并选择一个色谱峰计算拖尾因子 T。

(1) 实验数据记录与处理

表9-2 色谱柱柱效测定

组分	次数	t_R/min	$W_{1/2}$/min	N/块·m^{-1}
苯	1			
	2			
	平均			
甲苯	1			
	2			
	平均			

(2) 理论塔板数计算

$$N = 5.54\left(\frac{t_R}{W_{1/2}}\right)^2 = 16\left(\frac{t_R}{W}\right)^2$$

(3) 分离度计算

$$R = \frac{2[t_{R(2)} - t_{R(1)}]}{W_1 + W_2}$$

(4) 拖尾因子计算

$$T = \frac{W_{0.05h}}{2A} = \frac{(A+B)}{2A}$$

【注意事项】

1. 取样要准确，进样前必须用进样溶液润洗进样器 3 次以上，并排出针筒中的气泡。

2. 用微量进样器进样时，必须注意排出气泡。抽取溶液应缓慢上提针芯，若有气泡，可将注射器针尖向上，使气泡上浮后推出。

3. 实验结束，必须冲洗柱子：对于反相色谱柱，如果流动相是甲醇、乙腈和水，则可直接以甲醇或乙腈清洗 60min。如果流动相里有酸、碱、盐等，以 10% 甲醇水冲洗液，1.0 流速冲洗 60min，再以纯甲醇清洗 30~45min。一般以 10~20 倍柱体积的清洗液可完全置换色谱柱中原来的流动相。

【问题与讨论】

1. 如何用实验方法判别色谱图上苯、甲苯的色谱峰归属？
2. 什么是分离度？如何提高分离度？
3. 若实验中的色谱峰无法完全分离，应如何改变条件以获得改善？
4. 用苯和甲苯表示的同一色谱柱的柱效是否一样？

实验二 高效液相色谱法定量测定萘和硝基苯

【实验目的】

1. 了解反相色谱的应用和优点。
2. 熟悉高效液相色谱仪的基本结构及作用。
3. 掌握高效液相色谱法分离原理及定性定量方法。

【实验原理】

在高效液相色谱中，根据固定相和流动相的相对极性不同分为正相色谱和反相色谱。反相色谱采用非极性固定相（ODS），极性流动相，适用于分离非极性和极性较弱的化合物，样品流出色谱柱的顺序是极性较强的组分最先流出，而极性弱的组分会在色谱柱上后流出。在流动相的选择上，反相色谱的优势更大，因此在高效液相色谱中应用最为广泛，反相色谱占整个 HPLC 应用的 80% 左右。萘和硝基苯属于芳香烃或取代芳香烃，都是平面共轭分子，均有紫外吸收。由于萘和硝基苯分子结构和分子极性的差异，在 ODS 柱上的作用力大小不等，它们的分配比 k' 值不同，在柱内的移动速率不同，极性较强的组分先流出，而极性较弱的组分后流出。

本实验利用已知物的保留时间和未知物的保留时间对照进行定性分析，利用外标法（标准曲线法）对萘和硝基苯进行定量分析。

【仪器与试剂】

1. 仪器

高效液相色谱仪，配紫外检测器；紫外分光光度计；微量注射器；超声振荡器；0.45μm 微孔滤膜；分析天平；50mL 容量瓶。

2. 试剂

甲醇（色谱纯）；二次蒸馏水；萘（分析纯）；硝基苯（分析纯）；

【实验步骤】
1. 色谱条件
固定相：C_{18}色谱柱；
流动相：甲醇：水（80：20、85：15、90：10）；
流速：$1.0mL \cdot min^{-1}$；
紫外检测波长：254nm；
温度：室温。
2. 标准溶液配制
准确称取萘、硝基苯，用甲醇（色谱纯）溶解并定容，配成浓度为$1mg \cdot mL^{-1}$的储备液。分别取一定量的萘、硝基苯储备液用甲醇稀释成$10.00\mu g \cdot mL^{-1}$、$20.00\mu g \cdot mL^{-1}$、$30.00\mu g \cdot mL^{-1}$、$40.00\mu g \cdot mL^{-1}$标准溶液。用有机相滤膜（孔径：$0.45\mu m$）过滤，备用。
3. 样品溶液的配制
准确量取含萘、硝基苯的样品溶液，用甲醇（色谱纯）溶解定容，使样品含量为$10.00 \sim 40.00\mu g \cdot mL^{-1}$，摇匀，用有机相滤膜（孔径：$0.45\mu m$）过滤，备用。
4. 标准溶液的测定
选择甲醇：水＝85：15的流动相，待仪器基线稳定后，分别取萘和硝基苯系列标准溶液、样品滤液$20\mu L$进样。记录色谱图，重复2次，记录萘、硝基苯保留时间及峰面积。求取峰面积平均值，绘制标准曲线。
5. 不同流动相组成对色谱峰的影响
改变流动相的甲醇：水比例（80：20、90：10），其他条件不变，观察流动相组成不同（80：20、85：15、90：10）对色谱峰的保留时间和峰面积的影响。
6. 样品溶液的测定
进样品溶液$20\mu L$，记录色谱图，重复2次。根据样品中萘及硝基苯峰面积计算样品中含量。
7. 实验完毕冲洗柱子1h后，按操作流程关闭仪器，整理打扫试验台。

【数据记录及处理】
1. 记录实验条件
(1) 色谱柱与固定相。
(2) 流动相及其流量、柱前压。
(3) 检测器及检测波长。
(4) 进样量。
(5) 温度
2. 结果处理
(1) 确定未知样中各组分的出峰顺序。
(2) 记录萘、硝基苯的保留时间及峰面积，做出标准曲线，计算未知样浓度。
(3) 考察不同流动相比例（80：20、85：15、90：10）对色谱峰的影响。
不同浓度萘标准溶液及未知样的保留值记于表9-3，不同浓度硝基苯标准溶液及未知样的保留值记于表9-4。

表 9-3 不同浓度萘标准溶液及未知样的保留值

污染物	浓度/$\mu g \cdot mL^{-1}$	保留时间 t_R/min	峰面积 A/mV·S
萘	10.00		
	20.00		
	30.00		
	40.00		
	萘样品		

表 9-4 不同浓度硝基苯标准溶液及未知样的保留值

污染物	浓度/$\mu g \cdot mL^{-1}$	保留时间 t_R/min	峰面积 A/mV·S
硝基苯	10.00		
	20.00		
	30.00		
	40.00		
	硝基苯样品		

【注意事项】
1. 实验完毕，用蒸馏水清洗进样器。
2. 色谱柱运行时，压力不能太大，最好不要超过 30MPa，防止过高压力冲击色谱柱。
3. 色谱柱的个体差异很大，即使同一厂家的同型号色谱柱，性能也会有差异。因此，色谱条件（主要是流动相配比）可根据实际情况作适当调整。

【问题与讨论】
1. 应用本实验数据，如何用归一化法计算未知样中萘和硝基苯的含量？
2. 标准曲线法与归一化法各自优缺点是什么？
3. 在 HPLC 中，流动相为什么要预先脱气？常用的脱气法有哪几种？

实验三 高效液相色谱法测定阿司匹林有效成分

【实验目的】
1. 熟悉高效液相色谱法分离有机化合物的基本原理及操作条件。
2. 掌握高效液相色谱仪的基本结构及作用。

【实验原理】

高效液相色谱法现已广泛应用于阿司匹林的多种剂型中阿司匹林含量的测定。在2015年版《中华人民共和国药典》，分别对阿司匹林、阿司匹林片、阿司匹林肠溶片、阿司匹林肠溶胶囊、阿司匹林泡腾片、阿司匹林栓的有效成分阿司匹林用高效液相色谱法进行了测定。

阿司匹林是一种常用的解热镇痛和抗风湿类药，有效成分是乙酰水杨酸，又名2-(乙酰氧基)苯甲酸。乙酰水杨酸分子结构中含有苯环，且具有共轭体系，在紫外光区有吸收。乙酰水杨酸在干燥空气中稳定，遇潮会缓慢水解生成水杨酸和乙酸。其反应过程见图9-4。

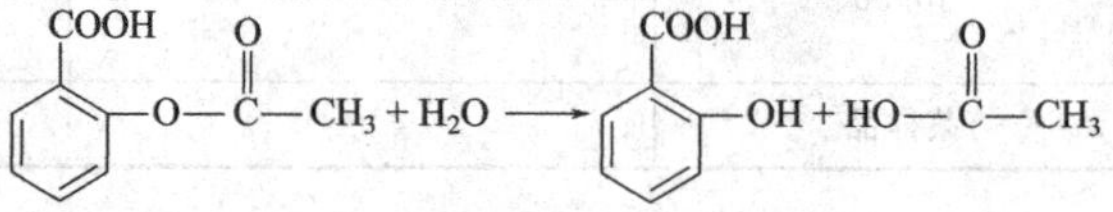

图9-4 乙酰水杨酸水解过程

由于乙酰水杨酸很容易降解为水杨酸，片剂中乙酰水杨酸的含量既是药物质量的主要指标，也是医生处方的重要依据。为了控制其含量，必须对产品进行严格的纯度检验。用液相色谱法可以很好地分离乙酰水杨酸和水杨酸，乙酰水杨酸和水杨酸的含量可以用外标法（标准曲线法）进行定量测定。

本实验利用外标法（标准曲线法）测定阿司匹林有效成分乙酰水杨酸。

【仪器与试剂】

1. 仪器

高效液相色谱仪，配紫外检测器；紫外分光光度计；微量注射器；超声振荡器；$0.45\mu m$微孔滤膜；分析天平；50mL容量瓶。

2. 试剂

阿司匹林（分析纯）；甲醇（色谱纯）；阿司匹林肠溶片（药店自购）；二次蒸馏水；1%醋酸溶液。

【实验步骤】

1. 色谱条件

固定相：C18色谱柱；

流动相：甲醇＋1%醋酸溶液（40∶60），调pH=3.5；

流速：$1.2mL \cdot min^{-1}$；

紫外检测波长：272nm；

温度：室温。

2. 标准溶液配制

准确取阿司匹林0.5g于50mL容量瓶中，用流动相溶解、摇匀并稀释至刻度，即得阿司匹林标准储备液。准确量取阿司匹林储备液1.0mL、2.0mL、3.0mL、4.0mL、5.0mL于50mL容量瓶中，用流动相溶解、摇匀并稀释至刻度，配成$0.2mg \cdot mL^{-1}$、$0.4mg \cdot mL^{-1}$、$0.6mg \cdot mL^{-1}$、$0.8mg \cdot mL^{-1}$、$1.0mg \cdot mL^{-1}$阿司匹林标准系列溶液。用有机相滤膜（孔径：$0.45\mu m$）过滤、备用。

3. 阿司匹林样品溶液的配制

取阿司匹林肠溶片，充分研细，准确称取粉末适量（约相当于阿司匹林5～20mg），置

50mL 容量瓶中，加流动相溶液强烈振摇使溶解，并稀释至刻度，摇匀，用有机相滤膜（孔径：0.45μm）过滤，备用。

4. 标准溶液和样品的测定

分别取标准溶液和样品滤液进样 20μL，记录色谱图，重复 3 次，记录保留时间、峰面积并求平均值，得到标准曲线；根据样品峰面积计算样品中阿司匹林含量。

5. 实验结束

按操作流程关闭仪器，整理打扫实验台。

【数据记录及处理】

1. 记录 HPLC 仪器操作、色谱条件
2. 实验记录（表 9-5）

表 9-5 不同溶液实验结果

序号	浓度/mg·mL^{-1}	保留时间/min	峰面积	峰高
标准溶液 1				
标准溶液 2				
标准溶液 3				
标准溶液 4				
标准溶液 5				
样品				

3. 根据标准溶液色谱图的数据，以阿司匹林浓度为横坐标，以峰面积为纵坐标，绘制标准曲线。

4. 根据色谱图的数据，分析样品峰的归属并利用标准曲线法计算乙酰水杨酸的百分含量。

【注意事项】

1. 实验步骤应按照液相色谱的具体操作方法进行，不同的色谱仪器的操作指令会有所不同。
2. 为防止阿司匹林水解，阿司匹林标准溶液应现配现用。
3. 实验结束后，用甲醇：水（10：90）冲洗柱子 5min，再用纯甲醇冲洗柱子 30min 后关机。

【问题与讨论】

1. 高效液相色谱仪的基本组成有几部分？
2. 液相色谱定性、定量分析的方法有哪些？

实验四 维生素 E 胶囊中 α-维生素含量的正相 HPLC 分析

【实验目的】
1. 熟悉高效液相色谱仪的基本构造和工作原理。
2. 学会选择 HPLC 最佳分析条件的方法。
3. 掌握正相 HPLC 系统的应用。

【实验原理】
维生素 E 是 Evans 在 20 世纪 20 年代发现并命名的,维生素 E(生育酚)除具有重要的生理功能以外,也是迄今为止发现的唯一无毒的油脂类食品的天然抗氧化剂,它由 α、β、γ、δ 生育酚和三烯生育酚等 8 种异构体构成。

维生素 E 结构复杂,异构体种类多,分析测定困难,多年来许多科学家致力于其分析测定的研究,取得了很大的进展,开发了不少有用的分析方法,主要有:铈量法、分光光度法、色谱法、荧光法、脉冲电极法、示波极谱法、示波滴定法、近红外光谱法等方法。这些方法各有优缺点,灵敏度、准确度及适用范围也不尽相同,其中应用最多的是高效液相色谱法。

维生素 E(V_E)为苯丙二氢吡喃醇衍生物,因其在苯环上有一个酚羟基,故此类化合物又称生育酚。维生素 E(V_E)主要有 α、β、γ 和 δ 四种异构体,其中又以 α-异构体的生理作用最强。

高效液相色谱法测定,大多采用反相色谱柱进行分析,其具有色谱柱稳定、保留时间短、重现性好及易于平衡的优点,但是反相色谱多以水和甲醇作为流动相,这易造成脂溶性大分子化合物在柱内的沉淀,要经常清洗色谱柱,也可能使色谱峰性能不理想。正相高压液相色谱法具有快速和易于分离化合物的特点,但它的重现性和平衡性不及反相色谱法。

本实验采用正相 HPLC。正相 HPLC 采用极性填料分离柱(如硅胶柱),流动相为弱极性或非极性溶剂(如正己烷),样品因吸附作用在固定相中保留,因此正相色谱也常称作吸附色谱。在非极性溶剂中适当添加少量极性溶剂可以得到所需的任意极性流动相。通过实验主要了解流动相中添加极性溶剂对样品的保留和分离的影响,基本目标是要将 α-维生素 E 与其他成分分离。

【仪器与试剂】
1. 仪器

高效液相色谱仪(配紫外检测器);紫外分光光度计;微量注射器;超声振荡器;0.45μm 微孔滤膜;分析天平;色谱柱〔硅胶柱 MicropakSi-5(4.6mm×150mm,4μm)〕;50mL 容量瓶;250mL 容量瓶;500mL 试剂瓶。

2. 试剂

异丙醇(色谱纯);正己烷(色谱纯);无水乙醇(色谱纯);α-维生素 E 标准样品;混合维生素 E;蒸馏水。

【实验步骤】
1. 色谱条件

固定相:硅胶柱 MicropakSi-5(4.6mm×150mm,4μm);

柱温:30℃;

流动相:正己烷:异丙醇(正己烷 100%、99:1);

检测波长：292nm；

流动相流速：1mL·min^{-1}。

2. α-维生素 E 标准溶液配置：称取 α-维生素 E 标准样品 250mg（准确到 0.1mg）于一洁净的 50mL 烧杯中，用无水乙醇溶液溶解并定容至 250mL 的容量瓶中，此为标样储备液。移取 5mL 标样储备液于另一 50mL 容量瓶中，用无水乙醇溶液定容，配制成 α-维生素 E 标准溶液（标样），经 0.45μm 有机滤膜过滤，备用。

3. 混合维生素 E 试样的配制：称取混合维生素 E 试样 200~300mg（准确至 0.1mg）于 50mL 烧杯中，用无水乙醇溶液溶解并定容至 50mL 容量瓶中，此为试样的储备液。移取 5mL 试样储备液于另一 50mL 容量瓶中，用无水乙醇定容，配制成试样溶液，经 0.45μm 有机滤膜过滤，备用。

4. 测定

（1）采用流动相为 100%正己烷，分别注入试样和标样 20μL，记下各组分的保留时间、峰面积或峰高。重复两次。

（2）采用流动相为正己烷：异丙醇（99∶1），分别注入试样和标样 20μL，记下各组分的保留时间、峰面积或峰高。重复两次。

【数据记录与处理】

1. 记录不同流动相组成下各色谱峰的保留时间、峰面积或峰高（表 9-6）。

表 9-6　不同流动相组成下各色谱峰的保留时间、峰面积或峰高

流动相	序号	浓度/mg·mL^{-1}	保留时间/min	峰面积	峰高
100%正己烷	试样				
	标液				
正己烷+异丙醇（99+1）	试样				
	标液				

2. 总结流动相中添加极性溶剂异丙醇对溶质保留行为的影响。

3. 比较不同流动相时混合维生素 E 的分离效果。

【注意事项】

1. 用平头微量注射器吸液时，防止气泡吸入的方法是：将擦干净并用样品清洗过的注射器插入样品液面以下，反复提拉数次，排出气泡，然后缓慢提升针芯到刻度。

2. 如果仪器长期停用，完成实验后还应卸下色谱柱，将色谱柱两头的螺帽套紧，先用水再用异丙醇冲洗泵，确保泵头内灌满异丙醇；从系统中拆下泵的输出管，套上管套；从溶剂贮液器中取出溶剂入口过滤器放入干净袋中；妥善保存好泵。

【问题与讨论】

假设用硅胶柱和环己烷流动相分离几个组分时，分离度很高，但分析时间太长（后面的组分保留值太大），用什么方法可以在保证相互分离的前提下，使分析时间缩短？说明理由。

实验五 反相高效液相色谱法测定 VE 胶囊中 α-VE 的含量

【实验目的】
1. 学习反相高效液相色谱分析条件的选择。
2. 掌握高效液相色谱仪的基本构造和工作原理。
3. 掌握采用反相高效液相色谱测定维生素 E 的方法。

【实验原理】
反向色谱与正相色谱组成相反,是以非极性或弱极性的固定液制成的固定相,以极性或相对强的极性溶剂作为流动相组成的液-液分配色谱。目前大多采用化学反应的方法将非极性或弱极性的有机物分子键合到载体表面,制成键合相的固定相,所以也称键合相色谱。这种色谱的分离机理比较复杂,一般认为是液-固吸附和液-液分配并存。

在反向 HPLC 中常用的键合相有十八烷基硅烷(C18)、辛基硅烷(C8)、氰基硅烷、氨基硅烷等。常用的溶剂有甲醇、乙腈、水等。有时需要加入某种修饰剂以获得良好的分离。例如利用反相键合相色谱分离弱酸时,为了抑制它的解离,须在乙腈/水或甲醇/水流动相中加入少量的乙酸。

本实验以乙醇∶水(95∶5)溶解样品,采用 C18 反相色谱法,以乙醇∶水(95∶5)为流动相,284nm 检测波长,外标法定量,测定维生素 E 胶囊中 α-生育酚醋酸酯的含量。

【仪器与试剂】
1. 仪器

高效液相色谱仪(配紫外检测器);紫外分光光度计;微量注射器;超声振荡器;$0.45\mu m$ 微孔滤膜;分析天平;色谱柱[Eclipse XDB-C18 柱(150mm × 4.6mm,$5\mu m$)];50mL 容量瓶;250mL 容量瓶;500mL 试剂瓶。

2. 试剂

乙醇(色谱纯);四氢呋喃(分析纯);无水乙醇(色谱纯);α-维生素 E 标准样品;维生素 E 软胶囊;蒸馏水。

【实验步骤】
1. 色谱条件

固定相:Eclipse XDB-C18 柱(150mm × 4.6mm × $5\mu m$);

柱温:30℃;

流动相:乙醇∶水(95∶5);

检测波长:284nm;

流动相流速:$1mL \cdot min^{-1}$。

2. 标准溶液的配制

储备液:准确称取维生素 E 标准品,用无水乙醇溶解使浓度为 $10mg \cdot mL^{-1}$。

工作液:测定前用无水乙醇将维生素 E 标准储备液稀释至 $1mg \cdot mL^{-1}$。

应用液:测定时用无水乙醇将工作液稀释成 $10\mu g \cdot mL^{-1}$、$50\mu g \cdot mL^{-1}$、$100\mu g \cdot mL^{-1}$、$150\mu g \cdot mL^{-1}$、$200\mu g \cdot mL^{-1}$ 浓度标准系列溶液,经 $0.45\mu m$ 有机滤膜过滤,备用。

3. 试样溶液的制备

用针刺破维生素 E 软胶囊称取油状物约 0.1g,置 10mL 烧杯中,加入无水乙醇超声溶解后转移至 25mL 容量瓶定容，经 0.45μm 有机滤膜过滤，备用。

4. 标准溶液和试样的测定

分别取标准溶液进样 20μL，记录色谱图，重复 3 次，记录保留时间、峰面积并求平均值，得到标准曲线。

取试样溶液进样 20μL，记录色谱图，重复 3 次，记录保留时间、峰面积并求平均值，根据试样峰面积计算维生素 E 胶囊中 α-维生素 E 的含量。

5. 实验结束

按操作流程关闭仪器，整理打扫试验台。

【数据记录及处理】

1. 记录 HPLC 仪器操作、色谱条件。
2. 实验记录（表 9-7）。

表 9-7　标准溶液及样品溶液的浓度及保留值

序号	浓度/$\mu g \cdot mL^{-1}$	保留时间/min	峰面积	峰高
标准溶液 1				
标准溶液 2				
标准溶液 3				
标准溶液 4				
标准溶液 5				
样品				

3. 根据标准溶液色谱图的数据，以维生素 E 浓度为横坐标，以峰面积为纵坐标，绘制标准曲线。

4. 根据色谱图的数据，分析样品峰的归属并利用标准曲线法计算维生素 E 胶囊中 α-维生素 E 的百分含量。

【注意事项】

分析工作结束后，先关检测器。清洗进样阀中的残留样品，然后用乙醇以分析流速冲洗色谱柱 15～30min，在乙醇冲洗时重复注射 100～200μL 四氢呋喃数次有助于除去强疏水性杂质，特殊情况应延长冲洗时间。

【问题与讨论】

1. 如果将分离柱换成 C8 柱，其他条件不变，维生素 E 的保留时间是增加，还是减小，并说明原因。

2. 一般情况下，峰高工作曲线比面积工作曲线的线性范围要小，这是为什么？

四、知识扩展

1. 高效液相色谱法发展

在液相色谱中，采用颗粒十分细的高效固定相，并采用高压泵输送流动相，全部工作通过仪器来完成，这种新的仪器分析方法称为高效液相色谱法（high performance liquid chromatography，以下简称 HPLC）。目前 HPLC 已经成为化学科学中最有优势的仪器分析方法之一，HPLC 几乎能够分析所有的有机、高分子及生物试样，在目前已知的有机化合物中，若事先不进行化学改性，只有 20% 的化合物用气相色谱可以得到较好的分离，而 80% 的有机化合物则需 HPLC 分析。目前，HPLC 在有机化学、生化、医学、药物临床、化工、食品卫生、环保监测、商检和法检等方面都有广泛的用途，而在生物和高分子试样的分离和分析中更是独领风骚。

科学史上第一次提出"色谱"名词并用来描述这种实验的人是俄国植物学家茨维特（Tsweet），他在 1906 年发表的关于色谱的论文中提出：将一植物色素的石油醚溶液从一根主要装有碳酸钙吸附剂的玻璃管上端加入，沿管流下，然后用纯石油醚淋洗，结果按照不同色素的吸附顺序在管内观察到它们相应的色带，他把这些色带称之为"色谱图"（chromatogram）。遗憾的是，在随后的二十年内这一新的分析技术都没有得到科学界的注意和重视，直至 1931 年，库恩（Kohn）报道了他们关于胡萝卜素的分离方法时，色谱法才引起了科学界的广泛注意。

1941 年，马丁（Matin）和辛格（Synge）用一根装满硅胶微粒的色谱柱，成功地完成了乙酰化氨基酸混合物的分离，建立了液液分配色谱方法，他们也因此获得了 1952 年诺贝尔化学奖。1944 年，康斯坦因（Consden）和马丁（Matin）建立了纸色谱法。1949 年，马丁建立了色谱保留值与热力学常数之间的基本关系式，奠定了物化色谱的基础。1952 年，马丁和辛格创立了气液色谱法，成功地分离了脂肪酸和脂肪胺系列，并对此法的理论与实验做了精辟的论述，建立了塔板理论。1956 年，斯达（Stall）建立了薄层色谱法。同年，范底姆特（Van Deemter）提出了色谱理论方程；后来吉丁斯（Giddings）对此方程做了进一步改进，并提出了折合参数的概念。这一系列色谱技术和理论的发展都为 HPLC 的问世打下了扎实的基础。

在 1966 年以前，许多科学家已经从事了经典液相色谱的研究，这种广泛的基础性研究对后来 HPLC 的发展有着重要影响。从现在的观点来看，当时的液相色谱分析仪器是较为简单和原始的。

20 世纪 60 年代早期，气相色谱（GC）是当时混合物分离的一个热门研究课题，有着许多重要的进展。但当时的气相色谱遇到了一个难题：由于蛋白质和其他极性化合物难以汽化，同样对高分子或极性的混合物来说，气相色谱无能为力。这时分析化学家们把目光转向了液相色谱，液相色谱也的确从蛋白质中分离出了纯的化合物，但液相色谱分离时间长，色谱柱效率非常低，液体的流动靠重力，其流动速度是每小时几毫升或更少，当时的生物学工作者往往需要好几年的努力才能从一个组织中把蛋白质完全分离出来。由于当时气相色谱比液相色谱完善，往往把一些高分子或大极性分子衍生成低极性的小分子进行气相色谱的分析，而不采用液相色谱进行分析。

早在1941年，马丁和辛格就预言了小微粒固定相和高压强在色谱分离中的必要性。其后，吉丁斯、哈伯（Huber）等人进一步指出：通过减少液相色谱仪中填充颗粒的直径和使用高压加快流动速度，液相色谱能够用于HPLC模式。以吉丁斯为代表的许多研究者从气相色谱领域迈进HPLC领域，这使得许多在20世纪60年代在气相色谱领域中所解决的问题能够迅速应用到HPLC的研究方面。

在仪器发展方面，HPLC的第一个雏形是由斯坦因（Stein）和莫尔（Moore）于1958年发展起来的氨基酸分析仪（AAA），这种仪器能够进行自动分离和蛋白质水解产物的分析，由于这种研究的重要性，别的研究者也被吸引来进行这一方面的重要课题的研究，最终直接促成了HPLC方法的建立。在1968—1971年间，推出了第一台普遍适用的HPLC商用系统。这种新的色谱仪是由科克兰（Kirkland）、哈伯、荷瓦斯（Horvath）、莆黑斯（Preiss）和里普斯克（Lipsky）等研制发明的。

1971年前，是HPLC的前奏和萌芽。1971年后，建立了HPLC并逐步完善。

20世纪80年代中期，HPLC分析技术成为一种成熟的技术，许多研究者纷纷转向相关领域的研究，如超临界流体色谱法（SFC）、毛细管电泳（LZE）、制备色谱法（PC）等。

20世纪70年代初期，中国科学院大连化学物理研究所就开展了HPLC的研究，与工厂合作生产出了液相色谱固定相，并出版了高效液相色谱的新型固定相论文集，编写了高效液相色谱讲义，而且在色谱杂志上以讲座的形式进行了系统的介绍，同时还举办了全国性的色谱学习班。20世纪80年代初，卢佩章等人开展智能色谱的研究，1984—1989年间研制成功了我国第一台智能高效液相色谱仪。

综上所述，高效液相色谱是在经典液相色谱的基础上，引入气体色谱的理论和技术，并对经典液相色谱法的固定相、设备、材料、技术及理论应用进行了系列改进而发展起来的。在高效液相色谱的发展过程中，分析化学家们主要进行了以下突破性几项工作：第一，色谱柱的改进和完善，主要包括固定相填充微粒粒度的改进和流动相溶剂的选择；第二，仪器方面的改进工作，加入了一个高压泵，缩短了分离时间，高效液相色谱有效塔板数比传统液相色谱提高了数百倍，提高了分离效率；第三，与计算机联用之后，自动化程度大大提高。

2. 高效液相色谱仪操作注意事项

（1）流动相

流动相应选用色谱纯试剂、高纯水或双蒸水，酸碱液及缓冲液需经过滤后使用，过滤时注意区分水系膜和有机系膜的使用范围，并进行超声除气处理。水相流动相需经常更换（一般不超过2天），防止长菌变质。

（2）样品

采用过滤或离心方法处理样品，确保样品中不含固体颗粒；用流动相或比流动相弱（若为反相柱，则极性比流动相大；若为正相柱，则极性比流动相小）的溶剂制备样品溶液，尽量用流动相制备样品液。

（3）泵

泵在使用过程中不能把气泡进入仪器；泵自清洗液体应该经常更换（一般为一周）；仪

器在长期不使用时应把泵、流动相过滤器及管路保存在有机相溶剂条件下。

(4) 进样阀

使用手动进样器进样时，在进样前和进样后都需用洗针液洗净进样针，洗针液一般选择与样品液一致的溶剂，进样前必须用样品液清洗进样针筒 3 遍以上，并排出针筒中的气泡。

手动进样时，进样量尽量小，使用定量管定量时，进样体积应为定量管的 2 倍以上。

(5) 色谱柱

① 使用前仔细阅读色谱柱附带的说明书，注意适用范围，如 pH 值范围、流动相类型等。

② 使用符合要求的流动相。

③ 使用保护柱。

④ 如所用流动相为含盐流动相，必须先用相同比例的水与有机相的流动相冲洗 20min 以上再换上含盐流动相，反相色谱柱使用后，先用相同比例的水与有机相的流动相冲洗，再用纯有机相冲洗。

⑤ 色谱柱在不使用时，应用有机相冲洗，取下后紧密封闭两端保存。

⑥ 不要高压冲洗柱子。

⑦ 不要在高温下长时间使用硅胶键合相色谱柱。

⑧ 使用过程中注意轻拿轻放。

3. 高效液相色谱紫外检测器检测波长的选择

为了使化合物检测获得较大灵敏度，一般选择最大吸收波长或在最大吸收波长附近。通常将目标物在 190～400nm 扫描，得到最大吸收波长，当有多种化合物检测时，要综合考虑多种化合物的检测灵敏度，可选择使多种化合物都有较大灵敏度的波长。为避免溶剂的影响，检测波长尽量大于溶剂的截止波长。

检测波长的选择在实际生产过程中一定要兼顾产品、原料、杂质。在样品纯度高，干扰少的情况下，首选最大吸收波长，有干扰的情况下，选对主成分有一定的灵敏度，对干扰成分不灵敏的波长。

4. 选择高效液相色谱柱的方法

色谱柱也是 HPLC 分析方法的核心，液相色谱柱的筛选是分析方法开发的第一步，合格的研究人员会根据化合物的结构特性很快确定需要的色谱柱。然后根据化合物的物质，确定流动相。如何进行色谱柱筛选呢？

在建立化合物的 HPLC 方法时，可以首先根据化合物的分子量大小、极性大小及 pK_a，选择合适的分离模式，在适当的分离模式下再去优化同类的色谱柱及流动相。

化合物分子量＜2000Da 时，可按图 9-5 来选择。

化合物分子量＞2000Da 时，可按图 9-6 来选择。

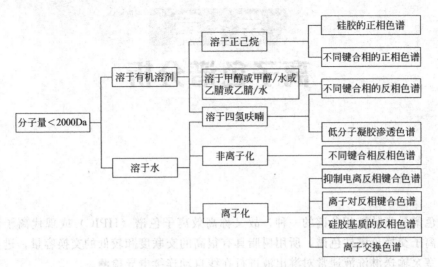

图 9-5　化合物分子量＜2000Da 的分离模式

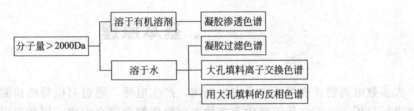

图 9-6　分子量＞2000Da 的分离模式

参 考 文 献

[1] 北京大学化学与分子工程学院．基础分析化学实验．第 3 版．北京：北京大学出版社，2009．
[2] 中华人民共和国药典［M］．北京：中国医药科技出版社，2015．
[3] 朱明华．仪器分析．北京：高等教育出版社，2000．
[4] 中华人民共和国国家计量检定规程．液相色谱仪［S］．JJG 705—2014．

第十章 离子色谱分析

离子色谱是高效液相色谱的一种，故又称高效离子色谱（HPIC）或现代离子色谱，有别于传统离子交换色谱柱色谱，所用树脂具有很高的交联度和较低的交换容量，进样体积很小，用柱塞泵输送淋洗液通常对淋出液进行在线自动连续电导检测。

一、基本原理

大多数电离物质在溶液中会发生电离，产生电导，通过对电导的检测，就可以对其电离程度进行分析。由于在稀溶液中大多数电离物质都会完全电离，因此可以通过测定电导值来检测被测物质的含量。所以，离子色谱通用检测器主要以电导检测器为主。

离子色谱分离原理是基于离子色谱柱（离子交换树脂）上可解离的离子与流动相中具有相同电荷的溶质离子之间进行的可逆交换和分析物溶质对交换剂亲和力的差别而被分离。适用于亲水性阴、阳离子的分离。例如检验亚硝酸盐，样品溶液进样之后，首先亚硝酸根离子与分析柱的离子交换位置之间直接进行离子交换（即被保留在柱上），然后被淋洗液中的 OH^- 置换并从柱上被洗脱。对树脂亲和力弱的分析物离子先于对树脂亲和力强的分析物离子依次被洗脱，如 F^-，Cl^-，然后是亚硝酸根离子、硝酸根离子，这就是离子色谱分离过程。

关键问题是不仅被测离子具有导电性，而且一般淋洗液本身也是一种电离物质，具有很强的电离度。所以，在离子色谱柱后端，加入相反电荷的离子交换树脂填料，如阴离子色谱柱后加入氢型的阳离子交换树脂，阳离子色谱柱后加入氢氧根型的阴离子交换树脂填料，由分离柱流出的携带待测离子的洗脱液，在这里发生两个简单但十分重要的化学反应：一个是将淋洗液转变为低电导组分，以降低来自淋洗液的背景电导；另一个是将样品离子转变成其相应的酸或碱，以增加其电导。这种在分离柱和检测器之间能降低背景电导值而提高检测灵敏度的装置，称为抑制柱（抑制器）。工作原理如图 10-1 所示。

二、仪器组成与结构

离子色谱仪由淋洗液系统、色谱泵系统、进样系统、流路系统、分离系统、化学抑制系统、检测系统和数据处理系统等组成，如图 10-2 所示。

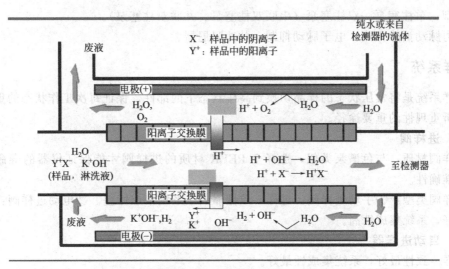

图 10-1　电化学抑制器的工作原理图（阴离子）

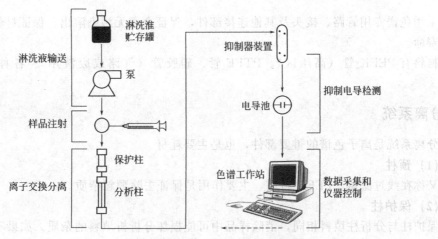

图 10-2　离子色谱抑制电导检测系统构成图

1. 淋洗液系统

离子色谱仪常用的分析模式为离子交换电导检测模式，主要用于阴离子和阳离子的分析。

常用阴离子分析淋洗液有 OH^- 体系和碳酸盐体系等，常用阳离子分析淋洗液有甲烷磺酸体系和草酸体系等。

淋洗液的一致性是保证分析重现性的基本条件。为保证同一次分析过程中淋洗液的一致性，在淋洗液系统中加装淋洗液保护装置，可以将进入淋洗液瓶的空气中的有害部分吸附和过滤，如 CO_2 和 H_2O 等。

2. 色谱泵系统

材质：离子色谱的淋洗液为酸、碱溶液，与金属接触会对其产生化学腐蚀。如果选择不锈钢泵头，腐蚀会导致色谱泵漏液、流量稳定性差和色谱柱寿命缩短等。离子色谱泵头应选择全 PEEK 材质（色谱柱正常使用压力一般小于 20MPa）。

类型：单柱塞泵、双柱塞泵（串联双柱塞泵、并联双柱塞泵）。
压力脉动消除方式：电子脉动抑制、脉冲阻尼器。

3. 进样系统

进样系统是将常压状态的样品切换到高压状态下的部件。保证每次工作状态的重现性是提高分析重现性的重要途径。

（1）进样阀

进样阀材质：与色谱泵类似，选择全 PEEK 材质的进样阀才能保证仪器的寿命和分析结果的准确性。

进样阀类型：①手动进样阀：进样一致性靠人，系统集成性差。②电动进样阀：进样一致性较好，系统集成性高。

（2）自动进样器

进样一致性最好，系统集成性最好。

4. 流路系统

采用色谱专用管路、接头及其他连接部件，保证全塑无污染溶出，保证材料的可靠性和使用寿命。

材料有 PEEK 管（高压区）、PTFE 管、硅胶管（气路或废液用）、各种接头和连接配件。

5. 分离系统

分离系统是离子色谱的重要部件，也是主要耗材。

（1）预柱

又称在线过滤器，PEEK 材质，主要作用是保证去除颗粒杂质。

（2）保护柱

保护柱与分析柱填料相同，消除样品中可能损坏分析析填料的杂质。如果不一致，会导致死体积增大、峰扩散和分离度差等。

（3）分析柱

有效分离样品组分。

6. 化学抑制系统

抑制系统是离子色谱的核心部件之一，主要作用是降低背景电导和提高检测灵敏度。抑制器的好坏关系到离子色谱的基线稳定性、重现性和灵敏度等关键指标。

（1）柱-胶抑制

采用固定短柱或现场填充抑制胶进行抑制，不同的抑制柱交替使用，属于间歇式抑制。

（2）离子交换膜抑制

采用离子交换膜，利用离子浓度渗透的原理进行抑制。需要配制硫酸再生液，系统需要配置氮气或动力装置。

需要配制硫酸再生液，系统需要配置氮气或动力装置。

（3）电解自再生膜抑制

利用电解水产生媒介离子和离子，配合离子交换膜进行抑制（最佳选择）。

7. 检测系统

离子色谱最基本和常用的检测器是电导检测器,其次是安培检测器。

(1) 电导检测器

电导检测器是基于极限摩尔电导率应用的检测器,主要用于检测无机阴阳离子、有机酸和有机胺等。

① 双极脉冲检测器　在流路上设置两个电极,通过施加脉冲电压,在合适的时间读取电流,进行放大和显示。缺点是容易受到电极极化和双电层的影响。

② 四极电导检测器　在流路上设置四个电极,在电路设计中维持两测量电极间电压恒定,不受负载电阻、电极间电阻和双电层电容变化的影响,具有电子抑制功能(阳离子检测支持直接电导检测模式)。

③ 五极电导检测器　在四极电导检测模式中加一个接地屏蔽电极,极大提高了测量稳定性,在高背景电导下仍能获得极低的噪声,具有电子抑制功能(阳离子检测支持直接电导检测模式)。

(2) 安培检测器

安培检测器是基于测量电解电流大小为基础的检测器,主要用于检测具有氧化还原特性的物质。

① 直流安培检测模式　主要用于抗坏血酸、溴、碘、氰、酚、硫化物、亚硫酸盐、儿茶酚胺、芳香族硝基化合物、芳香胺、尿酸和对二苯酚等物质的检测。

② 脉冲安培检测模式　主要用于醇类、醛类、糖类、胺类(一元胺、二元胺和三元胺,包括氨基酸)、有机硫、硫醇、硫醚和硫脲等物质的检测。

不可检测硫的氧化物。

③ 积分脉冲安培检测模式　为脉冲安培检测的升级检测模式,适用于检测脉冲安培检测的物质。

8. 数据处理系统

完成数据处理。

三、实验部分

实验一　降水中阳离子(Na^+、NH_4^+、K^+、Mg^{2+}、Ca^{2+})的离子色谱法测定

【实验目的】

1. 掌握离子交换色谱的基本原理。
2. 掌握离子色谱仪的组成及基本操作技术。
3. 利用离子色谱分离测定水溶液中常见的阳离子。
4. 掌握离子色谱的定性和定量分析方法。

【实验原理】

近年来,人们对降水酸化问题的关注不断增强,大气降水化学组成的研究受到广泛重

视。大气降水过程是大气污染物的主要去除方式，降水的化学组成来源于雨滴形成过程中对云中气溶胶的溶解以及降水过程中对低层气溶胶的冲刷，近地表雨水化学组成与当地的大气污染组成有直接的相关性，能够反映大气环境特征及其污染状况。

采集的雨水样品经水系微孔滤膜过滤去除颗粒物后，降水样品中的目标离子随淋洗液进入离子色谱柱分离，经电导检测器检测，根据保留时间定性，根据峰高或峰面积定量。

【仪器与试剂】

1. 仪器

（1）ICS-1100 型离子色谱仪。

（2）色谱柱。

阳离子色谱柱Ⅰ：长 250mm，内径 4mm，填料为聚丙烯酸、聚苯乙烯/二乙烯苯等，键合羧酸基或磷酸基等官能团，配备相应的保护柱。或其他等效阳离子色谱柱。

阳离子色谱柱Ⅱ：长 150mm，内径 4mm，填料为硅胶等，键合羧酸基等官能团，配备相应的保护柱。或其他等效阳离子色谱柱。

（3）阳离子电解再生抑制器（选配）。

（4）样品瓶：聚乙烯等塑料材质。

（5）水系微孔滤膜，孔径 0.45μm。

2. 试剂

（1）硝酸：$\rho(AR)=1.42g \cdot mL^{-1}$。

（2）氯化钠（GR），使用前经 105℃±5℃干燥恒重后，置于干燥器内保存。

（3）氯化铵（GR），使用前经 105℃±5℃干燥恒重后，置于干燥器内保存。

（4）氯化钾（GR），使用前经 105℃±5℃干燥恒重后，置于干燥器内保存。

（5）氯化钙（AR），使用前经 105℃±5℃干燥恒重后，置于干燥器内保存。

（6）氯化镁（GR），使用前经 105℃±5℃干燥恒重后，置于干燥器内保存。

（7）甲磺酸：$w(AR) \geqslant 98\%$。

（8）硝酸溶液：$c(AR)=1mol \cdot L^{-1}$：移取 68mL 硝酸缓慢加入水中，用水稀释至 1000mL，混匀。

（9）钠离子标准储备液：$\rho(Na^+)=1000mg \cdot L^{-1}$，准确称取 2.5435g 氯化钠溶于少量水中，转移至 1000mL 容量瓶，用水稀释定容至标线。转移至塑料试剂瓶中，4℃以下冷藏避光密封，可保存 6 个月。亦可购买市售有证标准溶液。

（10）铵离子标准储备液：$\rho(NH_4^+)=1000mg \cdot L^{-1}$，准确称取 2.9722g 氯化铵溶于少量水中，转移至 1000mL 容量瓶，用水稀释定容至标线。转移至塑料试剂瓶中，4℃以下冷藏避光密封，可保存 6 个月。亦可购买市售有证标准溶液。

（11）钾离子标准储备液：$\rho(K^+)=1000mg \cdot L^{-1}$，准确称取 1.9102g 氯化钾溶于少量水中，转移至 1000mL 容量瓶，用水稀释定容至标线。转移至塑料试剂瓶中，4℃以下冷藏避光密封。

（12）钙离子标准储备液：$\rho(Ca^{2+})=1000mg \cdot L^{-1}$，准确称取 2.7750g 氯化钙溶于少量水中，转移至 1000mL 容量瓶，加入 1.00mL 硝酸溶液，用水稀释定容至标线。

（13）镁离子标准储备液：$\rho(Mg^{2+})=1000mg \cdot L^{-1}$，准确称取 3.9583g 氯化镁溶于少量水中，转移至 1000mL 容量瓶，加入 1.00mL 硝酸溶液，用水稀释定容至标线。转移至塑料试剂瓶中，4℃以下冷藏避光密封。

（14）混合标准使用液：$\rho=100 mg \cdot L^{-1}$，分别移取 10.00mL 钠离子标准储备液、铵

离子标准储备液、钾离子标准储备液、钙离子标准储备液和镁离子标准储备液于 100mL 容量瓶中,用水稀释定容至标线。

(15) 淋洗液

a. 甲磺酸淋洗储备液:$c(CH_3SO_3H)=1mol \cdot L^{-1}$,移取 65.0mL 甲磺酸溶于适量水中,转移至 1000mL 容量瓶,用水稀释定容至标线。

b. 甲磺酸淋洗使用液:$c(CH_3SO_3H)=0.02mol \cdot L^{-1}$,移取 40.0mL 甲磺酸淋洗储备液于 2000mL 容量瓶中,用水稀释定容至标线。

c. 硝酸淋洗使用液:$c(HNO_3)=4.5mmol \cdot L^{-1}$,移取 9.00mL 硝酸溶液于 2000mL 容量瓶中,用水稀释定容至标线。

注:也可根据仪器型号及色谱柱说明书进行淋洗液的配制。

(16) 水系微孔滤膜:孔径 $0.45\mu m$。

【实验步骤】

1. 样品采集

按照 GB 13580.2—1992 和 HJ/T 165—2004 的相关规定进行样品采集:对于没有自动采样器的监测点,可进行手动采样。手动采样器一般由一只接雨(雪)的聚乙烯塑料漏斗、一个放漏斗的架子、一只样品容器(聚乙烯瓶)组成,漏斗的口径和样品容器体积与自动采样器的要求相同;也可采用无色聚乙烯塑料桶采样,采样桶上口直径及体积与自动采样器的要求相同(口径直径应不小于 20cm)。

2. 样品保存

样品于 4℃以下冷藏密封保存,样品保存的时间不可太久,从采样到分析,以 10d 左右为宜,原则上不超 15d。其中 NH_4^+ 于 24h 内完成测定,Na^+、K^+、Mg^{2+}、Ca^{2+} 于 28d 内完成测定。

注:雪水等固态降水样品应待其自然融化后再过滤取样,不得在其完全融化前取部分样品进行测定。

3. 样品预处理

用 $0.45\mu m$ 的有机微孔滤膜作为过滤介质。该膜为惰性材料,不与样品中的化学成分发生吸附或离子交换作用,能满足过滤样品的要求。

4. 仪器参考条件

阳离子色谱柱Ⅰ,柱温:35℃。甲磺酸淋洗使用液 a,流速:$1.0mL \cdot min^{-1}$。

阳离子电解再生抑制器,电导检测器。进样体积:$25\mu L$。此参考条件下测定目标离子标准溶液得到的离子色谱图参见图 1。

阳离子色谱柱Ⅱ,柱温:35℃。硝酸淋洗使用液 b,流速:$0.9mL \cdot min^{-1}$。电导检测器。进样体积:$25\mu L$。此参考条件下测定目标离子标准溶液得到的离子色谱图参见图 2。

5. 标准曲线的建立

分别准确移取 0mL、0.20mL、1.00mL、5.00mL、10.00mL、20.00mL 混合标准使用液于一组 100mL 容量瓶中,用水稀释定容至标线,配制成参考质量浓度分别为 $0mg \cdot L^{-1}$、$0.20mg \cdot L^{-1}$、$1.00mg \cdot L^{-1}$、$5.00mg \cdot L^{-1}$、$10.0mg \cdot L^{-1}$、$20.0mg \cdot L^{-1}$ 的混合标准系列。按照仪器参考条件,由低浓度到高浓度依次测定。以目标离子的质量浓度($mg \cdot L^{-1}$)为横坐标,峰高或峰面积为纵坐标,建立标准曲线。

6. 样品测定

按照与标准曲线的建立相同的条件和步骤,进行样品的测定。如果样品浓度高于标准曲线最高点浓度，也可将样品稀释后测定，同时记录稀释倍数 D。

7. 空白试验

以实验用水代替样品，按照与样品测定相同的条件和步骤进行空白样品的测定。

【数据记录及处理】

1. 定性分析

根据样品中目标离子的保留时间定性。

2. 将测量结果填入表 10-1

表 10-1　各物质测量结果

编号	1	2	3	4	5	6	7（空白）
保留时间							
峰高或峰面积							

3. 结果计算

样品中目标离子（Na^+、NH_4^+、K^+、Mg^{2+}、Ca^{2+}）的质量浓度（$mg \cdot L^{-1}$），按照式（10-1）进行计算。

$$\rho_i = \rho_{is} \times D \tag{10-1}$$

式中　ρ_i——样品中第 i 种阳离子的质量浓度，$mg \cdot L^{-1}$；

ρ_{is}——由标准曲线得到的第 i 种阳离子的质量浓度，$mg \cdot L^{-1}$；

D——样品的稀释倍数。

测定结果小数点后位数的保留与方法检出限一致，最多保留三位有效数字。

【注意事项】

1. 进入系统的淋洗液应预先经脱气处理，以避免气泡进入离子色谱管路系统中干扰和影响测定。

2. 实验中产生的废液应集中收集，做好标识，分类管理和处置。

【附录】

图 1 和图 2 分别给出了抑制电导法和非抑制电导法测定目标离子标准溶液得到的离子色谱图。

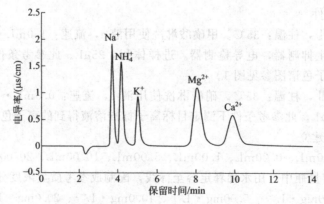

图 1　阳离子标准溶液色谱图（抑制电导法，$\rho = 1.00 mg \cdot L^{-1}$）

【问题与讨论】

1. 论述电导检测器作为离子色谱检测器优点。

2. 为什么离子色谱柱不需要再生而抑制器需要再生？

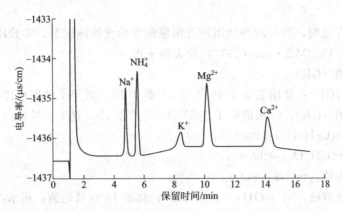

图 2　阳离子标准溶液色谱图（非抑制电导法，$\rho=1.00\text{mg}\cdot\text{L}^{-1}$）

实验二　降水中有机酸（乙酸、甲酸和草酸）的测定

【实验目的】

1. 掌握离子色谱法分析的基本原理。
2. 掌握离子色谱仪的组成及基本操作技术。
3. 掌握常见阴离子的测定方法。
4. 掌握离子色谱的定性和定量分析方法。

【实验原理】

酸沉降是指大气中的酸性物质通过降水或干沉降迁移到地表的过程，前一过程为湿沉降，俗称酸雨，是当前全球环境问题之一。酸雨会使湖泊、河流和土壤酸化，造成森林大面积死亡，影响农业生态系统，腐蚀建筑物、文物古迹、金属材料等，同时会危害人体健康，对生态环境和经济发展造成很大的影响，因此需要对其进行深入、细致的研究，并在研究的基础上提出控制对策。通常认为人类活动排放的硫氧化物和氮氧化物在大气中经过一系列氧化反应生成硫酸和硝酸，是降水呈现酸性的主要原因。但随着近年来研究的不断深入，特别是对大气中有机物研究的广泛开展，人们发现有机酸（如甲酸、乙酸等）对于降水酸性的贡献是不容忽视的。因此加强酸性降水中有机酸的研究对于了解酸雨形成机制，采取有效方法控制酸性降水都是很有意义的。

采集的雨水样品经水系微孔滤膜过滤去除颗粒物（含重金属时可增加金属预处理柱）后，目标离子随淋洗液进入离子色谱柱分离，经电导检测器检测，根据保留时间定性，根据峰高或峰面积定量。

【仪器与试剂】

1. 仪器

(1) ICS-1100 型离子色谱仪：电导检测器，抑制器。

(2) 阴离子色谱柱：长 250mm，内径 4mm，填料为聚苯乙烯/二乙烯基苯或聚乙烯醇等，键合烷基季铵或烷醇基季铵等官能团，配相应阴离子保护柱。或其他等效色谱柱。

(3) 样品瓶：玻璃或聚乙烯等塑料材质。

(4) 一般实验室常用仪器和设备。

2. 试剂

(1) 除非另有说明,分析时均使用符合国家标准的优级纯试剂,实验用水为不含目标化合物,且电阻率$\geqslant 18.2\text{M}\Omega\cdot\text{cm}$(25℃)的去离子水。

(2) 氢氧化钠(GR)。

(3) 碳酸钠(GR):使用前应于105℃±5℃烘干2h,置于干燥器内保存。

(4) 碳酸氢钠(GR):使用前应于105℃±5℃烘干2h,置于干燥器内保存。

(5) 乙酸:$w(C_2H_4O_2)\geqslant 99.5\%$。

(6) 甲酸:$w(CH_2O_2)\geqslant 99.6\%$。

(7) 无水草酸钠:$w(Na_2C_2O_4)\geqslant 99.5\%$。

(8) 氢氧化钠溶液:$\rho(\text{NaOH})=40\text{g}\cdot\text{L}^{-1}$,称取1g氢氧化钠,用水溶解至25mL。

(9) 乙酸标准储备液:$\rho(C_2H_4O_2)=1000\text{mg}\cdot\text{L}^{-1}$,准确移取0.950mL乙酸,溶于少量水后移入1000mL容量瓶中,用水稀释定容至标线,转移至试剂瓶中。

(10) 甲酸标准储备液:$\rho(CH_2O_2)=1000\text{mg}\cdot\text{L}^{-1}$,准确移取0.820mL甲酸,溶于少量水后移入1000mL容量瓶中,用水稀释定容至标线,转移至试剂瓶中。

(11) 草酸标准储备液:$\rho(H_2C_2O_4)=1000\text{mg}\cdot\text{L}^{-1}$,准确称取0.4187g无水草酸钠,溶于少量水后移入250mL容量瓶中,用水稀释定容至标线,转移至试剂瓶中。

(12) 混合标准使用液:$\rho(C_2H_4O_2)=10.0\text{mg}\cdot\text{L}^{-1}$,$\rho(CH_2O_2)=5.00\text{mg}\cdot\text{L}^{-1}$,$\rho(H_2C_2O_4)=10.0\text{mg}\cdot\text{L}^{-1}$,准确移取1.00mL乙酸标准储备液、0.500mL甲酸标准储备液和1.00mL草酸标准储备液于100mL容量瓶中,用水稀释定容至标线,转移至试剂瓶中。

(13) 碳酸盐淋洗液:$c(Na_2CO_3)=4.0\text{mmol}\cdot\text{L}^{-1}$,$c(NaHCO_3)=1.2\text{mmol}\cdot\text{L}^{-1}$,准确称取0.8480g碳酸钠和0.2016g碳酸氢钠,溶于适量水后移入2000mL容量瓶,用水稀释定容至标线,混匀。

(14) 微孔滤膜:孔径$0.45\mu\text{m}$,材质为聚醚砜或亲水聚四氟乙烯(亲水PTFE)。

【实验步骤】

1. 样品采集

参照GB 13580.2—1992和HJ/T 165—2004的相关规定用进行样品采集;对于没有自动采样器的监测点,可进行手动采样。手动采样器一般由一只接雨(雪)的聚乙烯塑料漏斗、一个放漏斗的架子、一只样品容器(聚乙烯瓶)组成,漏斗的口径和样品容器体积与自动采样器的要求相同;也可采用无色聚乙烯塑料桶采样,采样桶上口直径及体积与自动采样器的要求相同(口径直径应不小于20cm)。

2. 样品保存

样品于4℃以下冷藏密封保存,2d内测定,若用氢氧化钠溶液调节pH至8~10,可在7d内测定。

注:雪水等固态降水样品应待其自然融化后再过滤取样,不得在其完全融化前取部分样品进行测定。

3. 样品预处理

用$0.45\mu\text{m}$的有机微孔滤膜作为过滤介质。该膜为惰性材料,不与样品中的化学成分发生吸附或离子交换作用,能满足过滤样品的要求。

采集的样品经微孔滤膜过滤后转移至样品瓶。

4. 仪器参考条件

阴离子色谱柱,柱温:30℃。碳酸盐淋洗液,流速:$1.0\text{mL}\cdot\text{min}^{-1}$,进样体积:

$200\mu L$，电导池温度：$30℃$。

5. 标准曲线的建立

分别准确移取 0mL、0.50mL、1.00mL、5.00mL、10.00mL、20.00mL 混合标准使用液于一组 100mL 容量瓶中，用水稀释定容至标线，混匀。标准系列参考质量浓度见表 10-2。按照仪器参考条件，由低浓度到高浓度依次测定。以目标化合物的质量浓度（$mg \cdot L^{-1}$）为横坐标，峰面积或峰高为纵坐标，建立标准曲线。

表 10-2　标准系列参考质量浓度

目标化合物名称	1	2	3	4	5	6
乙酸	0	0.050	0.100	0.500	1.00	2.00
甲酸	0	0.025	0.050	0.250	0.500	1.00
草酸	0	0.050	0.100	0.500	1.00	2.00

6. 样品测定

按照与标准曲线的建立相同的条件和步骤，进行样品的测定。如果样品浓度高于标准曲线最高点，也可将样品稀释后测定，同时记录稀释倍数 D。

7. 空白试验

以实验用水代替样品，按照与样品测定相同的条件和步骤，进行空白样品的测定。

【数据记录及处理】

1. 定性分析

根据样品中目标化合物的保留时间定性。在本标准参考条件下，三种有机酸混合标准溶液的离子色谱图见图 10-3。

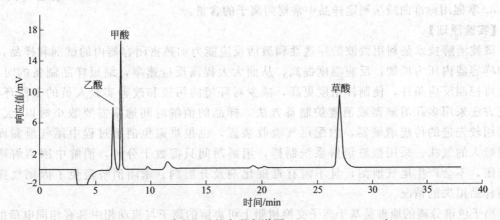

图 10-3　三种有机酸的离子色谱图（$\rho = 0.500 mg \cdot L^{-1}$）

2. 测量结果

将测量结果填入表 10-3。

表 10-3　数据结果记录表

编号	1	2	3	4	5	6	7（空白）
保留时间							
峰高或峰面积							

第十章　离子色谱分析

3. 结果计算

样品中目标化合物（乙酸、甲酸和草酸）的质量浓度（mg·L^{-1}），按照下述公式进行计算：

$$\rho_i = \rho_{is} \times D$$

式中，ρ_i 为样品中第 i 种有机酸的质量浓度，mg·L^{-1}；ρ_{is} 为由标准曲线得到的第 i 种有机酸的质量浓度，mg·L^{-1}；D 为样品的稀释倍数。

测定结果小数点后位数的保留与方法检出限一致，最多保留三位有效数字。

【注意事项】

1. 若使用具备梯度淋洗条件的离子色谱仪，也可选用氢氧根淋洗液体系。
2. 样品中金属离子浓度较高会影响色谱柱使用寿命，可用离子净化柱（Ag/Na 柱）处理减少其影响。Ag/Na 柱使用前需按照使用说明书进行活化。

【问题与讨论】

1. 简述抑制器的作用。
2. 测定阴离子的方法有哪些？试比较它们各自的特点。
3. 比较离子色谱法和键合相色谱法的异同点。

实验三 微波消解-离子色谱法测定茶叶中痕量氟、氯离子的含量

【实验目的】

1. 了解微波消解仪的基本操作。
2. 掌握离子色谱法的基本原理。
3. 掌握用标准曲线法测定样品中常规阴离子的含量。

【实验原理】

微波消解技术是利用微波的穿透性和激活反应能力加热密闭容器内的试剂和样品，可使制样容器内压力增加，反应温度提高，从而大大提高反应速率，缩短样品制备的时间，并且可控制反应条件，使制样精度更高，减少对环境的污染和改善实验人员的工作环境。传统方法采用多孔消解器或消煮炉制备方法，样品的消解时间通常需要数小时以上。即使选用较先进的传统消解器，内配尾气吸收装置，也很难避免消解过程中尾气泄漏而产生很呛人的气味。采用微波消解系统制样，消解时间只需数十分钟，消解中因消解罐完全密闭，不会产生尾气泄漏，且不需有毒催化剂及升温剂。密闭消解避免了因尾气挥发而使样品损失的情况。

离子色谱分离的原理是基于离子交换树脂上可离解的离子与流动相中具有相同电荷的溶质离子之间进行的可逆交换和分析物溶质对交换剂亲和力的差别而被分离，淋出液经过化学抑制器，将淋洗液的背景电导抑制到最小，被分析物质进入电导池时就有较大的可准确测量的电导信号。

【仪器与试剂】

1. 仪器

微波消解仪；YC-3000 型离子色谱仪。

2. 试剂

茶叶（龙井）；双氧水（AR）；氢氧化钠（AR）；草酸钠（AR）；草酸钠（AR）；碳酸钠（GR）；碳酸氢钠（GR）。

【实验步骤】
1. 样品制备及处理
(1) 样品制备

首先把茶叶样品粉碎,然后称取 0.1000g 样品,加入双氧水于聚四氟乙烯消解罐中,再加入 10.0mL 双氧水,放入微波消解装置中,升温至温度为 220℃,保温 15min,消解,取出后冷却,用 pH 试纸检测消解液的 pH 值,若为酸性则用淋洗液中和 pH 至中性,转移至 100mL 容量瓶定容。

(2) 样品处理

移出少量定容后溶液,过 SPE Na1.0cc 柱、SPE Ag1.0cc 柱,然后过 0.45μm 微孔滤膜,放入样品试管,检测氟离子含量。

2. 标准溶液的制备

分别准确移取一定量氟离子质量浓度为 100 mg·L^{-1} 标准液于样品瓶中,加纯净水定容,配制成 2.0mg·L^{-1}、4.0mg·L^{-1}、6.0mg·L^{-1}、10.0mg·L^{-1}、20.0mg·L^{-1} 的标准系列。

3. 工作曲线的绘制及样品测试

打开正压排气装置电源,再打开 YC-3000 型离子色谱仪电源,按"启动"按钮,点击仪器软件,选择相应的通道,观察基线至平稳。

创建本次实验方法,设置如下分析条件:样品类型、试样个数、工作方式、分析时间,然后运行标准样品序列及待测样品,得系列谱图,依据软件数据处理方法处理得工作曲线及待测样品数据。

【注意事项】
1. 必须严格按操作规程操作。
2. 应经常观察正压排气装置后的淋洗液管路,看是否混有气泡。

【数据处理】
1. 填写表 10-4 并绘制工作曲线,计算 F$^-$、Cl$^-$ 线性回归方程。

表 10-4 工作曲线绘制表格

序号	F$^-$ 浓度	保留时间	面积	Cl$^-$ 浓度	保留时间	面积
1						
2						
3						
4						
5						
线性回归方程				线性回归方程		

2. 计算茶叶样品中 F$^-$、Cl$^-$ 的含量(表 10-4)。

表 10-5 茶叶样品中 F$^-$、Cl$^-$ 的含量

样品序号		
样品 F$^-$ 的含量		
样品 Cl$^-$ 的含量		

【思考题】
1. 离子色谱仪与液相色谱仪在原理上有什么相同点、不同点？
2. 为什么要检测待测样品溶液的酸碱性？测定前如何调节？
3. 待测样品测定前为什么要过 SPE Na1.0cc 柱、SPE Ag1.0cc 柱、过 $0.45\mu m$ 滤膜？
4. 样品测定结束后如何维护仪器？

四、知识拓展

1. 离子色谱发展史

1975 年，H. Small 等成功地解决了用电导检测器连续检测流出物的难题，即采用低交换容量的阴离子或阳离子交换柱，以强电解质作为流动相分离无机离子，流出物通过一根称为抑制柱的与分离柱填料带相反电荷的离子交换树脂柱。这样，将流动相中被测离子的反离子除去，使流动相背景电导降低，从而获得高的检测灵敏度。从此，有了真正意义上的离子色谱法（ion chromatography，IC），IC 也从此作为一项色谱分离技术从液相色谱法中独立出来。1979 年，Gjerde 等用弱电解质作为流动相。因流动相本身的电导率较低，不必用抑制柱就可以用电导检测器直接检测。人们把使用抑制柱的离子色谱法称作双柱离子色谱法（double column IC）或抑制型离子色谱法（suppressed IC），把不使用抑制柱的离子色谱法称作单柱离子色谱法（single column IC）或非抑制型离子色谱法（nonsuppressed IC）。

离子色谱一经诞生就立即商品化，美国从 20 世纪 70 年代中期就生产了离子色谱仪，并获得有关的专利。Dow 化学公司组建 Dionex 公司专门生产和研制离子色谱仪。

20 世纪 80 年代初，离子色谱已经广泛地被人们认同接受，离子色谱的销售量每年以 15% 以上的速度递增，美国化学文摘及英国的分析化学文摘专门将离子色谱分成独立的一类，而 Journal of Chromatography Science 每年在介绍色谱仪器时，将其分为液相色谱、气相色谱、离子色谱和毛细管电泳 4 大类型。

1981 年，在天津市举办的多国仪器仪表展上美国人曾放言：中国几十年内都搞不出来自主研发的离子色谱仪。这句话深深地刺痛了刘开禄的心。一个离子色谱仪的"中国梦"在逐渐酝酿成型。

离子色谱筑梦团队——第一代离子色谱老专家：
刘开禄：核工业部北京化工冶金研究院教授级高级工程师
蒋仁依：北京矿产地质研究院教授级高级工程师
赵云麒：核工业北京化工冶金研究院高级工程师
袁斯鸣：核工业北京化工冶金研究院高级工程师
苏程远：青岛黄海水产研究所高级工程师

这一支可谓全能的团队在之后的研究中克服了重重困难，突破了种种阻碍，终于在 1983 年研制成功第一台国产离子色谱仪的原理样机 ZIC-1。

1983 年 6 月样机进行性能试验，鉴定会专家组经过评审，一致认为 ZIC-1 离子色谱仪为国内首次研制成功，它的性能基本与国外同类仪器（美国 Dionex-14 型）相接近，填补了国内空白。它所配备的 YSP-2 型阴离子色谱柱的柱效率、灵敏度、使用寿命等主要技术指标均达到国外同类产品的水平，能用于大气监测、水质监测、工业废水、地下水、自来水、电厂用水及矿物包裹体等多方面的阴离子样品分析。

2. 离子色谱的特点及应用

离子色谱法优点如下所述。

① 快速、方便：对 7 种常见阴离子（F^-、Cl^-、Br^-、NO_2^-、NO_3^-、SO_4^{2-}、PO_4^{3-}）和 6 种常见阳离子（Li^+、Na^+、NH_4^+、K^+、Mg^{2+}、Ca^{2+}）的平均分析时间已分别小于 8min。用高效快速分离柱对上述 7 种最重要的常见阴离子达基线分离只需 3min。

② 灵敏度高：离子色谱分析的浓度范围低 $\mu g \cdot L^{-1}$（1~10$\mu g \cdot L^{-1}$）至数百 $mg \cdot L^{-1}$。直接进样（25μL）电导检测，对常见阴离子的检出限小于 $10\mu g \cdot L^{-1}$。

③ 选择性好：IC 法分析阴、阳离子的选择性可通过选择恰当的分离方式、分离柱检测方法来达到。与 HPLC 相比，IC 中固定相对选择性的影响较大。

④ 可同时分析多种离子化合物：与光度法、原子吸收法相比，IC 的主要优点是可同时检测样品中的多种成分。只需很短的时间就可得到阴、阳离子以及样品组成的全部信息。

⑤ 分离柱的稳定性好、容量高：与 HPLC 中所用的硅胶填料不同，IC 柱填料的高 pH 值稳定性允许用强酸或强碱作为淋洗液，有利于扩大应用范围。

离子色谱法主要用于环境样品的分析，包括地面水、饮用水、雨水、生活污水、工业废水、酸沉降物和大气颗粒物等样品中的阴、阳离子，与微电子工业有关的水和试剂中痕量杂质的分析。另外在食品、卫生、石油化工、水及地质等领域也有广泛的应用。

近几年，高新技术的发展又大大推动了离子色谱技术的衍生发展，各种新型的仪器如便携式离子色谱仪、在线燃烧离子色谱系统、饮用水安全检测离子色谱、HPIC 集成型毛细管离子色谱系统、HPIC 高压离子色谱系统、系列离子色谱在线监测系统、离子色谱质谱联用（IC-MS）等应运而生，也极力促进了离子色谱科学技术在各个领域的应用。

参 考 文 献

[1] 环境空气降水中阳离子（Na^+、NH_4^+、K^+、Mg^{2+}、Ca^{2+}）的测定离子色谱法. HJ 1005—2018.

[2] 降水中有机酸（乙酸、甲酸和草酸）的测定离子色谱法. HJ 1004—2018.

第十一章

气相色谱-质谱联用技术

一、基本原理

气相色谱-质谱联用技术（gas chromatography-mass sepetrometry，GC-MS），简称气质联用，即将气相色谱仪与质谱仪通过接口组件进行连接，以气相色谱作为试样分离、制备的手段，将质谱作为气相色谱的在线检测手段进行定性、定量分析，辅以相应的数据收集与控制系统构建而成的一种色谱-质谱联用技术，在化工、石油、环境、农业、法医、生物医药等方面，已经成为一种获得广泛应用的成熟的常规分析技术。GC-MS综合了气相色谱和质谱的优点，具有GC的高分离度和MS的高灵敏度、强鉴别能力，可同时完成待测组分的分离、鉴定和定量。

气相色谱技术是利用一定温度下不同化合物在流动相（载气）和固定相中分配系数的差异，使不同化合物按时间先后在色谱柱中流出，从而达到分离分析的目的。保留时间是气相色谱进行定性的依据，而色谱峰高或峰面积是定量的手段，所以气相色谱对复杂的混合物可以进行有效的定性定量分析。其特点在于高效的分离能力和良好的灵敏度。但若仅以保留时间作为定性指标往往存在明显的局限性，特别是对于同分异构体或者同位素化合物的分离效果较差。质谱中的一种离子化技术则是将汽化的样品分子在高真空的离子源内转化为带电离子，经电离、引出和聚焦后进入质量分析器，在磁场或电场作用下，按时间先后或空间位置进行质荷比（质量和电荷的比，m/z）分离，最后被离子检测器检测。其主要特点是较强的结构鉴定能力，能给出化合物的分子量、分子式及结构信息。在一定条件下所得的MS碎片图及相应强度，犹如指纹图，易于辨识，方法专属灵敏。但单独使用质谱最大的局限性在于要求样品是单一组分，因此无法满足混合物质的分析。

GC-MS是在色谱和质谱各自技术优点的基础上，取长补短，将气相色谱对混合有机化合物的高效分离能力和质谱对化合物的准确鉴定能力进行直接结合来对混合物物质进行定性和定量分析的一门技术。在GC-MS中气相色谱是混合物分离的处理器，而质谱则是气相色谱分离成分的检测器。两者的联用不仅获得了气相色谱中各分离组分的保留时间、强度信息，同时有质谱中各分离组分的质荷比和强度信息。因此，GC-MS联用技术的分析方法不但能使样品的分离、鉴定和定量一次快速地完成，还对于批量物质的整体和动态分析起到了很大的促进作用。其主要应用于工业检测、食品安全、环境保护等众多领域，如农药残留、食品添加剂等；纺织品检测，如禁用偶氮染料、含氯苯酚检测等；化妆品检测，如二噁烷、香精香料检测等；

电子电器产品检测,如多溴联苯、多溴联苯醚检测等;物证检验中可能涉及各种各样的复杂化合物,气质联用仪器对这些司法鉴定过程中复杂化合物的定性定量分析提供强有力的支持。

二、仪器组成与结构

GC-MS 系统(见图 11-1)由气相色谱单元、质谱单元、计算机控制系统和接口四大件组成,其中气相色谱单元一般由载气控制系统、进样系统、色谱柱与控温系统组成;质谱单元由离子源、离子质量分析器及其扫描部件、离子检测器和真空系统组成;接口是样品组分的传输线以及气相色谱单元、质谱单元工作流量或气压的匹配器;计算机控制系统不仅用作数据采集、存储、处理、检索和仪器的自动控制,而且拓宽了质谱仪的性能。

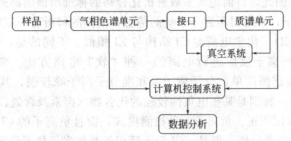

图 11-1 气质联用仪组成结构示意图

(1) 气路系统

GC-MS 中载气由高压气瓶(约 15MPa)经减压阀减至 0.2~0.5MPa,再经载气净化过滤器(除氧、除氮、除水等)和稳压阀、稳流阀及流量计到达气相色谱的进样系统。GC-MS 的气源主要是氦气,其优点是化学惰性对质谱检测无干扰,且载气的扩散系数较低。缺点是分析时间延长。另外,载气的流速、压力和纯度(≥99.999%)对样品的分离、信号的检测和真空的稳定具有重要的影响。

如果配置化学电离源,GC-MS 还需要甲烷、异丁烷、氨等气体。对于具有 GC-MS 功能的质谱仪则需要氩气、氮气等气体和相应的气路系统。

(2) 进样系统

进样系统包括进样器和汽化室。GC-MS 要求样品沸点低、热稳定性好。在一定汽化温度(最高 350~425℃)下进入汽化室后能有效汽化,并迅速进入色谱柱,无歧视,无损失,记忆效应小。为解决进样的歧视现象,提高分析的精密度和准确度,近几年来分流/不分流进样、毛细管柱直接进样、程序升温柱头进样等毛细管进样系统取得了很大的进步。一些具有样品预处理功能的配件,如固相微萃取、顶空进样、吹扫-捕集顶空进样器、热脱附仪、裂解进样器等也相继出现。

(3) 柱系统

柱系统包括柱箱和色谱柱。柱箱的控温系统范围广,可快速升温和降温。柱温对样品在色谱柱上的柱效、保留时间和峰高有重要的影响。由于分析样品时遵循气相色谱的"相似相溶"原理,所以根据应用需要可选择不同的 GC-MS 专用色谱柱。目前,多用小口径毛细管色谱柱,检测限达到 10^{-15}~10^{-12} 水平。

(4) 接口

接口是连接气相色谱单元和质谱单元最重要的部件。接口的目的是尽可能多地去除载气，保留样品，使色谱柱的流出物转变成粗真空态分离组分，且传输到质谱仪的离子源中。GC-MS 联用仪中接口多采用直接连接方式，即将色谱柱直接接入质谱离子源，其作用是将待测物在载气携带下从气相色谱柱流入离子源形成带电粒子，而氦气不发生电离被真空泵抽走。通常，接口温度应略低于柱温，但也不应出现温度过低的"冷区"。在 GC-MS 仪的发展中，接口方式还有开口分流型、喷射式分离器等。

(5) 离子源

离子源的作用是将被分析物的分子电离成离子，然后进入质量分析器被分离。目前常用的离子源有电子轰击源（electron ionization，EI）和化学电离源（chemical ionization，CI）。

① 电子轰击源（EI）　电子轰击源是 GC-MS 中应用最广泛的离子源。主要由电离室、灯丝、离子聚焦透镜和磁极组成。灯丝发射一定能量的电子可使进入离子化室的样品发生电离，产生分子离子和碎片离子。EI 的特点是稳定、电离效率高、结构简单、控温方便、所得质谱图有特征、重现性好。因此，目前绝大多数有机化合物的标准质谱图都是采用电子轰击源得到的。但 EI 只检测正离子，有时得不到分子量的信息，谱图的解析有一定难度，如醇类物质。

② 化学电离源（CI）　化学电离源 CI 结构与 EI 相似。不同的是，CI 源是利用反应气的离子与化合物发生分子-离子反应进行电离的一种"软"电离方法。常用反应气有：甲烷、异丁烷和氨气。所得质谱图简单，分子离子峰和准分子离子峰较强，其碎片离子峰很少，易得到样品分子的分子量。特别是某些电负性较强的化合物（卤素及含氮、氧化合物）的灵敏度非常高。同时，CI 可以用于正、负离子两种检测模式，而且负离子的 CI 质谱图灵敏度高于正离子的 CI 质谱图 2～3 个数量级。但是，CI 源不适用于难挥发、热不稳定性或极性较大的化合物，且 CI 谱图重复性不如 EI 谱图，没有标准谱库。得到的碎片离子少，缺乏指纹信息。

(6) 质量分析器

常用的气相色谱-质谱联用仪有气相色谱-四级杆质谱仪（GC/Q-MS）、气相色谱-离子阱串联质谱仪（GC/IT-MS-MS），气相色谱-时间飞行质谱仪（GC/TOF-MS）和全二维气相色谱-飞行时间质谱仪（GC×GC/TOF-MS），不同生产厂家型号质量扫描范围不同，有的高达 1200amu。

(7) 离子检测器

质谱仪常用检测器为电子倍增管、光电倍增管、照相干板法和微通道板等。目前四级质谱、离子阱质谱常采用电子倍增管和光电倍增管，而时间飞行质谱多采用微通道板。其检测器灵敏度都很高。

(8) 真空系统

真空系统是 GC-MS 的重要组成部分。一般包括低真空前级泵（机械泵）、高真空泵（扩散泵和涡轮泵较常用）、真空测量仪表和真空阀件、管路等组成。质谱单元必须在高真空状态下工作，高真空压力达 10^{-5}～10^{-3}Pa。另外，高真空不仅能提供无碰撞的离子轨道和足够的平均自由程，还有利于样品的挥发，减少本底的干扰，避免在电离室内发生分子-离子反应，减少图谱的复杂性。

(9) 计算机控制系统

① 调谐程序　一般质谱仪都设有自动调谐程序。通过调节离子源、质量分析器、检测器等参数，可以自动调整仪器的灵敏度、分辨率在最佳状态，并进行质量数的校正。所需调节的质量范围不同，采用的标准物质也不同。通常分子量为 650 以内的低分辨率 GC-MS 仪器多采用全氟三丁胺（PFTBA）中 m/z 为 69、219、502、614 等特征离子进行质量校正。

② 数据采集和处理程序　混合物经过色谱柱分离之后，可能获得若干个色谱峰。每个色谱峰经过数次扫描采集所得。一般来说，质谱进行扫描的速度取决于质量分析器的类型和

结构参数。一个完整的色谱峰通常需要至少6个以上数据点，这要求质谱仪有较高的扫描速度，才能在很短的时间内完成多次全范围的质量扫描。与常规的 GC-MS 相比，飞行时间质谱仪具有更高速的质谱采集系统。随着 GC-MS 的发展，可以一次性采集上百个组分，然后通过计算机的软件功能完成质量校正、谱峰强度修正、谱图累加平均、元素组成、峰面积积分和定量运算等数据处理程序。GC-MS 中最常用的两种检测方式为全扫描和选择离子扫描工作方式。前者是随着样品组分变化，在全扫描方式下形成的总离子流随时间变化的色谱图，称总离子流色谱图，适用于未知化合物的全谱定性分析，且能获得结构信息；后者采用这种选择离子扫描工作方式所得到的特征离子流随时间变化形成了质量离子色谱图或特征离子色谱图。对目标化合物或目标类别化合物分析，灵敏度明显提高，非常适用于复杂混合物中痕量物质的分析。

③ 谱图检索程序　被测物在标准电离方式——电子轰击源 EI 70eV 电子束轰击下，电离形成质谱图。利用谱库检索程序可以在标准谱库中快速地进行匹配，得到相应的有机化合物名称、结构式、分子式、分子量和相似度。目前国际上最常用的质谱数据库有：NIST 库、NIST/EPA/NIH 库、Wiley 库等。另外，用户还可以根据需要建立用户质谱数据库。

④ 诊断程序　在各种分析仪器的使用过程中出现问题和故障是难免的，因此采用仪器自身设置的诊断软件进行检测是必不可少的。同时，在仪器调谐过程中设置和监测各种电压，或检查仪器故障部位，有助于仪器的正常运转和维修。

三、实验部分

实验一　苯类衍生物的混合物分离及鉴定

【实验目的】
1. 了解气相色谱-质谱联用仪的基础操作。
2. 了解苯类衍生物的 GC-MS 定性分析方法。
3. 初步掌握软件中有关仪器参数设定、分析方法的编辑、谱库检索。

【实验原理】
气相色谱法利用物质在固定相和流动相中的分配系数不同，使不同化合物从色谱柱流出的时间不同，达到分离化合物的目的。质谱法利用带电粒子在磁场或电场中的运动规律，按其质荷比（m/z）实现分离分析，测定离子质量及强度分布。它可以给出化合物的分子量、元素组成、分子式和分子结构信息，具有定性专属性、灵敏度高、检测快速等特点。

气相色谱-质谱联用仪兼备了色谱的高分离能力和质谱的强定性能力，可以把气相色谱理解为质谱的进样系统，把质谱理解为气相色谱的检测器。气相色谱-质谱联用仪的基本构成为：样品→进样系统→离子源→质量分析器→检测器→信号处理器，其中离子源、质量分析器和检测器要处于真空系统中。

本实验中待分析样品为苯系物。混合样品经 GC 分离成单一组分，并进入离子源，在离子源样品分子被电离成离子，经过质量分析器之后即按 m/z 顺序排列成谱。经检测器检测后得到质谱，计算机采集并储存质谱，经过适当处理可得到样品的色谱图、质谱图等。

【仪器与试剂】
1. 仪器
气相色谱-质谱联用仪（美国安捷伦，型号 7890A-5975C），配有 HP5MS（30m×

0.25mm×0.25μm）石英毛细管柱、（10μL）进样针。

2. 试剂

甲苯、邻二甲苯和萘的混合物的二氯甲烷溶液（浓度均为100ppm）；高纯氦气。

【实验步骤】

1. 样品制备

对于基质复杂的环境样品，需要经过萃取、浓缩、衍生化等样品前处理技术制备满足要求的样品（本实验从略），进入 GC-MS 分析的样品必须在 GC 工作温度下能汽化、不含水、浓度与仪器灵敏度相匹配，本实验采用的样品是苯系物的二氯甲烷溶液，已经预处理满足要求。

2. 分析条件的设置

在工作站中设置 GC 条件（自动进样器、进样口温度、升温程序、载气流量等）和 MS 条件（扫描速度、扫描范围等），保存并调用方法，待仪器就绪后设定数据路径、数据文件名称、样本信息等，开始进样并采集数据。

3. 分析

程序结束后打开数据分析软件，选定 NIST05 谱库，调出个人分析数据进行定性分析。

4. 谱图解析

在气相色谱-质谱联用仪自带的谱图库中进行检索，检出相关度较大的已知物的标准谱图，对样品的谱图进行解读，参考标准谱图得出鉴定结果。

【数据记录及处理】

1. 将气相色谱分离出的峰与质谱图得到的该峰的分子量填入表 11-1。

表 11-1　气相色谱与质谱记录及分析

序号	保留时间	定性分析结果（分子量）	分子结构式
1			
2			
3			
4			

2. 查找样品的标准谱图，并将自己所测样品谱图与标准谱图进行评价和讨论。

【注意事项】

1. 色谱柱为 HP5MS；不能进水样；样品中沸点不能超过 300℃；进样前请净化并过无水硫酸钠；进样浓度不要超过 ppm 级；请自备有机溶剂和进样针；请每次实验记录氦气的压力；每次实验结束后请将 Standy 方法传到气相后关闭电脑。

2. 仪器检测器等部件须定期清洁，定期更换隔垫、衬管、石墨垫等易耗品。

【问题与讨论】

1. 绘制某一保留时间处甲苯的质谱图，分析它们主要产生了哪些离子峰。查阅质谱电离过程中分子碎裂的机理，写出甲苯可能的分子碎裂过程？

2. 气-质联用技术适用于分析哪些样品，请举例说明？

3. GC-MS 仪是如何得到总离子流色谱的？

实验二　饮料中邻苯二甲酸酯的定量测定

【实验目的】

1. 了解 GC-MS 联用仪的基本操作。

2. 掌握 GC-MS 方法的基本原理。

3. 掌握气相色谱-质谱法中最常用的定量分析方法，用标准曲线法测定样品中邻苯二甲酸酯的含量。

【实验原理】

邻苯二甲酸酯（PAEs）是邻苯二甲酸酐与醇的反应产物。该类化合物从邻苯二甲酸二甲酯到十三烷基酯共有 20 多种，均为无色透明的油状液体，无味或略带气味，难溶于水，易溶于有机溶剂。PAEs 是一种内分泌干扰物，对人体会产生危害。

GC-MS 最直接的定量方法是标准曲线法，配制一系列不同浓度的标准对照品溶液，在相同的色谱条件下，以相同体积进样，得到的色谱峰面积对相应浓度作图，即标准曲线，可以求出斜率和截距。在相同条件下，准确进样与对照品相同体积的样品溶液，可以依据检测出的峰面积求出其浓度。注意：样品浓度应在工作曲线浓度范围内。

MS 有两种扫描方式：Scan（全扫描）和 SIM（选择离子扫描）。Scan 可提供比较全的样品碎片离子信息，常用于定性分析；SIM 只提供样品的特征碎片离子信息，包含的杂质离子信息比较少，常用于定量分析。

【仪器与试剂】

1. 仪器

气相色谱-质谱联用仪（美国安捷伦，型号 7890A-5975C），配有 Rxi-1MS（30m×0.25mm×0.25μm）石英毛细管柱、（10μL）进样针。

2. 试剂

邻苯二甲酸二甲酯（DMP）；邻苯二甲酸二乙酯（DEP）；邻苯二甲酸二异丁酯（DIBP）；邻苯二甲酸二丁酯（DBP）。

【实验步骤】

1. 样品处理

称取样品 20g，置于 100mL 分液漏斗中，加入 10mL 饱和食盐水、20mL 乙腈、20mL 正己烷剧烈振摇，静置分层，上清液经装有 5g 无水硫酸钠的漏斗收集于茄形瓶，再用 20mL×2 正己烷重复提取两次，合并上清液，40℃下蒸发至近干，用正己烷定容至 2mL，供气相色谱-质谱检测。

2. 标准溶液的制备

分别准确移取一定量邻苯二甲酸酯混合标准液于样品瓶中，加正己烷定容，配制成 0×10^{-6} mol·L^{-1}、1.0×10^{-6} mol·L^{-1}、5.0×10^{-6} mol·L^{-1}、10×10^{-6} mol·L^{-1}、25×10^{-6} mol·L^{-1} 的标准系列。

3. 工作曲线的绘制

打开 GC-MS Analysis Editor 软件，创建本次实验方法。分析条件如下。

GC 条件：进样口温度：280℃；柱箱温度：初始温度 60℃，保持 1min，以 20℃·min^{-1} 升至 220℃，保持 1min，再以 5℃·min^{-1} 升至 280℃，保持 4min；进样方式：不分流进样；流量控制方式：线速度，柱流量：1.0mL·min^{-1}；

MS 条件：离子源温度：230℃；接口温度：250℃；溶剂延迟时间：3min 开始时间：3min；结束时间：30min；扫描方式：SIM。

按上述分析条件上机检测标准溶液，对所得的色谱峰与质谱图进行处理，得出色谱峰面积-标样浓度标准曲线。

4. 测定未知样品

测定未知样品中邻苯二甲酸酯含量，处理数据并提交实验报告。

【数据记录及处理】
1. 将不同饮料中测得的邻苯二甲酸酯含量填入表 11-2。

表 11-2　邻苯二甲酸酯的质谱峰参数记录定量分析

序号	分离物质	保留时间	定性离子	定量离子	样品含量/$\mu g \cdot mL^{-1}$
1					
2					
3					
4					

2. 对照测试结果，讨论实验过程中可能导致误差的原因。

【注意事项】
1. 气相色谱-质谱联用仪属于贵重精密仪器，必须严格按操作手册规定操作。
2. 谱库检索结果并非定性分析的唯一方法，匹配度大小只表示可能性大小，因此确切的结构还需借助其他仪器进一步确认。

【问题与讨论】
1. GC-MS 的溶剂延迟时间的作用是什么？
2. MS 有几种扫描方式？适用情况分别是什么？
3. 为什么 GC-MS 样品中不能含水？

四、知识拓展

气相色谱-质谱联用技术（英语：gas chromatography-mass spectrometry，简称气质联用，英文缩写 GC-MS）是一种结合气相色谱和质谱的特性，在试样中鉴别不同物质的方法。GC-MS 的使用包括药物检测（主要用于监督药物的滥用）、火灾调查、环境分析、爆炸调查和未知样品的测定。GC-MS 也可用于为保障机场安全测定行李和人体中的物质。另外，GC-MS 还可以用于识别物质中在未被识别前就已经蜕变了的痕量元素。

质谱仪作为气相色谱的检测器是 20 世纪 50 年代期间由 Roland Gohlke 和 Fred McLafferty 首先开发的。当时所使用的敏感的质谱仪体积庞大、容易损坏，只能作为固定的实验室装置使用。价格适中且小型化的电脑的开发为这一仪器使用的简单化提供了帮助，并且，大大地改善了分析样品所花的时间。1964 年，美国电子联合公司（Electronic Associates，Inc. 简称 EAI）在 Robert E. Finnigan 的指导下开始开发电脑控制的四极杆质谱仪。到了 1966 年，Finnigan 和 Mike Uthe 的 EAI 分部合作售出 500 多台四极杆残留气体分析仪。1967 年，Finnigan 仪器公司（Finnigan Instrument Corporation，简称 FIC）组建就绪，1968 年初就给斯坦福大学和普渡大学提供了第一台 GC-MS 的最早雏形。FIC 最后重新命名为菲尼根公司（Finnigan Corporation）并且继续保持世界 GC/MS 系统研发、生产的领先。

1966 年，当时最尖端的高速 GC-MS（the top of the line high speed GC-MS units）单元在不到 90s 的时间里，完成了火灾助燃物的分析，然而，如果使用第一代 GC-MS 至少需要 16min。到 2000 年使用四极杆技术的电脑化的 GC-MS 仪器已经是化学研究和有机物分析的必不可少的仪器。今天电脑化的 GC-MS 仪器被广泛地用在水、空气、土壤等的环境检测中，同时也用于农业调控、食品安全及医药产品的发现和生产中。

气相色谱法-质谱法联用仪的应用具体涵盖以下几方面。

① 在环境方面，GC-MS 正在成为跟踪持续有机物污染所选定的工具。GC-MS 设备的费用已经显著地降低，并且其可靠性也已经提高。这样就使该仪器更适合用于环境监测研究。对于一些化合物，如某些杀虫剂和除草剂，GC-MS 的敏感度不够，但对大多数环境样品的有机物分析，包括多种主要类型的杀虫剂，它是非常敏感和有效的。

② 刑事鉴识，GC-MS 分析人身体上的小颗粒帮助将罪犯与罪行建立联系。用 GC-MS 进行火灾残留物分析的分析方法已经很好地确立起来。甚至，美国试验材料学会确定了火灾残留物的分析标准。在这种分析中，GC-MS 特别有用，因为试样中常含有非常复杂的基质，并且，法庭上使用的结果要求有高的精确度。GC-MS 在麻醉毒品的检测方面的应用逐渐增多，甚至，最终会取代嗅药犬。GC-MS 也普遍用于刑侦毒理学，在嫌疑人、受害者或死者的生物标本中发现药物和毒物。

③ 运动反兴奋剂分析，GC-MS 也适用于运动反兴奋剂实验室，测试在运动员的尿样中是否存在被禁用的体能促进类药物的主要工具，例如，测定合成代谢类固醇类药物。

④ 社会安全，9.11 后开发的爆炸物监测系统已经成为全美国飞机场设施的一部分。这些监测系统的操作依赖大量的技术，其中，许多是基于 GC-MS 的。

⑤ 食品、饮料和香水分析，食品和饮料中包含大量芳香化合物，一些是天然就存在于原材料中的，另一些是在加工时形成的。GC-MS 广泛地用于分析这些化合物，它们包括：酯、脂肪酸、醇、醛、萜类等。GC-MS 也用于测定由于腐坏和掺假所造成的污染物，这些污染物可能是有害的，而且，常常由政府有关部门对其实行控制。

⑥ 医药，十几种先天性代谢疾病也叫先天性代谢缺陷（inborn error of metabolism，IEM），现在可以通过新生儿筛检试验测到，特别是使用气相色谱-质谱法进行监测。GC-MS 可以测定尿中的化合物，甚至该化合物在非常小的浓度下都可被测出。这些化合物在正常人体内不存在，出现在患代谢疾病的人群中。因而，该方法日益成为早期诊断 IEM 的常用方法，这样及早指定治疗方案。目前能用 GC-MS 在出生时，通过尿液监测测出 100 种以上遗传性代谢异常。

参 考 文 献

[1] 汪正范. 色谱联用技术 [M]. 北京：化学工业出版社，2001.
[2] 岳永德. 农药残留分析 [M]. 北京：中国农业出版社，2004.
[3] 刘伟森. 蔬菜中有机磷农药残留检测方法及其应用研究 [D]. 广州：华南理工大学，2010.

第十二章

液相色谱-质谱联用技术

一、基本原理

在所有色谱技术中，液相色谱法（liquid chromatography，LC）是最早（1903年）发明的，但其初期发展比较慢，在液相色谱普及之前，纸色谱法、气相色谱法和薄层色谱法是色谱分析法的主流。到了20世纪60年代后期，将已经发展得比较成熟的气相色谱的理论与技术应用到液相色谱上来，使液相色谱得到了迅速的发展。特别是填料制备技术、检测技术和高压输液泵性能的不断改进，使液相色谱分析实现了高效化和高速化。具有这些优良性能的液相色谱仪于1969年实现商品化。从此，这种分离效率高、分析速度快的液相色谱就被称为高效液相色谱法（high performance liquid chromatography，HPLC），也称高压液相色谱法或高速液相色谱法。气相色谱只适合分析较易挥发且化学性质稳定的有机化合物，而HPLC则适合分析那些用气相色谱难以分析的物质，如挥发性差、极性强、具有生物活性、热稳定性差的物质。现在，HPLC的应用范围已经远远超过气相色谱，位居色谱法之首。

质谱分析是先将物质离子化，按离子的质荷比分离，然后测量各种离子峰的强度而实现分析目的的一种分析方法。质谱的样品一般要先汽化，再离子化。不纯的样品要用色谱-质谱联用仪，通过色谱进样，即色谱分离，质谱是色谱的检测器。离子在电场和磁场的综合作用下，按照其质量数 m 和电荷数 z 的比值（m/z，质荷比）大小依次排列成谱被记录下来，以检测器检测到的离子信号强度为纵坐标，离子质荷比为横坐标所做的条状图就是我们常见的质谱图。

色谱与质谱的在线联用将色谱的分离能力与质谱的定性功能结合起来，实现对复杂混合物更准确的定量和定性分析，而且简化了样品的前处理过程，使样品分析更简便。色谱-质谱联用包括气相色谱-质谱联用（GC-MS）和液相色谱-质谱联用（LC-MS），液质联用与气质联用互为补充，分析不同性质的化合物。气质联用仪（GC-MS）是最早商品化的联用仪器，适宜分析小分子、易挥发、热稳定、能汽化的化合物；用电子轰击方式（EI）得到的谱图，可与标准谱库对比。液质联用仪（LC-MS）主要可解决如下几方面的问题：不挥发性化合物分析测定、极性化合物的分析测定、热不稳定化合物的分析测定、大分子量化合物（包括蛋白、多肽、多聚物等）的分析测定。

总之，液相色谱-质谱联用技术（LC-MS）是以质谱仪为检测手段，集HPLC高分离能力与MS高灵敏度和高选择性于一体的强有力分离分析方法。特别是近年来，随着电喷雾、大气压化学电离等软电离技术的成熟，其定性定量分析结果更加可靠，同时，由于液相色谱-质谱联用技术对高沸点、难挥发和热不稳定化合物的分离和鉴定具有独特的优势，因此，它已成为中药制剂分析、药代动力学、食品安全检测和临床医药学研究等不可缺少的手段。

二、仪器组成与结构

高效液相色谱-质谱联用仪（HPLC-MS）通常由液相色谱系统、进样接口、离子源、质量分析器、检测器、计算机控制及数据处理系统、真空系统等构成。具体见图12-1。

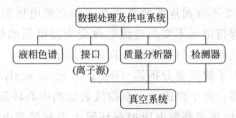

图12-1 液质联用仪结构组成示意图

（1）进样系统

高效液相色谱-质谱联用仪的进样方式有直接进样和柱后分离进样两种方式，可将试样导入质谱仪。

（2）离子源

样品进行质谱检测时，需将中性样品（不带电性）变成带正电荷的离子或带负电荷的离子才能检测，在质谱仪中实现此过程的装置叫离子源。

从质谱的离子源角度来划分，主要包括：热喷雾（TSP），等离子体喷雾（PSP），粒子束（LINC），大气压电离（API）和动态快原子轰击（FAB）。离子源的性能决定了离子化效率，很大程度上决定了质谱仪的灵敏度。API技术是当今质谱界最为活跃的领域，它是一种常压电离技术，不需要真空，减少了许多设备，使用方便，因而近年来得到了迅速的发展。API主要包括电喷雾离子化（ESI）、气动辅助电喷雾即离子喷雾离子化（ISI）和大气压化学离子化（APCI）3种模式。它们的共同点是样品的离子化在处于大气压下的离子化室内完成，离子化效率高，大大增强了分析的灵敏度和稳定性。

电喷雾离子化（ESI）工作原理：样品溶液从毛细管流出时，在电场的作用下喷射形成带电雾状液滴，在加热条件下，液滴内溶剂蒸发，液滴直径不断变小，使表面电荷密度不断增加，当达到雷利限度，即表面电荷所产生的库仑斥力与液滴的表面张力相等或超过时，液滴即爆裂，从而产生更小的液滴。此过程不断重复，直到液滴变得足够小，表面电场足够强，最终把样品离子从液滴中解吸出来，形成样品离子进入质量分析器被检测。ESI的适用范围：中等极性或极性有机分子、配合物、蛋白质、多肽、糖蛋白、核酸及其他多聚物。

离子喷雾离子化（ISI）工作原理：与ESI基本相同，但液滴的形成借助气流雾化的帮助。

大气压化学离子化（APCI）工作原理：APCI是由ESI派生出来的，它是利用大气压下电晕放电来产生反应离子，这些反应离子再与样品分子发生离子分子反应，从而产生样品分子的带电离子或加合离子被质谱检测。APCI主要应用于低极性或中等极性小分子分析，要求待测化合物易挥发且有一定的热稳定性。由于极少形成多电荷离子，分析的分子量范围受到质量分析器质量范围的限制。

(3) **质量分析器**

将带电离子根据其质荷比进行分离，用于记录各种离子的质量数和丰度。根据结构的差异，质量分析器包括扇型磁场质量分析器、四极杆质量分析器、离子阱质量分析器、飞行时间质量分析器及傅里叶变换离子回旋共振质量分析器。

四极杆质量分析器：仪器由四根截面为双曲面或圆形的棒状电极组成，两组电极间施加一定的直流电压和频率为射频范围的交流电压。当离子束进入筒形电极所包围的空间后，离子作横向摆动，在一定的直流电压、交流电压和频率，以及一定的尺寸等条件下，只有某一种（或一定范围）质荷比的离子能够到达收集器并发出信号（这些离子称共振离子），其他离子在运动的过程中撞击在筒形电极上而被"过滤"掉，最后被真空泵抽走（称为非共振离子）。如果使交流电压的频率不变而连续地改变直流和交流电压的大小（但要保持它们的比例不变）（电压扫描），或保持电压不变而连续地改变交流电压的频率（频率扫描），就可使不同质荷比的离子依次到达收集器（检测器）而得到质谱图。

离子阱质量分析器：离子阱质量分析器（ion trap mass analyser）实际是一种三维空间旋转对称四极杆质量分析器。离子阱由一个双曲线表面的中心环形电极和上下两个端电极间形成一个室腔（阱）。直流电压和高频电压加在环形电极和端盖电极之间，两端电极都处于低电位，在适当条件（环形电极半径、两端电极的距离、直流电压、高频电压）下，由离子源（EI 或 CI）注入的特定 m/z 的离子在阱内稳定区，其轨道振幅保持一定大小，并可长时间留在阱内，反之不稳定态离子（未满足特定条件者）振幅很快增长，撞击到电极而消失，质量扫描方式和四极滤质器相似，即在恒定的直流交流比下扫描高频电压以得到质谱图。

飞行时间质量分析器：飞行时间质谱是利用不同的 m/z 离子的飞行速度不同，离子飞行通过相同的路径到达检测器的时间不同而获得质量分离。质量分析器既不需要磁场，又不需要电场，只需要直线飘移空间，仪器的机械结构较简单。扫描速度快，可在 $10^{-5} \sim 10^{-6}$ s 时间内观察、记录整段质谱，使此类分析器可用于研究快速反应。存在聚焦狭缝，因此灵敏度很高，测定的质量范围仅取决于飞行时间，可达到几十万 u。

傅里叶变换离子回旋共振质量分析器：傅里叶变换质谱是近十几年发展的一种新技术，其工作原理与上述几种质量分析器有本质的差别，该技术应用快速傅里叶变换方法将离子的频率信号转换为质谱信号。优点是分辨率高，而且灵敏度随分辨率提高而提高。

(4) **检测器**

质谱检测器通常为光电倍增管或电子倍增管，电子倍增管（又称转换打拿极，conversion dynode）将离子流转化为电流，所采集的信号经放大并转化为数字信号，通计算机处理后得到质谱图。

(5) **真空系统**

有机质谱仪的真空系统一般为大抽速机械泵和涡轮分子泵组合构成差分抽气高真空系统，其真空度需达到 $1.33 \times 10^{-2} \sim 10^{-5}$ Pa，约 $10^{-5} \sim 10^{-7}$ mmHg。

(6) **数据处理**

在液质联用过程中，不同组分的色谱保留时间和由质谱得到其离子的相对强度组成色谱总离子流图，即质量色谱图。亦可固定某质荷比，对整个色谱流出物进行选择离子扫描（selected Ion monitoring，SIM），得到选择离子流图。质谱离子的多少用丰度（abundance）表示，即具有某质荷比离子的数量。

三、实验部分

实验一 药品中非法添加布洛芬的检测

【实验目的】
1. 了解液质联用的原理及作用。
2. 了解软件中有关仪器参数设定、分析方法的编辑、谱库检索。
3. 掌握药品中非法添加布洛芬的 LC-MS 检测分析方法。

【实验原理】
液质联用（LC-MS）又叫液相色谱-质谱联用技术，它以液相色谱作为分离系统，质谱作为检测系统。样品在质谱部分和流动相分离，被离子化后，经质谱的质量分析器将离子碎片按质量数分开，经检测器得到质谱图。

电喷雾四级杆飞行时间质谱（ESI-Q-TOF-MS）：质谱分析是一种测量离子质荷比的分析方法，其基本原理是使试样中各组分在离子源中发生电离，生成不同荷质比的带正电荷的离子，经加速电场的作用，形成离子束，进入质量分析器。在质量分析器中，利用电场和磁场使发生相反的速度色散，将它们分别聚焦而得到质谱图，从而确定其质量。电喷雾离子化（ESI）是质谱方法中的一种"软电离"方式，它的原理是：在强电场的作用下，引发正、负离子的分离，从而生成带高电荷的液滴。在加热气体（干燥气体）的作用下，液滴中溶剂被汽化，随着液滴体积逐渐缩小，液滴的电荷密度超过表面张力极限时，引起液滴自发的分裂，即"库仑爆炸"。分裂的带电液滴随着溶剂的进一步变小，最终导致离子从带电液滴中蒸发出来，产生单电荷或多电荷离子，进入质谱仪。由于ESI的电离方式可以产生多电荷离子，大大拓宽了测定物质的分子量的范围。四级杆（Quadrupole）主要起选择离子的作用，其后的碰撞池可以将通过四级杆选择的母离子碎裂成子离子，从而获得更多的结构信息。气相离子能够被适当的电场或磁场在空间或时间上按照质荷比的大小进行分离有赖于质量分析器。与其他质量分析器相比，飞行时间质量分析器（TOF）具有结构简单、灵敏度高和质量范围宽等优点（因为大分子离子的速度慢，更易于测量），分辨率也可达到万分之一。

布洛芬（ibuprofen）属于非甾体抗炎药，具抗炎、镇痛、解热作用，起效迅速，是治疗风湿性疾病的一线药物。近来发现市场上有人打着祖传秘方、纯中药制剂或某研究机构的幌子非法销售或邮寄此类药物给关节炎、类风湿性关节炎或牙痛等患者。患者在不知情的情况下长期使用，会对身体造成危害。采用液相色谱-质谱联用法可对非法制剂中的布洛芬进行了准确、快速的检测。

【仪器与试剂】
1. 仪器
液相色谱-质谱联用仪（美国安捷伦，型号 Aglient 6510 Quadrupole Time-of-Flight LC/MS）。

2. 试剂
布洛芬对照品；乙腈为色谱纯，其他均为分析纯。

【实验步骤】

1. 色谱条件设定：色谱柱：VenusilMP C18（4.6×150mm，5μm）；流动相：以 0.01mol·L^{-1} 醋酸铵（用冰醋酸调 pH3.0）：乙腈（40：60）；柱温为室温；理论塔板数按布洛芬峰计应不低于 2 000；流速：1.0mL·min^{-1}；进样量：10μL；

2. 质谱条件设定：电喷雾离子化离子源；离子源喷雾电压：1.5kV；模块温度：200℃；氮气流速：1.5L·min^{-1}；检测方式：±离子一级扫描；

3. 标准品溶液的制备：精确称取布洛芬对照品 37.83mg，置于 25mL 的容量瓶中，加流动相适量使之溶解并稀释至刻度，摇匀，作为储备液。精确量取 5mL 置 25mL 的容量瓶中加流动相稀释至刻度，摇匀，即得。

样品溶液的制备：取本品 10 粒，精确称定，将内容物倾出，混匀，精确称取 1 粒的量置 25mL 容量瓶中，加流动相稀释至刻度，摇匀，即得。

4. 质谱检测结果：按步骤 1、步骤 2 的检测条件，取对照品溶液和供试品溶液各 5μL，注入液相色谱-质谱联用仪中，得到相应的一级质谱准分子离子峰；

5. 结合色谱保留时间、准分子离子峰两方面的信息，可以证实此药中非法添加了布洛芬。

【数据记录及处理】

1. 将液相色谱分离出的峰与质谱图得到的该峰的分子量填入表 12-1。

表 12-1　数据记录

样品名称	保留时间	定性分析结果（分子量）	分子结构式
标准品			
样品 1			
样品 2			

2. 查找样品的标准谱图，并将自己所测样品谱图与标准谱图进行评价和讨论。

【注意事项】

1. 禁止高浓度待测样品，样品浓度要求<1ppm。
2. 禁止高浓度有机缓冲盐，浓度要求<10mmol·L^{-1}。
3. 禁止样品直接测定至少 0.45μm 滤膜。

【问题与讨论】

1. ESI 和 APCI 各自适合测试哪几类分子？
2. 使用液质联用仪对样品浓度、溶剂选择、流动相添加剂等需要特别注意哪些方面？

实验二　食品中苯甲酸、山梨酸等防腐剂的检测

【实验目的】

1. 了解液相色谱-质谱联用的基本原理及分析流程。
2. 了解液相色谱-质谱联用操作技术。
3. 掌握常见防腐剂的测定方法。

【实验原理】

苯甲酸和山梨酸是饮料中较为常用的有机酸类防腐剂，对霉菌等微生物有抑制作用。苯

甲酸作为苯系的化合物，会在身体内有所蓄积，对身体造成损害，而山梨酸是一种不饱和脂肪酸，毒性虽然较苯甲酸小，但是过量、长期食用将危害人体肝脏、肾脏功能。我国食品标准中规定苯甲酸、山梨酸在碳酸类饮料中的加入量不得超过 $0.2\mu g \cdot kg^{-1}$。

液相色谱-质谱法（liquid chromatography-mass spectrometry，LC-MS）将应用范围极广的分离方法——液相色谱法与灵敏、专属、能提供分子量和结构信息的质谱法结合起来，必然成为一种重要的现代分离分析技术。但是，LC 是液相分离技术，而 MS 是在真空条件下工作的方法，因而难以相互匹配。LC-MS 经过了约 30 年的发展，直至采用了大气压离子化技术（atmospheric pressureionization，API）之后，才发展成为可常规应用的重要分离分析方法。现在，在生物、医药、化工、农业和环境等各个领域中均得到了广泛的应用，在组合化学、蛋白质组学和代谢组学的研究工作中，LC-MS 已经成为最重要的研究方法之一。质谱仪作为整套仪器中最重要的部分，其常规分析模式有全扫描模式（scan）、选择离子扫描模式（SIM）。

① 全扫描模式方式（scan）：最常用的扫描方式之一，扫描的质量范围覆盖被测化合物的分子离子和碎片离子的质量，得到的是化合物的全谱，可以用来进行谱库检索，一般用于未知化合物的定性分析。

② 选择离子扫描模式（selective ion monitoring，SIM）：不是连续扫描某一质量范围，而是跳跃式地扫描某几个选定的质量，得到的不是化合物的全谱。主要用于目标化合物检测和复杂混合物中杂质的定量分析。

【仪器与试剂】

1. 仪器

液相色谱-质谱联用仪（美国安捷伦，型号 Aglient 6510 Quadrupole Time-of-Flight LC/MS）。

2. 试剂

苯甲酸、山梨酸、乙酸铵均为分析纯；甲醇为色谱纯；食品购于超市；实验用水均为超纯水。

【实验步骤】

1. 色谱分析条件设定

色谱柱：C18 反相柱（4.6mm×150mm，10μm），流动相：甲醇：乙酸铵水溶液（0.02mol $\cdot$ L^{-1}）= 5：95，等度洗脱，流速：0.2mL $\cdot$ min^{-1}，柱温：30℃，进样量：20μL。

2. 质谱分析条件设定

电喷雾离子化离子源（ESI）；电喷雾电压：3.5kV；毛细管电压：3.5kV，干燥气：N_2；干燥气温度：300℃；流速为 10.0mL $\cdot$ min^{-1}；扫描方式：单级扫描；离子极性：负离子；扫描范围（m/z）：100~150，苯甲酸、山梨酸质荷比分别选择为：121、111。

3. 样品处理

① 肉制品、饼干、糕点：称取粉碎均匀样品 2~3g（精确至 0.001g）于小烧杯中，用 20mL 水分数次清洗小烧杯将样品移入 25mL 容量瓶中，超声振荡提取 5min，取出后加 2mL 亚铁氰化钾溶液，摇匀，再加入 2mL 乙酸锌溶液，摇匀，用水定容至刻度，移入离心管中，4000r $\cdot$ min^{-1} 离心 5min，吸出上清液，用微孔滤膜过滤，滤液待上机分析。

② 油脂含量高的火锅底料、调料等样品：称取样品 2~3g（精确至 0.001g）于 50mL 具塞离心管中，加入 10mL 磷酸盐缓冲液，用旋涡混合器充分混合，然后于 4000r $\cdot$ min^{-1}

离心 5min，小心吸出水层转移到 25mL 容量瓶中，再加入 10mL 磷酸盐缓冲液于具塞离心管中，重复上述步骤，合并两次水层液，用磷酸盐缓冲液定容至刻度，混匀，用微孔滤膜过滤，滤液待上机分析。

③ 碳酸饮料、果酒、葡萄酒等液体样品：称取 10g 样品（精确至 0.001g）（如含有乙醇需水浴加热除去乙醇后再用水定容至原体积）于 25mL 容量瓶中，用氨水（1+1）调节 pH 值至近中性，用水定容至刻度，混匀，经微孔滤膜过滤，滤液待上机分析。

④ 乳饮料、植物蛋白饮料等含蛋白质较多的样品：称取 10g 样品（精确至 0.001g）于 25mL 容量瓶中，加入 2mL 亚铁氰化钾溶液，摇匀，再加入 2mL 乙酸锌溶液，摇匀，以沉淀蛋白质，加水定容至刻度，4000r·min^{-1} 离心 10min，取上清液，用微孔滤膜过滤，滤液待上机分析。

4. 定性分析

取一定量混合标准溶液（苯甲酸、山梨酸）和样品溶液，稀释至中性，过滤后进液相色谱-质谱联用仪检测，根据保留时间和 m/z 进行定性。

【数据记录及处理】

1. 将不同食品中测得的山梨酸和苯甲酸填入表 12-2。

表 12-2 数据记录

序号	分离物质	保留时间	定性离子
1			
2			
3			
4			

2. 对照测试结果，讨论实验过程中可能导致误差的原因。

【注意事项】

1. 液相色谱-质谱联用仪属于贵重精密仪器，必须严格按操作手册规定操作。
2. 禁止样品直接测定，至少使用 0.45μm 滤膜过滤样品。

【问题与讨论】

1. 质谱如何定性和定量？
2. 质荷比和分子量是否一样？
3. 电喷雾离子源原理？

四、知识拓展

液相色谱-质谱联用技术（LC-MS）是以质谱仪为检测手段，集 HPLC 高分离能力与 MS 高灵敏度和高选择性于一体的强有力分离分析方法。特别是近年来，随着电喷雾、大气压化学电离等软电离技术的成熟，使得其定性定量分析结果更加可靠，同时，由于液相色谱-质谱联用技术对高沸点、难挥发和热不稳定化合物的分离和鉴定具有独特的优势，因此，它已成为中药制剂分析、药代动力学、食品安全检测和临床医药学研究等不可缺少的手段。

1977 年，LC-MS 开始投放市场；1978 年，LC-MS 首次用于生物样品中的药物分析；1989 年，LC-MS-MS 取得成功；1991 年，API LC-Ms 用于药物开发；1997 年，LC-MS 用于药物动力学筛选；1999 年，API Q-TOFLC-MS-MS 投放市场，大气压离子化接口的应用，使其迅速成为制药工业中应用最广的分析仪器。

(1) 在食品安全检测中的应用

随着人们的生活水平日益提高，对食品的营养性、保健性和安全性的关注均趋于理性化、科学化。国家对食品的监管也愈加重视起来，因此食品监督部门在食品检测中应用了一种准确的分析手段——高效液相色谱法（HPLC）。近几年发展起来的高效液相色谱-质谱联用技术（HPLC-MS），集液相色谱对复杂基体化合物的高分离能力和质谱独特的选择性、灵敏度、相对分子质量及结构信息于一体，从而广泛应用于食品检测方面，为食品工业中原材料筛选、生产过程中质量控制、成品质量检测等提供了有效的分析检测手段。目前，LC-MS 主要检测食品中农兽药的残留、食品中违禁物质和有害添加剂的检测、保健品中功效成分的检测等。该技术在食品分析检验方面具有十分广阔的前景。

(2) 在药物分析中的应用

LC-MS 由于具有其他分析方法无法比拟的分析手段，广泛应用于药物分析中，例如已知化合物定性分析及结构鉴定、未知成分定性分析以及药物代谢中的应用。

(3) 在临床医药学研究中的应用

高效液相色谱与质谱联用技术已是现代药物发现中药物代谢产物筛查和鉴定最强大的分析手段，可以从品种繁多的样品中得到丰富的信息。液相色谱-质谱联用（LC-MS）技术的发展极大地提高了对各类药物及其代谢产物的检测和鉴定能力，也成为分析药物代谢最合适、最有效的工具。现在，多数类药化合物使用电喷雾离子化（ESI）质谱分析，极性小的化合物则采用大气压化学离子化（APCI）质谱或大气压光离子化（APPI）质谱进行检测。近年来，随着液相色谱和质谱的发展，药物代谢产物检测的分析方法已远远超出 21 世纪初对检测速度、检测灵敏度及其他性质的要求。在药物发现和开发中，LC-MS/MS 技术在反应性代谢物的检测、识别和定量中起主导作用。在早期的药物发现中，LC-MS/MS 经常用于快速筛选和结构确证反应性代谢物以进行先导物优化和候选物遴选开发。通常，试验物质先在捕获剂如 GSH 存在下用肝微粒体孵育，随后用 LC-MS/MS 分析方法检测和结构确证 GSH 捕获的反应性代谢物。这些体外筛选试验的结果提供了给定化学类型或引起关注的化合物的潜在代谢活化的重要信息。在药物发现后期和临床开发过程中，要利用毒理学相关种属和人体进行体内吸收、分布、代谢和排泄（ADME）研究，LC-MS 技术在分析其中生成的反应性代谢物方面，也起着重要作用。

由于 LC-MS 联用技术所具有的诸多优点，它愈来愈多地受到人们的重视，但其本身所存在的缺陷也是不容忽视的。第一，LC-MS 技术虽有较高的检测灵敏度，但对痕量物质的归属和精确定量，仍还存在不少困难；第二，LC-MS 技术对现有化学计量学方法的处理结果存在明显"假阳性"现象，而且仅能很好地反映含量较高物质的浓度变化，对低含量代谢物分析的准确性和可靠性，却显著下降；第三，应用 LC-MS 技术确证化合物结构时，不及 NMR 技术直接有效；第四，目前 LC-MS 技术可供搜索用于确定化合物结构的数据库尚有限，不能满足复杂多样代谢物研究的需要。总之，LC-MS 技术有待完善，还有很大发展空间。

参 考 文 献

[1] 国家药典委员会. 中华人民共和国药典（二部）[M]. 北京：化学工业出版社，2005：97.
[2] 李黎，段小涛，刘茜. 液相色谱-串联质谱法快速测定人血浆中布洛芬[J]. 中国药学杂志，2008，43（21）：1657-1661.
[3] 薛洪源，刘军，王宇奇. 高效液相色谱-质谱法测定人血浆中布洛芬浓度[J]. 华北国防医药，2007，19（6）：51-53.
[4] 张信中，李迎. 液相色谱质谱联用检测药物反应性代谢物的研究进展[J]. 国际药学研究杂志，2009，36（5）：393-396.

第十三章
扫描电子显微镜

扫描电子显微镜（scanning electron microscopy，SEM）。作为一种有效的显微结构分析工具，可以对各种材料进行多种形式的表面微观形貌观察与分析。商品化扫描电镜的分辨率从第一台钨灯丝扫描电镜的 25nm 提高到现在场发射扫描电镜的 0.5nm，已经接近透射电镜的分辨率。现在大多数扫描电镜都能同 X 射线波谱仪、X 射线能谱仪和自动图像分析仪等组合，从而对样品表面微观世界进行全面分析。

与光学显微镜及透射电镜相比，扫描电镜具有以下特点。

① 能直接观察样品表面的结构，样品的尺寸可大至 120mm×80mm×50mm。

② 样品制备过程简单，不用切成薄片。

③ 样品可以在样品室中作三维空间的平移和旋转。因此，可以从各种角度对样品进行观察。

④ 景深大，图像富有立体感。扫描电镜的景深较光学显微镜大几百倍，比透射电镜大几十倍。

⑤ 图像的放大范围广，分辨率也比较高，可放大十几倍到几十万倍，它基本上包括了从放大镜、光学显微镜直到透射电镜的放大范围。目前，高分辨率场发射扫描电镜的分辨率可高达 0.5nm。

⑥ 电子束对样品的损伤与污染程度较小。

⑦ 在观察形貌的同时，还可利用从样品发出的其他信号进行微区成分分析。

一、基本原理

扫描电子显微镜的制造依据是电子与物质的相互作用。由电子枪发射直径约 20～35nm 的电子束，在 1～40kV 加速电压作用下经过一组磁透镜聚焦，用遮蔽孔径选择电子束的尺寸后，通过一组控制电子束的扫描线圈，再透过物镜聚焦打在样品表面上。在第二聚光镜和物镜间扫描线圈的作用下，电子束在样品表面上按一定时间、空间顺序做光栅状扫描。聚焦电子和样品相互作用产生各种信号，在样品的上侧装有信号接收器，用以择取成像信号，如二次电子、背向散射电子、俄歇电子、X 射线或吸收电子等，其中最重要的是二次电子。这些信号电子发射量随试样的表面特征（表面形貌、成分、晶体取向、电磁特性等）而变化。这些电子信号被相应的检测器检测，经过放大、转换，变成电压信号，最后被送到显像管的栅极上并且调制显像管的亮度。显像管中的电子束在荧光屏上也做光栅状扫描，并且这种扫描运动与样品表面的电子束的扫描运动严格同步,即获得衬度与所接收信号强度相对应的扫描电子像,这种图像反映了样品表面的形貌特征。

背散射电子是指被固体样品原子反射回来的一部分入射电子,其中包括弹性背散射电子和非弹性背散射电子。弹性背散射电子是指被样品中原子核反弹回来的(散射角大于 90°)那些入射电子,其能量基本上没有变化(能量为数千到数万电子伏)。非弹性背散射电子是入射电子和核外电子撞击后产生非弹性散射,能量变化,方向也发生变化。非弹性背散射电子的能量范围很宽,从数十电子伏到数千电子伏。从数量上看,弹性背散射电子远比非弹性背散射电子所占的份额多。背散射电子的产生范围在 100nm～1mm 深度。背散射电子的产额随原子序数的增加而增加,所以,利用背散射电子作为成像信号不仅能分析形貌特征,也可以用来显示原子序数衬度,定性进行成分分析。

二次电子是指被入射电子轰击出来的核外电子。由于原子核和外层价电子间的结合能很小,当原子的核外电子从入射电子获得了大于相应的结合能的能量后,可脱离原子成为自由电子。如果这种散射过程发生在比较接近样品表层处,那些能量大于逸出功的自由电子可从样品表面逸出,变成真空中的自由电子,即二次电子。二次电子来自表面 5～10nm 的区域,能量为 0～50eV。它对试样表面状态非常敏感,能有效地显示试样表面的微观形貌。由于它来自试样表面,入射电子还没有被多次反射,因此产生二次电子的面积与入射电子的照射面积没有多大区别,所以二次电子的分辨率较高,一般可达到 5～10nm。扫描电镜的分辨率一般就是二次电子分辨率。二次电子产额随原子序数的变化不大,它主要取决于表面形貌。

特征 X 射线是原子的内层电子受到激发以后在能级跃迁过程中直接释放的具有特征能量和波长的一种电磁波辐射。X 射线一般在试样的 500nm～5mm 深处发出。

如果原子内层电子能级跃迁过程中释放出来的能量不是以 X 射线的形式释放而是用该能量将核外另一电子打出,脱离原子变为二次电子,这种二次电子叫作俄歇电子。因每一种原子都有自己特定的壳层能量,所以它们的俄歇电子能量也各有特征值,能量在 50～1500eV 范围内。俄歇电子是由试样表面极有限的几个原子层中发出的,这说明俄歇电子信号适用于表层化学成分分析。

产生的次级电子的多少与电子束入射角有关,也就是说与样品的表面结构有关。次级电子由探测体收集,并被闪烁器转变为光信号,再经光电倍增管和放大器转变为电信号来控制荧光屏上电子束的强度,显示出与电子束同步的扫描图像。图像为立体形象,反映了标本的表面结构。

二、仪器组成与结构

扫描电镜主要由七大系统组成,即电子光学系统、信号探测处理和显示系统、图像记录系统、样品室、真空系统、冷却循环水系统、电源供给系统。图 13-1 为 JEOL JSM-7800F 型扫描电子显微镜外形图。

1. 电子光学系统

电子光学系统包括电子枪、电磁透镜、扫描线圈和样品室,主要用于产生一束能量分布极窄的、电子能量确定的电子束用以扫描成像。

图 13-1 JEOL JSM-7800F 型扫描电子显微镜外形图

(1) 电子枪

扫描电子显微镜中的电子枪与透射电镜的电子枪相似，只是加速电压比透射电镜低。阴极电子枪发射的电子在阴阳两极高压作用下，向阳极加速运动，形成电子束。电子枪的必要特性是亮度要高、电子能量散布要小，目前常用的种类有钨灯丝、六硼化镧灯丝和场发射三种。不同的灯丝在电子源大小、电流量、电流稳定度及电子源寿命等均有差异。钨灯丝和六硼化镧灯丝利用热发射效应产生电子。场发射电子枪利用场致发射效应产生电子，具有至少 1000h 以上的寿命，且不需要电磁透镜系统。目前市售的高分辨率扫描电子显微镜都采用场发射电子枪，其分辨率可高达 1nm 以下。根据工作原理的不同，场发射电子枪又细分为三种：冷场发射式、热场发射式及萧特基发射式。冷场发射式电子枪最大的优点为电子束直径最小，亮度最高，因此影像分辨率最优。能量散布最小，故能改善在低电压操作的效果。热场发射式电子枪是在 1800K 温度下操作，避免了大部分的气体分子吸附在针尖表面。它能维持较佳的发射电流稳定度，并能在较差的真空度下操作。虽然亮度与冷场发射式电子枪相类似，但其电子能量散布却比冷场发射式电子枪大 3~5 倍，影像分辨率较差，不常使用。萧特基发射式电子枪发射电流稳定度佳，而且发射的总电流也大，其电子能量散布很小，仅稍逊于冷场发射式电子枪。其电子源直径比冷场发射式电子枪大，所以影像分辨率也比冷场发射式电子枪稍差一点。

(2) 电磁透镜

热发射电子需要电磁透镜来成束。所以在用热发射电子枪的扫描电镜上，通常会装配会聚透镜和物镜两组电磁透镜。会聚透镜用于会聚电子束，物镜负责将电子束的焦点会聚到样品表面。扫描电子显微镜中各电磁透镜都不用作成像透镜，而是用作聚光镜。它们的功能只是把电子枪的束斑逐级聚焦缩小，使原来直径约为 $50\mu m$ 的束斑缩小成一个只有数个纳米的细小斑点。要达到这样的缩小倍数，必须用几个透镜来完成。扫描电子显微镜一般都有三个聚光镜，前两个聚光镜是强磁透镜，可把电子束光斑缩小，第三个聚光镜是弱磁透镜（习惯上称之物镜），具有较长的焦距。布置这个末级透镜的目的在于使样品室和透镜之间留有一定空间，以便装入各种信号探测器。扫描电子显微镜中照射到样品上的电子束直径越小，就相当于成像单元的尺寸越小，相应的分辨率就越高。采用普通热阴极电子枪时，扫描电子束的束径可达到 6nm 左右。若采用六硼化镧阴极和场发射电子枪，电子束束径还可进一步

第十三章 扫描电子显微镜

缩小。

（3）扫描线圈

扫描线圈的作用是使电子束偏转，并在样品表面做有规则的扫动，电子束在样品上的扫描动作和显像管上的扫描动作保持严格同步，因为它们是由同一扫描发生器控制的。扫描方式又分为点扫描、线扫描、面扫描和 Y 扫描。扫描电镜图像的放大倍数是通过改变电子束偏转角来调节的。

（4）样品室

样品室内除放置样品外，还安置信号检测器。各种不同信号的收集和相应检测器的安放位置有很大关系。如果安置不当，则可能收不到信号或收到的信号很弱，从而影响分析精度。样品台本身是一个复杂而精密的组件，它能夹持一定尺寸的样品在马达的驱动下使样品做平移、倾斜和转动等运动，以利于对样品上每一特定位置进行各种分析。

2. 信号探测处理和显示系统

在样品室中，扫描电子束与样品发生相互作用后产生多种信号，其中包括二次电子、背散射电子、X 射线、吸收电子、俄歇电子等。二次电子的产生率主要取决于样品的形貌和成分。二次电子、背散射电子和透射电子的信号都可采用闪烁计数器来检测。信号电子进入闪烁体后即引起电离，当离子和自由电子复合后就产生可见光；可见光信号通过光导管送入光电倍增管，光信号放大，即又转化成电流信号输出；电流信号经射频放大器放大后就成为调制信号。由于镜筒中的电子束和显像管中的电子束是同步扫描的，而荧光屏上每一点的亮度是根据样品上被激发出来的信号强度来调制的，因此样品上各点的状态各不相同，所以接收到的信号也不相同。于是就可以在显像管上看到一幅反映试样各点状态的扫描电子显微图像。

3. 真空系统

真空系统主要包括真空泵和真空柱两部分。真空柱是一个密封的柱形容器，成像系统和电子束系统均内置在真空柱中。真空泵用来在真空柱内产生真空，主要有机械泵、油扩散泵及涡轮分子泵三大类。机械泵加油扩散泵的组合可以满足钨灯丝枪的扫描电镜的真空要求。但对于装了场致发射枪或六硼化镧及六硼化铈枪的扫描电镜，则需要机械泵加涡轮分子泵的组合。

为保证扫描电子显微镜电子光学系统的正常工作和增加用于成像的电子数目，对镜筒内的真空度有一定的要求。一般情况下，真空系统能提供 $1.33\times10^{-2} \sim 1.33\times10^{-3}$ Pa 的真空度。如果真空度不足，除样品被严重污染外，还会出现灯丝寿命下降、极间放电等问题。

三、实验部分

实验 Ag_3PO_4 粉末样品的形貌测定

【实验目的】

1. 了解扫描电镜的构造及工作原理。
2. 学习扫描电镜的样品制备。

3. 学习并掌握背散射电子的应用。
4. 掌握样品的二次电子成像观察。

【仪器与试剂】

1. 仪器

日本电子 JEOL JSM7800F 型场发射扫描电子显微镜。主要技术指标如下：分辨率：0.8nm（15kV），1.2nm（1kV）；放大倍数：25～1000000，放大倍数粗细连续可调；加速电压：0.01～30kV；束流强度：200 nA（15kV）；电子枪：浸没式热场发射式电子枪；物镜设计：超级混合式物镜；样品台：5 轴马达驱动；工作距离：1.5～25mm；真空系统：2 SIPs，磁悬浮轴承 TMP、RP。

2. 试剂

Ag_3PO_4 粉末样品。

【实验步骤】

1. 样品准备

扫描电子显微镜以观察样品的表面形态为主，通常以尖角镊取少量样品均匀分散在样品座导电胶上，以洗耳球吹去导电胶上未粘牢的颗粒即可。通常，扫描电子显微镜样品及其准备必须满足以下要求。

① 试样（表面）导电的样品，可以是固体块状或粉末状；不导电的样品要先进行表面镀膜处理（Au、Pt 或 Pt/Pd 合金等），在材料表面形成一层导电膜。

② 试样在高真空下能保持稳定。

③ 含有水分或易挥发物的试样应先进行烘干处理。

④ 表面受到污染的样品应在不破坏表面结构的前提下适当进行清洗，然后烘干，新断开的断口或断面一般不需要处理。

⑤ 有些样品的表面、断口需要进行适当侵蚀，才能暴露某些细节，但在侵蚀后应将表面或断口清洗干净，然后烘干。

⑥ 根据试样大小选择合适的样品座，样品尺寸不能太大，样品的高度一般在 10mm 以内。

⑦ 磁性样品一般需要进行消磁处理，对于具有无漏磁物镜设计的电镜，也要注意样品离物镜的距离不要太近，以防污染物镜。

2. 样品测定

（1）样品交换

① 点击 specimen 窗口的 exchange position 选项使 EXCH POSN 灯点亮，并确认样品台 STAGE 处于样品交换的位置（X：0.000mm，Y：0.000mm，R：0.000mm，Z：40.0mm，T：0.000mm）。

② 按下 VENT 按钮对 exchange chamber 放气破真空，直至 VENT 灯不闪，表示样品交换室处于大气状态。

③ 打开 exchange chamber 并将样品座放置于 chamber 内，检查 chamber 清洁状态。完全关闭 exchange chamber 门并按 EVAC 键抽真空，等待 EVAC 灯不再闪动，则表示 exchange chamber 真空度已达到要求。

④ 手持样品交换杆，转向水平方向并向前轻推样品杆，将样品 holder 完全送进 specimen chamber 中。注意当 HLDR 灯亮起后，再完全拉出样品杆，垂直立起放置，样品已正常放置于样品室中。

⑤ 正确选择所使用 holder 的类型，点 OK 确认，并设定工作距离（一般 $Z=10\text{mm}$）。

⑥ 确认样品室的真空值小于 $5\times10^{-4}\text{Pa}$ 后便可开始图像操作。

（2）观察样品，获取图像

① 点击 observation ON，开启 gun valve，设定操作参数（电压、电流及 WD 等），依照 1kV、5kV、10kV、15kV 逐次提升至所需要的电压，等电流稳定后开始测试。

② 右击鼠标选择"stage move to center"，将观察点移动到屏幕的中央处。确定 scanning mode 在 quick view 状态，调整 magnification 下的旋钮增大放大倍数，寻找该倍率下的样品表面明显特征，并转动 focus 的旋钮进行聚焦，调整亮度与对比度，直到样品表面特征的图像清楚为止。

（3）拍照存储

图像聚焦像散调整完毕后，按下 fine view1 或 fine view2 及 freeze 键扫描图像并定格。扫描完成后按下 photo 键获取最终图像，保存于预设定的文件夹中。不同倍率下 Ag_3PO_4 的 SEM 图见图 13-2。

图 13-2　不同倍率下 Ag_3PO_4 的 SEM 图

（4）结束观察

① 将加速电压缓慢下降，等待 emission 电流稳定后再降电压，依照 15kV、10kV、5kV，逐次降至 1kV。

② 将放大倍率调整至最低倍。

③ 点击 observation off。

④ 点击 exchange position 将样品台恢复到样品交换的初始位置。

⑤ 利用样品交换杆将样品 holder 拉出样品交换室，按下 VENT 按钮放气，打开样品交换室取出样品 holder 及样品，并检查样品交换室是否正常（有无脱落情况）。关闭样品交换室并按 EVAC 键抽真空，待 EVAC 灯不再闪动后，观察结束。

【注意事项】

1. JSM-7800F Emitter 及 Condenser Len 真空由两组离子泵（SIP1，SIP2）提供。SIP-1 真空范围：$(2.0\sim5.0)\times10^{-8}\text{Pa}$，$\leqslant1.2\times10^{-7}\text{Pa}$；SIP-2 真空范围：$(3.0\sim5.0)\times10^{-7}\text{Pa}$，$\leqslant1.0\times10^{-6}\text{Pa}$

2. 样品室真空：$1.0\times10^{-3}\text{Pa}$ 以上，由机械泵和分子泵提供，可以达到 $9.6\times10^{-5}\text{Pa}$，样品室真空达到 $5.0\times10^{-4}\text{Pa}$ 以下时进行观察。

3. 改变加速电压时，最好是以 5kV 为一挡逐次递增，1kV、5kV、10kV、…

4. 当钢瓶压力小于 2.0MPa 时应及时更换钢瓶。

5. 循环水交换方法：正常情况下每隔 3 个月至 6 个月检查并确认循环水是否需要交换。

【问题与讨论】
1. 改变加速电压的要求是什么？
2. 影响样品成像质量的因素有哪些？如何获取高质量样品图像？
3. 何种条件下可采用背散射电子成像？

四、知识拓展

1834 年，法拉第第一次提到基本电荷"电的原子"概念。同年，汉米尔顿推导出质点运动与几何光学等效原理。

1850 年，德国波恩的一位吹玻璃的手工业工人 Geissler 设计了一台当时被认为效率很高的抽气泵，获得较高的真空。然后成功地把金属电极封入玻璃管中制成了气体放电管。电极加一定电压后，管内产生彩色光弧。

1858 年，波恩大学一位教授 J. Plucker，通过对 Geissler 放电管的深入研究发现在最佳的真空下，放电管阴极会发射出直射的光束。

1878 年，阿贝-瑞利指出光学显微镜分辨本领受到光波衍射的限制，给出了显微镜分辨本领极限公式。

1897 年，Thomson 证明了阴极射线是一种带负电的粒子束，提出了电子概念，并证明了自由电子在静电场和静磁场中的运动服从牛顿力学定律。

1924 年，德布罗意提出微观粒子具有波粒二重性原理。并计算了电子波长比可见光的波长小得多。作为一种光源，实现高分辨成像的可能性。

1926 年，Busch 建立了几何电子光学理论。电子透镜和光学透镜具有相似性。

1929 年，Stintzing 提出用扫描的微粒子束来检测和测量物体的建议，他设想这样也许可超过光学显微镜的分辨率极限。

1931 年，德国科学家 Max Knoll 和他的学生 Ernst Ruska 发明了透射电子显微镜。电子显微镜发展的最初形态是透射电镜。

1938 年，von Ardenne 在透射电镜 TEM 上加了扫描线圈，建造了第一部扫描电子显微镜。

第一台可以用来做检测样品的扫描电镜是 1942 年，Zworykin 等在美国 RCA 实验室建造的，分辨率 $1\mu m$。

二战后，英国剑桥大学工程系的 Charles Oatley 和他的学生 McMullan 在英格兰建造了他们的第一台 SEM，到 1952 年，他们实现了 50nm 的分辨率。

1959 年，Wells 首先使用立体对技术拍摄可以进行样品景深信息测量的扫描电镜显微图像。

1960 年，Everhart 和 Thornley 发展改善了二次电子探测器。到现在 E-T 型二次电子探测器是扫描电镜 SEI 主流探测器。

1965 年，首台商品化扫描电镜诞生。

1967 年，观察到由于晶体取向、电子和晶格的相互作用而产生的电子通道花样反差，现在开始广泛推广使用的商品化 EBSD 技术。

1975 年，美国 Amray 公司率先将微型计算机引入扫描电镜中，用于程序协调控制加速电压、放大倍数和磁透镜焦距的关系，二次电子图像分辨率达到 6nm。

1980 年，扫描电镜开始加入 EDS/WDS 等分析装备，围绕扫描电镜发展的各种商品化探测器趋于成熟，很大程度拓展了扫描电镜的应用价值。

1985 年，德国蔡司公司推出计算机控制的带有帧存器的数字图像扫描电镜。

1. 扫描电子显微镜的主要性能参数

(1) 放大倍率

与普通光学显微镜不同，SEM 是通过控制扫描区域的大小来控制放大倍率的。如果需要更高的放大倍率，只需要扫描更小的一块面积就可以了。放大倍率由屏幕/照片面积除以扫描面积得到。

(2) 场深

在 SEM 中，位于聚焦平面上下的一小层区域内的样品点都可以得到良好的会焦而成像，这一小层的厚度称为场深，通常为几纳米厚。所以，SEM 可以用于纳米级样品的三维成像。

(3) 作用体积

电子束不仅与样品表层原子发生作用，它实际上与一定厚度范围内的样品原子发生作用，所以存在一个"作用体积"。

作用体积的厚度因信号的不同而不同。

俄歇电子：$0.5 \sim 2nm$。

次级电子：5λ（导体，$\lambda=1nm$；绝缘体，$\lambda=10nm$）。

背散射电子：10 倍于次级电子。

特征 X 射线：微米级。

X 射线连续谱：略大于特征 X 射线，也在微米级。

(4) 工作距离

工作距离指从物镜到样品最高点的垂直距离。如果增加工作距离，可以在其他条件不变的情况下获得更大的场深。如果减少工作距离，则可以在其他条件不变的情况下获得更高的分辨率。通常使用的工作距离为 $5 \sim 10mm$。

(5) 成像

次级电子和背散射电子可以用于成像，但后者不如前者，所以通常使用次级电子。

(6) 表面分析

俄歇电子、特征 X 射线、背散射电子的产生过程均与样品原子性质有关，所以可以用于成分分析。但由于电子束只能穿透样品表面很浅的一层，所以只能用于表面分析。表面分析以特征 X 射线分析最常用，所用到的探测器有两种：能谱分析仪与波谱分析仪。前者速度快但精度不高，后者非常精确，可以检测到"痕迹元素"的存在但耗时太长。

2. 扫描电子显微镜的应用

场发射扫描电子显微镜具有高性能 X 射线能谱仪，能同时进行样品表层的微区点线面元素的定性、半定量及定量分析，可用于金属、陶瓷、高分子、矿物、水泥、半导体、纸张、塑料、食品、生物等材料的显微形貌、晶体结构和相组织的观察和分析；各种材料微区化学成分的定性和半定量检测；粉末、微粒纳米样品形态和粒度的测定；复合材料界面特性的研究。

扫描电子显微镜在新型陶瓷材料显微分析中的应用如下所述。

(1) 显微结构的分析

在陶瓷的制备过程中，原始材料及其制品的显微形貌、孔隙大小、晶界和团聚程度等将决定其最后的性能。扫描电子显微镜可以清楚地反映和记录这些微观特征，是观察分析样品微观结构方便、易行的有效方法，样品无需制备，只需直接放入样品室内即可放大观察；同时扫描电子显微镜可以实现试样从低倍到高倍的定位分析，在样品室中的试样不仅可以沿三维空间移动，还能够根据观察需要进行空间转动，以利于使用者对感兴趣的部位进行连续、系统的观察分析。扫描电子显微镜拍出的图像真实、清晰，并富有立体感，在新型陶瓷材料的三维显微组织形态的观察研究方面获得了广泛的应用。

由于扫描电子显微镜可用多种物理信号对样品进行综合分析，并具有可以直接观察较大试样、放大倍数范围宽和景深大等特点，当陶瓷材料处于不同的外部条件和化学环境时，扫描电子显微镜在其微观结构分析研究方面主要表现为：力学加载下的微观动态（裂纹扩展）研究；加热条件下的晶体合成、汽化、聚合反应等研究；晶体生长机理、生长台阶、缺陷与位错的研究；成分的非均匀性、壳芯结构、包裹结构的研究；晶粒相成分在化学环境下差异性的研究等。

(2) 纳米尺寸的研究

通常陶瓷材料具有高硬度、耐磨、抗腐蚀等优点，纳米陶瓷在一定程度上也可增加韧性、改善脆性等，新型陶瓷纳米材料如纳米称、纳米天平等亦是重要的应用领域。纳米材料的一切独特性主要源于它的纳米尺寸，因此必须首先确切知道其尺寸。高分辨率的扫描电子显微镜在纳米级别材料的形貌观察和尺寸检测方面因具有简便、可操作性强的优势被大量采用。另外如果将扫描电子显微镜与扫描隧道显微镜结合起来，还可使普通的扫描电子显微镜升级改造为超高分辨率的扫描电子显微镜。

(3) 铁电畴的观测

铁电畴（简称电畴）是其物理基础，电畴的结构及畴变规律直接决定了铁电体物理性质和应用方向。电子显微技术是观测电畴的主要方法，其优点在于分辨率高、可直接观察电畴和畴壁的显微结构及相变的动态原位观察（电畴壁的迁移）。

扫描电子显微镜观测电畴是通过对样品表面预先进行化学腐蚀来实现的，由于不同极性的畴被腐蚀的程度不一样，利用腐蚀剂可在铁电体表面形成凹凸不平的区域从而可在显微镜中进行观察。因此，可以将样品表面预先进行化学腐蚀后，利用扫描电子显微镜图像中的黑白衬度来判断不同取向的电畴结构。对不同的铁电晶体选择合适的腐蚀剂种类、浓度、腐蚀时间和温度都能显示良好的畴图样。

在实际分析工作中，往往在获得形貌放大像后，希望能在同一台仪器上进行原位化学成分或晶体结构分析，提供包括形貌、成分、晶体结构或位向在内的丰富资料，以便能够更全面、客观地进行判断分析。为了适应不同分析目的的要求，在扫描电子显微镜上相继安装了许多附件，实现了一机多用，使之成为一种快速、直观、综合性分析仪器。把扫描电子显微镜应用范围扩大到各种显微或微区分析方面，充分显示了扫描电镜的多种性能及广泛的应用前景。

目前扫描电子显微镜的最主要组合分析功能有：X射线显微分析系统（即能谱仪，EDS），主要用于元素的定性和定量分析，并可分析样品微区的化学成分等信息；电子背散射系统（即结晶学分析系统），主要用于晶体和矿物的研究。随着现代技术的发展，其他扫描电子显微镜组合分析功能也相继出现，例如显微热台和冷台系统，主要用于观察和分析材料在加热和冷冻过程中微观结构上的变化；拉伸台系统，主要用于观察和分析材料在受力过程中所发生的微观结构变化。扫描电子显微镜与其他设备组合而具有的新型分析功能为新材料、新工艺的探索和研究起到重要作用。

参 考 文 献

[1] 孙东平，王田禾，纪明中等．现代仪器分析实验技术［M］．北京：科学出版社，2015．
[2] 冯于洪．现代仪器分析实用教程［M］．北京：北京大学出版社，2008．

第十四章

X射线衍射分析法

X射线衍射分析法（X-Ray diffraction，XRD）是利用衍射原理，根据晶体对X射线的衍射特征——衍射线的位置、强度及数量来鉴定结晶物质物相的一种方法。它可以准确地测定物质的晶体结构、织构及应力，精确地进行物相分析，既可以定性分析，也可以结合专门的分析软件进行定量分析。

X射线衍射分析法具有如下特点。

① X射线衍射分析法是一种非破坏性分析方法，分析过程一般不会使样品受到化学破坏或污染，测试后的样品还可以用于其他实验研究。

② 对测试样品的要求低，样品用量少。一般的晶态或准晶态的固体样品都可以进行X射线衍射分析，样品适用范围广，可以是金属、非金属、有机、无机材料粉末等，且样品制备容易，用量很少。

③ 操作简单、自动化程度高。随着仪器技术的改进，自动化程度的提高，实验操作日益简化。多晶X射线衍射分析法容易掌握，配有多种实用程序，能自动控制衍射仪的操作，实时完成多晶衍射原始数据的采集、处理。

④ 测定快捷，测量精度高，能得到有关晶体完整性的大量信息，对于许多液体和非晶态固体物质，也能提供许多基本的重要数据。

一、基本原理

1. XRD基本理论基础

(1) X射线的产生及性质

X射线是由高速运动的电子流或其他高能辐射流（γ射线、中子流等）与其他物质发生碰撞时骤然减速，且与该物质的内层原子相互作用而产生的。X射线有两种不同的波谱：由无限多波长组成的连续X射线谱和具有特定波长的特征X射线谱。连续X射线与靶材料无关，是由于高速电子与阳极撞击时，穿过一层物质，降低一部分动能，穿透深浅不同，降低动能不同，所以有各种波长的X射线。

当X射线管阴阳两极间的电压达到一定数值后，高速电子撞击材料后，材料内层电子形成空位，外层电子向空位跃迁会辐射X射线，即可产生特征X射线，又称标识射线谱。特征X射线叠加在连续X射线上，这些谱线的波长取决于X射线管中阳极靶的材质。不同的靶材，因为其原子序数不同，外层的电子排布也不一样，所以产生的特征 X 射线波长不同，适用条件也不同，如 $CuK_{\alpha1}=1.5405Å$，$MoK_{\alpha1}=0.7093Å$。常见靶材的种类和用途见表 14-1。使用波长较长的靶材的 XRD 所得的衍射图峰位沿 2θ 轴有规律拉伸；使用短波长靶材的 XRD 谱沿 2θ 轴有规律地被压缩。但需要注意的是，不管使用何种靶材的 X 射线管，从所得到的衍射谱中获得样品晶面间距 d 值是一致的，与靶材无关。最常用的是 Cu 靶。

表 14-1 常见靶材的种类和用途

靶材种类	主要特长	用途
Cu	适用于晶面间距 0.1~1nm 测定	几乎全部标定，采用单色滤波，测试含 Cu 试样时有高的荧光背底；如采用 K_β 滤波，不适用于 Fe 系试样的测定
Co	Fe 试样的衍射线强，如采用 K_β 滤波，背底高	最适宜于用单色器方法测定 Fe 系试样
Fe	Fe 试样背底小	最适宜于用滤波片方法测定 Fe 系试样
Cr	波长长	包括 Fe 试样的应用测定，利用 PSPC-MDG 的微区测定
Mo	波长短	奥氏体相的定量分析，金属箔的透射方法测量（小角散射等）
W	连续 X 射线	单晶的劳厄照相测定

在 X 射线衍射分析工作中利用的是特征 X 射线，而连续 X 射线只能增加衍射谱图的背底。

（2）X 射线衍射

当一束平行的 X 光，通过一组狭缝，则每一个狭缝成为一个新的光源。这些新的光源相位相互叠加，相位相同的增强，相位相反的减弱，在投影屏上就可以看到明暗相间的衍射条纹。X 射线衍射作为一种电磁波投射到晶体中时，会受到晶体中原子的散射。而散射波就像从原子中心发出，每个原子中心发出的散射波类似于球面波。由于原子在晶体中是周期排列的，这些散射波之间存在固定的相位关系，会导致在某些散射方向的球面波相互加强，而在某些方向上相互抵消，从而出现衍射现象。每种晶体内部的原子排列方式是唯一的，因此对应的衍射花样是唯一的，因此可以进行物相分析。其中，衍射花样中衍射线的分布规律是由晶胞的大小、形状和位向决定。衍射线的强度是由原子的种类和它们在晶胞中的位置决定。

（3）布拉格方程

英国物理学家布拉格把晶体的点阵结构看成一组相互平行且等距离的原子平面。当一束单色 X 射线入射到晶体时，由于晶体是由原子、分子或离子规则有序排列成的晶胞组成，这些规则排列的原子、分子或离子间距离与入射 X 射线波长具有相同的数量级，所以不管这些原子、分子或离子在这些平面上如何分布，如果衍射光服从反射定律（反射光线在入射平面内，反射角等于入射角），则这组晶面所反射的 X 射线，当相邻晶面的光程差是 X 射线波长的整数倍时就会相互增强，出现衍射，衍射示意图见图 14-1。衍射线的空间方位和强度与晶体结构密切相关，这就是 X 射线衍射的基本原理。衍射空间方位与晶体结构的关系可用布拉格方程（布拉格定律）来表示：

$$n\lambda = 2d_{hkl}\sin\theta_{HKL} \tag{14-1}$$

式中，λ 为 X 射线波长；n 为衍射级数，为任何正整数；hkl 为晶面指数；d_{hkl} 为反射晶面（hkl）的面间距；HKL 为衍射指数（各反射晶面指数乘上反射级数，$H=nh$，$K=nk$，$L=nl$）；θ_{HKL} 为（HKL）衍射的掠射角或布拉格角，2θ 称衍射角。

该方程是晶体衍射的理论基础。

需要注意的是：凡是满足布拉格方程式的方向上的所有晶面上的原子衍射波位相完全相同，其振幅互相加强。这样，在 2θ 方向上就会出现衍射线，而在其他地方互相抵消，X 射线的强度减弱或者等于零。X 射线的反射角不同于可见光的反射角，X 射线的入射角与反射角的夹角永远是 2θ。

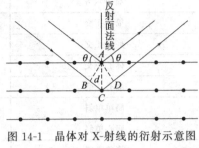

图 14-1　晶体对 X-射线的衍射示意图

(4) 谢乐公式

X 射线的衍射谱带的宽化程度和晶粒的尺寸有关，晶粒越小，其衍射线将变得弥散而宽化。谢乐公式描述的是晶粒尺寸与衍射峰半峰宽之间的关系。

$$D=\frac{K\lambda}{B\cos\theta} \tag{14-2}$$

式中，K 为 Sherrer 常数；D 为垂直于晶面方向的平均厚度，nm；B 为衍射峰半宽高，$K=0.89$，若 B 为衍射峰积分宽度，$K=1$；λ 为 X 射线波长，Cu 靶为 0.154056m；θ 为布拉格角。

2. 晶体结构

晶体以其内部原子、离子、分子在空间做三维周期性的规则排列。按照晶体内部结构的周期性，划分出一个个大小和形状完全一样的平行六面体，代表晶体结构的基本重复单元称为晶胞。晶胞由晶体空间点阵中三个不相平行的单位矢量（向量）a、b、c 决定。

空间点阵是一种表示晶体内部质点排列规律的几何图形。空间点阵为组成晶体的粒子（原子、离子或分子）在三维空间中形成有规律的某种对称排列。点阵平面和直线点阵方向的表示方法在任何晶体中，可根据空间点阵的向量 a、b 和 c 来取晶轴系。根据晶体的宏观对称性，布拉维（Bravais）在 1849 年首先推导出 14 种空间点阵，它们的晶轴关系即晶轴的单位长度及夹角（即晶胞参数 a、b、c、α、β、γ）间的关系，分别属于立方、四方、菱方、六方、正交、单斜、三斜共 7 个晶系，相关参数见表 14-2。在这 7 个晶系中，除了由素单位构成的简单点阵（P）外，还可能有体心（I）、底心（C）、面心（F）点阵。在这些有心的点阵中，晶胞分别有 2 个或 4 个阵点。

表 14-2　14 种空间点阵型式

布拉维点阵	晶系	棱边长度与夹角关系
简单立方	立方	$a=b=c$，$\alpha=\beta=\gamma=90°$
体心立方		
面心立方		
简单四方	四方	$a=b\neq c$，$\alpha=\beta=\gamma=90°$
体心四方		
简单菱方	菱方	$a=b=c$，$\alpha=\beta=\gamma\neq 90°$

续表

布拉维点阵	晶系	棱边长度与夹角关系
简单六方	六方	$a=b$, $\alpha=\beta=90°$, $\gamma=120°$
简单正交	正交	$a\neq b\neq c$, $\alpha=\beta=\gamma=90°$
底心正交		
体心正交		
面心正交		
简单单斜	单斜	$a\neq b\neq c$, $\alpha=\beta=90°\neq\gamma$
底心单斜		
简单三斜	三斜	$a\neq b\neq c$, $\alpha\neq\beta\neq\gamma\neq 90°$

通过空间点阵中任意三结点的平面称为晶面。点阵中一定有一系列间距相等的晶面与此晶面相平行，为表征晶面。晶面在3个结晶轴上的截距系数的倒数比，当化为整数比后，所得出的3个整数即h、k、l。h、k、l称为该晶面的晶面指数，亦称为米勒（M. H. Miller）指数，而(hkl)是该晶面的符号。确定晶面指数的方法是：在点阵中设定参考坐标系，设置方法与确定晶向指数时相同；求得待定晶面在三个晶轴上的截距，若该晶面与某轴平行，则在此轴上截距为无穷大；若该晶面与轴负方向相截，则在此轴上截距为一负值；取各截距的倒数；将三倒数化为互质的整数比，并加上圆括号，即表示该晶面的指数，记为(hkl)。晶面指数所代表的不仅是某一晶面，而且是代表着一组相互平行的晶面。

平面点阵族(hkl)中相邻两个平面的间距为晶面间距，用符号d_{hkl}表示。它是由指标(hkl)规定的平面族中两个相邻平面之间的垂直距离。不同的晶系有不同的计算公式。晶面间距是晶胞参数和晶面指数的函数，晶面指数值越小，晶面间距越大。

3. X射线衍射分析

X射线衍射分析是利用晶体形成的X射线衍射，对物质进行内部原子在空间分布状况的结构分析方法。将具有一定波长的X射线照射到结晶性物质上时，X射线因在结晶内遇到规则排列的原子或离子而发生散射。散射的X射线在某些方向上相位得到加强，从而显示与结晶结构相对应的特有的衍射现象。衍射X射线满足布拉格方程。波长λ可用已知的X射线衍射角测定，进而求得晶面间距，即结晶内原子或离子的规则排列状态。晶体产生的衍射方向取决于晶胞的大小和形状，即晶体结构的周期性排列，而各条衍射线的强度取决于每个原子或离子在晶胞中的位置。不同物相的多晶衍射谱，在衍射峰的数量、2θ位置及强度上总有一些不同，具有物相特征。几个物相的混合物的衍射谱是各物相多晶衍射谱的权重叠加，因而将混合物的衍射谱与各种单一物相的标准衍射谱进行匹配，可以解析出混合物的各组成相。一个衍射谱可以用一张实际谱图来表示，也可以与各衍射峰对应的一组晶面间距值（d值）和相对强度（I/I_0）来表示。将求出的衍射X射线强度和晶面间距与已知的PDF卡片或文献资料对照，即可确定试样结晶的物质结构，此即定性分析。通常，XRD结果分析需借助于分析软件来进行。常用的XRD分析软件有JADE、EVA等。将XRD实验数据导入分析软件，经背景扣除、光滑等简单处理后，根据样品种类及所含元素，与PDF卡比对，可确定样品的晶型及晶胞参数。常用的XRD物相定性分析方法有三强线法、特征峰法、文献比对法等。XRD图的横坐标为2θ（°），纵坐标为强度Intensity (a.u)，例如$LiNi_{0.8}Co_{0.1}Mn_{0.1}O_2$粉末样品的XRD图谱如图14-2所示。

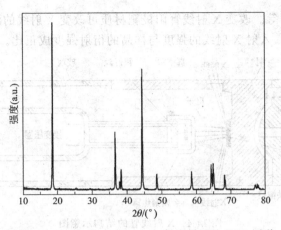

图 14-2　$LiNi_{0.8}Co_{0.1}Mn_{0.1}O_2$ 粉末样品的 XRD 图谱

二、仪器组成与结构

X 射线衍射仪品牌众多，形式多样，用途各异，但其基本结构主要由 X 射线源（X 射线发生器）、样品台、测角器、衍射信号检测器及计算机控制处理分析系统等几部分构成，如图 14-3 所示。

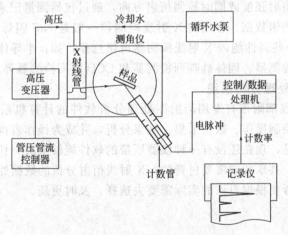

图 14-3　X 射线衍射仪结构示意图

(1) X 射线源

X 射线源提供测量所需的 X 射线，由 X 射线管、高压发生器和控制电路组成。X 射线管按照保持真空度的方式不同可分为密封式和可拆式两种。密封式 X 射线管是将真空条件下的钨丝在低电压（通常 6～12V）下加热，产生大量热电子。热电子在灯丝（阴极）和靶子（阳极）之间的强电场（通常是 20～40kV）作用下高速轰击靶子，在它们与靶子碰撞的瞬间产生 X 射线。密封式 X 射线管的优点是使用方便，但功率低且造价高，一般无法维修。可拆式 X 射线管又称旋转阳极靶，可随意更换阳极，灯丝烧坏后可调换，其功率较大（一般为 12～60kW），但使用不便，每次都要抽到一定的真空度后方可使用。一般商品衍射仪多使用密封式 X 射线管，其结构见图 14-4 所示。常用的 X 射线靶材一般有 W、Ag、Mo、

Ni、Co、Fe、Cr、Cu 等。改变 X 射线管阳极靶材质可改变 X 射线的波长，调节阳极电压可控制 X 射线源的强度。入射 X 射线的强度与样品的衍射强度成正比。

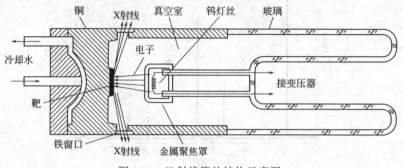

图 14-4　X 射线管的结构示意图

（2）测角器

测角器是 X 射线衍射仪的核心部件，由光源臂、检测器臂及狭缝系统组成。测角器又分为垂直式和水平式两种。在水平式测角器上，样品垂直放置，样品制备要求高；在垂直式测角器上，样品水平放置，样品制备要求低。其中，狭缝系统用于控制 X 射线的平行度，并决定测角器的分辨率，包括梭拉狭缝、发散狭缝、接收狭缝和防散射狭缝。高配置衍射仪还在计数管前装有单色器，用于扣除连续 X 射线、K_β 特征 X 射线和荧光 X 射线，提高信噪比进行高质量数据测试。

（3）检测器

检测器用于检测衍射强度或同时检测衍射方向，通过仪器测量记录系统或计算机处理系统可以得到多晶衍射图谱数据。常用的 X 射线检测器一般是 NaI 闪烁检测器（SC）或正比检测器（PC）。还有一些高性能的 X 射线检测器可供选择，如：半导体制冷的高能量分辨率硅检测器、正比位敏检测器、固体硅阵列检测器和 CCD 面积检测器等。

（4）计算机控制处理分析系统

现代 X 射线衍射仪都附带有专用衍射图处理分析软件的计算机系统。它的基本功能是按照指令完成规定的控制操作、数据采集、结果分析，并成为操作者得力的数据处理、分析的辅导员或助手。但是，现在还没有一种仪器所带的软件能够解决一切衍射分析问题。优秀的第三方的（免费的、共享的或需要付费的）X 射线衍射分析的数据处理、分析软件不断涌现，各有特色。使用者要根据自己的实际需要去选择，及时更新。

三、实验部分

实验　TiO$_2$ 粉末 X 射线衍射分析

【实验目的】

1. 了解 X 射线衍射仪的基本结构、工作原理及正确的使用方法。
2. 了解 X 射线衍射仪的样品测试范围及样品制备要求。
3. 学习并熟悉利用 Debye-Scherrer 公式估算粒子粒径的方法。
4. 掌握 X 射线衍射物相定性分析的方法和步骤。

【实验原理】

TiO_2 是一种白色固体或粉末状的无机颜料，具有无毒、最佳的不透明性、最佳白度和光亮度，被认为是现今世界上性能最好的一种白色颜料。钛白的黏附力强，不易起化学变化，广泛应用于涂料、塑料、造纸、印刷油墨、化纤、橡胶、化妆品等工业。它的熔点很高，也被用来制造耐火玻璃、釉料、珐琅、陶土、耐高温的实验器皿等。同时，二氧化钛有较好的紫外线掩蔽作用，常作为防晒剂掺入纺织纤维中，超细的二氧化钛粉末也被加入防晒霜膏中制成防晒化妆品。半导体二氧化钛的光化学性能已使其可用于许多领域，如空气和水体的净化、光催化光伏电池、锂离子电池等研究。以碳或其他杂原子掺杂的光催化剂也可用于建筑、人行石板、混凝土墙或屋顶瓦上的涂料中，增加对空气中污染物如氮氧化物、芳烃和醛类的分解。

二氧化钛一般分板钛矿型、锐钛矿型和金红石型三种晶型。锐钛矿结构式由 $[TiO_6]$ 八面体共顶点组成，而金红石型和板钛矿型结构则是由 $[TiO_6]$ 八面体共顶点且共边组成。不同的晶型应用也不同。金红石型的 TiO_2 在三种晶型结构中最稳定，其相对密度和折射率较大，具有很高的分散光射线的本领、很强的遮盖力和着色力。锐钛矿型结构不如金红石型稳定，但其光催化活性和超亲水性较高，常用作光催化剂。板钛矿型结构最不稳定，是一种亚稳相，很少被直接应用。晶粒的大小及晶型结构决定其性能的开发与应用。

【仪器与试剂】

1. 仪器

日本岛津 6100 型 X 射线衍射仪，主要技术指标如下：

Cu $K_α$ 线；管压 40kV；X 光管最大功率：3kW；最大管电压：60kW；最大管电流：80mA；测角仪半径：185mm；扫描范围：10°~90°；扫描模式：θ/2θ 联动、θ/2θ 独立驱动模式；操作模式：连续、步进扫描模式，θ 轴回摆功能；扫描速度：$1.0 \sim 5.0° \cdot min^{-1}$。

2. 试剂

TiO_2 粉末样品（自制或购买）。

【实验步骤】

1. 样品准备

将样品在玛瑙研钵中研细，定量分析的样品细度应在 45μm 左右，即应过 325 目筛。将样品托擦净放在玻璃板上，将粉末加到样品托的凹槽中，略高于样品托平面，另用一玻璃板将样品压平，压实，表面平整且垂直放置不散落，除去多余试样。将样品托对准中线插入衍射仪的样品台上。

2. 样品测定

① 开启循环冷却水

② 开启 XRD 电源，仪器左下侧，power 灯亮。

③ 启动计算机，在 XRD 稳定两分钟左右后，进入 PCXRD 程序，将被测样品放置在测试架上。

④ 依次点击画面上 "display&setup" "right conio condition" "right conio analysis"。

⑤ 双击 "right conio condition" 空白处输入扫描条件、样品名称等。

⑥ 实验条件设定以后，点击 append、start。进入 "right conio analysis" 画面，点击 start，X 射线光管开启，XRD 开始测试。测试完毕，X 射线管自动关闭，点击设置使样品台复位。

3. 数据处理

① 点击画面上 basic process，进行数据处理。

② 点击画面上 search match，进行定性分析。
③ 点击画面上 PCPDF utitily，进行组成成分确定分析。
④ 点击画面上 crystallinity，进行结晶度测定。

4. 图谱导出
① 点击画面上 file maintenance，进行 ascii dump，数据存储，可以存储成 raw 文件或 txt 文件。
② 从 excel 打开文件，导出 excel 成分分析图谱，以 origin 等软件作图。

5. 关机
顺序与开机顺序相反，退出 PCXRD 程序，依次关闭 XRD 电源、循环水，测试完毕。

【注意事项】
1. 粉末样品研细，过筛，避免颗粒不均匀。
2. 样品测试结束后，应在关机后，继续运行循环冷却水 15min 以上，以充分冷却 X 光管。
3. X 射线具有放射性，在样品测试过程中不得随意打开防护罩门，禁止任何人员进入仪器背面区域，谨防 X 射线直射人体。
4. 注意室内防潮、通风。
5. 测试完毕后，一般 30min 后关闭循环水冷机，以充分冷却 X 射线光管到室温，否则容易使光管氧化，缩短其使用寿命。

【思考题】
1. 简述 X 射线衍射仪的工作原理。
2. 说明样品准备过程及注意事项。
3. 简述 XRD 物相分析原理及粒径估算依据。

四、知识拓展

　　1895 年，德国维茨堡大学物理学教授伦琴（W. C. Röntgen）在研究阴极射线管时，发现了一种穿透力很强的辐射，这种辐射能使用黑纸密封的照相底片感光，并且为这种新的辐射线命名为"X 射线"。与其他电磁波一样，X 射线也能产生反射、折射、散射、干涉、衍射及吸收等现象。1912 年，德国物理学家劳埃以晶体为光栅，发现 X 射线能通过晶体产生衍射现象，证实了 X 射线的波动性和晶体内部结构的周期性，导出了著名的冯·劳厄方程，开创了 X 射线晶体学这一新领域。同年，英国物理学家布拉格父子（W. H. Bragg 和 W. L. Bragg）提出了著名的 X 射线衍射 Bragg 方程，测定了 NaCl 晶体的结构，这一结果为 X 射线衍射分析提供了理论基础。

　　20 世纪 50 年代末，美国海军研究室 H. Friedman 设计试制了世界上第一台 X 射线粉末计数器衍射仪，之后又经过改进成功制成了 Bragg-Brentano 衍射测角仪，从而 X 射线衍射仪开始得到普遍应用。20 世纪 70 年代以来，随着同步辐射强光源和计算机技术的应用，X 射线多晶粉末衍射技术得到了突飞猛进的发展，成为最重要的材料表征技术之一。

1. XRD 测定对样品要求

衍射仪一般采用块状平面试样，它可以是整块的多晶体，亦可用粉末压制。

① 金属样品可从大块中切割出合适的大小（例如 20mm×15mm），经砂轮、砂纸磨平再进行适当的浸蚀而得；金属样分析氧化层时表面一般不作处理，而化学热处理层的处理方法需视实际情况进行（例如可用细砂纸轻磨去氧化皮）。对于测量金属样品的微观应力（晶格畸变），测量残余奥氏体，要求样品不能简单粗磨，要求制备成金相样品，并进行普通抛光或电解抛光，消除表面应变层。

② 对于片状、圆柱状样品会存在严重的择优取向，衍射强度异常。因此要求测试时合理选择响应的方向平面。块状、板状、圆柱状要求磨成一个平面，面积不小于 10mm×10mm，如果面积太小可以用几块粘贴一起。

③ 粉末样品要求磨成 320 目的粒度，约 $40\mu m$。粒度粗大衍射强度低，峰形不好，分辨率低。要了解样品的物理化学性质，如是否易燃、易潮解、易腐蚀、有毒、易挥发。根据粉末的数量可压在玻璃制的通框或浅框中。压制时一般不加黏结剂，所加压力以使粉末样品黏牢为限，压力过大可能导致颗粒的择优取向。当粉末数量很少时，可在平玻璃片上抹上一层凡士林，再将粉末均匀撒上。

2. X 射线衍射的应用

X 射线衍射分析法作为一项研究物质微观结构的分析技术，在冶金、材料、物理、化学、生物、化工、地矿、核能、航空航天、机械、环境、医药、教学等领域得到了广泛应用。

(1) 物相鉴定

物相鉴定是指确定材料由哪些相组成和确定各组成相的含量，主要包括定性相分析和定量相分析。由于每种晶体由于其独特的结构都具有与之相对应的特征 X 射线衍射谱，其特征 X 射线衍射图谱不会因为它与其他物质混聚在一起而产生变化，因此根据某一待测样品的衍射谱图，不仅可以知道物质的化学组成，还能知道它们的存在状态。当样品为多相混合物时，整个衍射谱图为各组成相衍射谱图的叠加。这是 X 射线衍射物相分析的依据。利用索引和标准卡片中的一组 d/I 与待测样品的衍射谱图进行对比，从而确定物质的相组成，进行物相的定性分析。确定相组成后，根据各相衍射峰的强度正比于该组分含量（需要做吸收校正者除外），就可对各种组分进行定量分析。

① 物相定性分析。被测物的化学成分已知，选用字母索引进行鉴定。首先测定样品的衍射谱，确定各衍射线的 d/I 值。按照可能含有的物相的英文名称，与字母索引中的三强线数据对比，找出相应的卡片。再将实验测得的 d/I 值与卡片中的 d/I 一一对比，若卡片的数据与样品衍射谱中的数据吻合，即待测样品中含有卡片记载的物相。若被测物由多个物相组成。则整个样品的衍射谱图是各物相衍射谱图的简单叠加。同理，可将其他物相一一检出。

若样品的化学成分未知，选择用数字索引进行鉴定。测定样品的衍射谱，确定所有衍射线的 d/I 值；根据最强线的 d 值，在索引中找到所属的组，再根据 $d2$ 和 $d3$ 找到其中的一行；比较此行中的三条线，看其相对强度是否与试样的三强线基本一致，再看其余五条线，如 d/I 基本一致，即可初步断定未知物质中含有卡片所记载的这种物相。根据索引中找到的卡片号。将该卡片上所有 d/I 值与试样的 d/I 值对比，如果完全吻合，则试样中含有卡片记载的物相。若被测物有多个物相组成，去除已检出物相的衍射线后，再按上述步骤进行检索，鉴定出其他各物相。

由于实际实验条件与卡片上注明的实验条件不会完全一致，而且测定的衍射数据和卡片记载的数据都会有一定的误差，使得实验测得的 d 值与卡片上的 d 值不完全相等，允许有一定的误差。因为影响衍射强度的因素比较复杂，所以在分析时以 d 值为主，I 值作为参考。当混合物中某相的含量很少，或某相衍射能力很弱时，它的衍射线条可能难于显现。因此，X 射线衍射分析只能肯定某相的存在，而不能确定某相的不存在。

② 物相定量分析。X 射线衍射物相定量分析有内标法、外标法、增量法、无标样法和全谱拟合法等常规分析方法。

内标法的测定过程如下：预测样品中 i 物相的含量 X_i，在样品中加入一定量的标准物（样品中不包含的纯物相），称作内标 S。设标准物 S 与原样品的质量比为 X_S。研磨混匀，采谱，测量 i 物相衍射强度 I_i 和内标 S 的衍射强度 I_S，代入式 (14-3) 计算原样品中 i 物相的含量。

$$\frac{I_i}{I_S} = \frac{KX_i}{X_S} \tag{14-3}$$

式中，K 是常数，与物相 i 和标准物质 S 有关。

内标物质的选择要求：内标物衍射峰与待测物相衍射峰比较靠近，但不重叠；内标衍射峰较强；内标结晶完整，无择优取向；物理性质稳定，不潮解，不与试样发生化学反应，纯度在 99% 以上；易得价廉，一般选用 α-Al_2O_3、TiO_2（金红石）、CeO_2 等。

内标法和增量法等都需要在待测样品中加入参考标相并绘制工作曲线。如果样品含有的物相较多，谱线复杂，再加入参考标相时会进一步增加谱线的重叠机会，给定量分析带来困难。无标样法和全谱拟合法虽然不需要配制一系列内标标准物质和绘制标准工作曲线，但需要繁琐的数学计算，其实际应用也受到了一定限制。外标法虽然不需要在样品中加入参考标相，但需要用纯的待测相物质制作工作曲线，这也给实际操作带来一定的不便。

(2) 点阵常数的精确测定

点阵常数是晶体物质的基本结构参数。点阵常数的测定是通过 X 射线衍射线的位置 (θ) 的测定而获得的，通过测定衍射花样中每一条衍射线的位置均可得出一个点阵常数值。测定点阵常数在研究固态相变、确定固溶体类型、测定固溶体溶解度曲线和测定热膨胀系数等方面都得到了应用。

点阵常数测定中的精确度涉及两个独立的问题，即波长的精度和布拉格角的测量精度。如果知道每根反射线的密勒指数后就可以根据不同的晶系，用相应的公式计算点阵常数。晶面间距测量的精度随 θ 角的增加而增加，θ 越大得到的点阵常数值越精确，因而点阵常数测定时应选用高角度衍射线。误差一般采用图解外推法和最小二乘法来消除，点阵常数测定的精确度为 1×10^{-5}。

(3) 应力的测定

X 射线测定应力以衍射花样特征的变化作为应变的量度。宏观应力均匀分布在物体中较大范围内，产生的均匀应变表现为该范围内方向相同的各晶粒中相同晶面间距变化相同，导致衍射线向某方向位移。微观应力在各晶粒间甚至一个晶粒内各部分间彼此不同，产生的不均匀应变表现为某些区域晶面间距增加、某些区域晶面间距减少，结果使衍射线向不同方向位移，使其衍射线漫散宽化。超微观应力在应变区内使原子偏离平衡位置，导致衍射线强度减弱，故可以通过 X 射线强度的变化测定超微观应力。

X射线测定应力具有非破坏性，可测小范围局部应力，可测表层应力，可区别应力类型、测量时无需使材料处于无应力状态等优点，但其测量精确度受组织结构的影响较大。

(4) 晶粒尺寸和点阵畸变的测定

若多晶材料的晶粒无畸变、足够大，理论上其粉末衍射花样的谱线应特别锋利。但在实际中，这种谱线无法看到。这是因为仪器因素和物理因素等的综合影响，使衍射谱线增宽了。谱线的形状和宽度由试样的平均晶粒尺寸、尺寸分布及晶体点阵中的主要缺陷决定，故对线形做适当分析，原则上可以得到上述影响因素的性质和尺度等方面的信息。

在晶粒尺寸和点阵畸变测定过程中，需要做的工作有两个：①从实验线形中得出纯衍射线形，最普遍的方法是傅里叶变换法和重复连续卷积法；②从衍射花样适当的谱线中得出晶粒尺寸和缺陷的信息。这个步骤主要是找出各种使谱线变宽的因素，并且分离这些因素对宽度的影响，从而计算出所需要的结果。主要方法有傅里叶法、线形方差法和积分宽度法。

(5) 单晶取向和多晶织构测定

单晶取向的测定就是找出晶体样品中晶体学取向与样品外坐标系的位向关系。虽然可以用光学方法等物理方法确定单晶取向，但X射线衍射法不仅可以精确地进行单晶定向，同时还能得到晶体内部微观结构的信息。一般用劳埃法单晶定向，依据是底片上劳埃斑点转换的极射赤面投影与样品外坐标轴的极射赤面投影之间的位置关系。透射劳埃法只适用于厚度小且吸收系数小的样品；背射劳埃法就无需特别制备样品，样品厚度大小等也不受限制，因而多用此方法。

多晶材料中晶粒取向沿一定方位偏聚的现象称为织构。常见的织构有丝织构和板织构两种类型。为反映织构的概貌和确定织构指数，有极图、反极图和三维取向函数三种方法描述织构。对于丝织构，要知道其极图形式，只要求出其丝轴指数即可，照相法和衍射仪法是可用的方法。板织构的极点分布比较复杂，需要两个指数来表示，且多用衍射仪进行测定。

参 考 文 献

[1] 孙东平,王田禾,纪明中等.现代仪器分析实验技术（下册）[M].北京：科学出版社,2015.
[2] 冯于洪.现代仪器分析实用教程[M].北京：北京大学出版社,2008.
[3] 潘清林.材料现代分析测试实验教程[M].北京：冶金工业出版社,2011.
[4] 黄继武,李周.多晶材料X射线衍射：实验原理、方法与应用[M].北京：冶金工业出版社,2012.
[5] 廖立兵,李国武.X射线衍射方法与应用[M].北京：地质出版社,2008.
[6] 张宗培.仪器分析实验[M].郑州：郑州大学出版社,2009.

第十五章
热重分析

热重分析（thermalgravimetric analysis，TGA）是在程序温度控制下和不同气氛中测量试样的质量与温度或时间（恒温实验）函数关系的一种技术，是热分析方法中使用最多、最广泛的一种。因此，只要物质受热时质量发生变化，就可以用热重法来研究其变换过程，如脱水、吸湿、分解、化合、吸附、解吸、升华等。

通过 TGA 实验可用于研究晶体性质的变化，如熔化、蒸发、升华和吸附等物质的物理现象；也可用于研究物质的脱水、解离、氧化、还原等物质的化学现象；还可对物质进行鉴别分析、组分分析，以及热力学/动力学参数的测定。该方法可用于测试各种不同种类的试样，如金属、陶瓷、橡胶，甚至是液体等各种物质，但不适用于在常温下挥发性很强的物质的定量实验。

该测试方法的优点是定量性强，并能准确地测定出物质的起始分解温度、分解速率；试样用量少，分辨率高；热分析仪器操作简便、灵敏、速度快。

一、基本原理

当试样在加热过程中发生升华、汽化、分解出气体或失去结晶水等质量变化时，在热重曲线上就会直观记录下来。无质量变化，热天平保持初始的平衡状态；若有质量变化，天平则失去平衡，由传感器检测并输出天平失衡信号。

热重分析通常可分为动态（升温）和静态（恒温）两类。

静态法包括等压质量变化测定和等温质量变化测定。等压质量变化测定是指在程序控制温度下，测量物质在恒定挥发物分压下平衡质量与温度关系的一种方法。等温质量变化测定是指在恒温条件下测量物质质量与压力关系的一种方法。这种方法准确度高，但是费时。

动态法为热重分析和微商热重分析。微商热重分析又称导数热重分析（derivative thermogravimetry，DTG），它是 TGA 曲线对温度（或时间）的一阶导数。以物质的质量变化速率（dm/dt）对温度 T（或时间 t）作图，即得 DTG 曲线。

热重分析仪测量得到的曲线有 TGA 曲线与 DTG 曲线。TGA 曲线是质量对温度或时间绘制的曲线，它以质量（或失重率）作为纵坐标，从上向下表示质量减少；以温度（或时间）作为横坐标，自左至右表示温度（或时间）增加。TGA 曲线上质量基本不变的部分称为平台。在 TGA 实验中，失去的质量可以提供样品组分的定量信息，通过分析 TGA 曲线就可以知道被测物质在哪个温度段发生了什么变化、有无质量损失、失重率多少、分几步分解、分解的温度范围、热稳定性、结晶水的鉴定等信息，并且根据失重信息（或结合其他表征手段），推断出可能失去的物质是什么。

DTG 曲线是 TGA 曲线对温度或时间的一阶微商曲线，它体现了质量随温度或时间的变化速率。当试样随温度变化失去所含物质或与一定气氛中气体进行反应时，质量发生变化。反应在 TGA 曲线上可观察到台阶，在 DTG 曲线上可观察到峰。

图 15-1 为二水合草酸锰铁（Mn：Fe 摩尔比＝7：3）分解的 DTG 和 TGA 曲线，测试升温速率为 5℃·min^{-1}，氮气气氛。TGA 曲线清楚地表明了草酸锰铁在升温过程中的失重情况，有两个非常明显的失重区间（一个为失水过程，一个为分解过程）。从 DTG 曲线又可看出第一个大的失重峰其实是由两个小的失重峰组成的，其中一个在 123～165℃，一个在 165～205℃，可能分别对应于草酸锰与草酸亚铁的结晶水失去。因此，失重台阶的温度范围在 DTG 曲线上非常清楚，两者相互印证，互为补充。

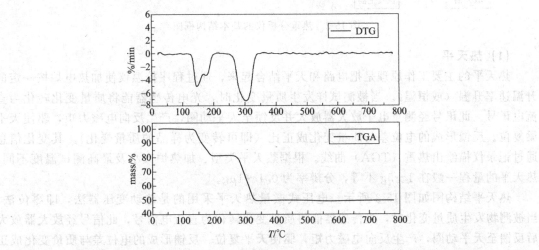

图 15-1　二水合草酸锰铁（7：3）分解的 DTG 曲线（上）和 TGA 曲线（下）

失重曲线上的温度值常用来比较材料的热稳定性，所以如何确定和选择十分重要。通常，起始分解温度是指 TGA 曲线开始偏离基线的温度；外延起始温度是曲线下降段切线与基线延长线的交点。外延终止温度是这条切线与最大失重线的交点。TGA 曲线到达最大失重时的温度，叫终止温度。失重率为 50% 的温度又称半寿温度。其中外延起始温度重复性最好，所以多采用此点温度表示材料的稳定性。当然也有采用起始分解温度的，但此点由于诸多因素一般很难确定。如果 TGA 曲线下降段切线有时不好画时，美国 ASTM 规定把过失重 5% 与失重 50% 两点的直线与基线的延长线的交点定义为分解温度；国际标准局（ISO）规定，把失重 20% 和失重 50% 两点的直线与基线的延长线的交点定义为分解温度。

二、仪器组成与结构

热重分析仪主要由热天平、炉体加热系统、程序控温系统、气氛控制系统、称重变换、放大、模/数转换、数据实时采集和记录等几部分组成，通过计算机和相关软件进行数据处理后打印出测试曲线和分析数据结果。仪器结构示意图如图 15-2 所示。

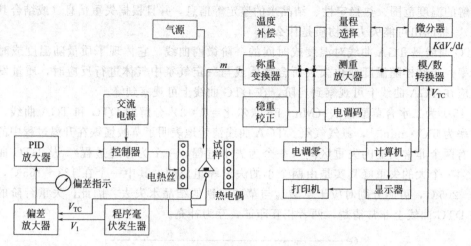

图 15-2　热重分析仪的基本结构框图

(1) 热天平

热天平的主要工作原理是把电路和天平结合起来，通过程序控温仪使加热电炉按一定的升温速率升温（或恒温）。当被测试样发生质量变化时，光电传感器能将质量变化转化为直流电讯号。此讯号经测重电子放大器放大并反馈至天平动圈，产生反向电磁力矩，驱使天平梁复位。反馈形成的电位差与质量变化成正比（即可转变为样品的质量变化）。其变化信息通过记录仪描绘出热重（TGA）曲线。根据热天平类型、加热炉大小及最高测试温度不同，热天平的量程一般在 $1\sim 5\text{g}$ 不等，分辨率为 $0.1\sim 1\mu\text{g}$。

热天平结构图如图 15-3 所示。电压式微量热天平采用的是差动变压器法，即零位法。当被测物发生质量变化时，光传感器能将质量变化转化为直流电信号，此信号经放大器放大后反馈至天平动圈，产生反向电磁力矩，驱使天平复位。反馈形成的电位差与质量变化成正比，即样品的质量变化可转变电压信号。

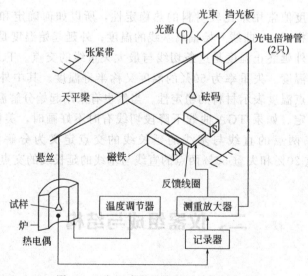

图 15-3　电压式微量热天平结构示意图

根据试样与天平横梁支撑点之间的相对位置，热天平分为上皿式、平卧式和下皿式三种。

(2) 炉体加热系统

炉体通常包括炉管、炉盖、炉体加热器和隔离护套。炉体加热器位于炉管表面的凹槽中，炉子的加热线圈采取非感应的方式缠绕，以克服线圈与样品间的磁性相互作用。炉管的内径根据炉子的类型而有所不同，一般最高温度可加热到1100℃，高温型的可到1600℃，甚至更高。

(3) 程序控温系统

炉子温度增加的速率受温度程序的控制，其程序控制器能够在不同的温度范围内进行线性温度控制。如果升温速率是非线性的，将会影响到TGA曲线。程序控制器的另一特点是，对于线性输送电压和周围温度变化必须是稳定的，并能够与不同类型的热电偶相匹配。

当输入测试条件之后（如从50℃开始升至1000℃，升温速率为20℃·min^{-1}），温度控制系统会按照所设置的条件程序升温，准确执行发出的指令。温度准确度：±0.25℃；温度范围：室温～1100℃。所有这些控温程序均由热电偶传感器（简称热电偶）执行，热电偶为铂材料，分为样品温度热电偶和炉子温度热电偶。样品温度热电偶直接位于样品盘的下方，这样就保证了样品离样品温度测量点比较近，温度误差小；炉子温度热电偶测量炉温并控制炉子的电源，其位于炉管的表面。

(4) 气氛控制系统

一般热重分析仪的气氛控制系统分两路。一路是反应气体，经由反应性气体毛细管导入样品池附近，并随样品一起进入炉腔，使样品的整个测试过程一直处于某种气氛的保护中。至于通入什么气体，要以样品而定，有的样品需要通入参与反应的气体，而有的则需要不参加反应的惰性气体。另一路是天平的保护气体，通入并对天平室内进行吹扫，防止样品在加热过程中发生化学反应时放出的腐蚀性气体进入天平室，这样既可以使天平得到很高的精度，也可以延长热天平的使用寿命。

三、实验部分

实验 $CuSO_4·5H_2O$ 脱水的热重分析

【实验目的】
1. 了解热重分析仪的基本原理、测试方法及应用。
2. 了解五水硫酸铜热分解反应的步骤及特点。
3. 熟悉热重分析仪的基本结构与操作技术。
4. 掌握绘制五水硫酸铜的热重曲线的方法。

【实验原理】
含水盐中结晶水的存在形式有：晶格水（不同任何离子结合，只在晶格中占有一定位置的水分子）、配位水（同金属离子紧密结合在一起的水分子）和阴离子水（同阴离子结合在一起的水分子）三类。其中，晶格水与晶体的结合最弱，受热此水最易失。配位水与晶体的结合力比晶格水强。金属离子的正电场越强，与水的结合力越强，水合热越大，失水温度越高。阴离子水通常靠氢键与阴离子结合在一起，难失去。失去此水一般需加热到473～573K。

$CuSO_4 \cdot 5H_2O$ 在常温常压下很稳定，不潮解，在干燥空气中会逐渐风化。具体的加热脱水直至分解的过程如下：

$$CuSO_4 \cdot 5H_2O \longrightarrow CuSO_4 \cdot 3H_2O + 2H_2O\uparrow$$
$$CuSO_4 \cdot 3H_2O \longrightarrow CuSO_4 \cdot H_2O + 2H_2O\uparrow$$
$$CuSO_4 \cdot H_2O \longrightarrow CuSO_4 + H_2O\uparrow$$

本实验以 α-Al_2O_3 作为参比物，通过热重分析可以定量研究 $CuSO_4 \cdot 5H_2O$ 在热处理过程中的质量变化，通过 TGA 和 DTG 曲线可以清楚地计算每一阶段的失重率，进而推测考察其失去五分子结晶水所发生的变化。

【仪器与试剂】

1. 仪器

HCT-3 热重分析仪。

2. 试剂

$CuSO_4 \cdot 5H_2O$（分析纯）；α-Al_2O_3。

【实验步骤】

1. 打开热分析系统。

2. 打开仪器电源开关，预热 30min。

3. 通循环水。

4. 做通气气氛实验时，提前通气排出空气，热重仪需要 30min，天平需要 60min。

5. 抬起仪器的加热炉。向上提加温炉到限定高度后向逆时针旋转到限定位置。

6. 放入实验样品。支撑杆的左托盘放参比物（氧化铝空坩埚）。右托盘放实验样品坩埚。

7. 放下仪器的加热炉。顺时针旋转，双手托住缓慢往下放。切勿碰撞支撑杆。

8. 启动程序软件，进入测试窗口。在空气气氛下，以 10℃·min^{-1} 的升温速率升温；升温范围为室温至 500℃。

9. 实验完成后，保存数据。通过软件进行实验数据分析计算。

10. 等炉温降到室温后（一般测完 40min 后），退出软件程序。关闭计算机主机，关闭主机开关。关闭循环水开关。

【数据记录及处理】

从 $CuSO_4 \cdot 5H_2O$ 脱水的热重曲线上确定各脱水峰温度，并根据热谱图推测各峰所代表的可能反应，写出反应方程式。

【注意事项】

1. 定期用标准物质校正仪器温度（每月一次）。

2. 在测试前，先测基线，扣除基线漂移。

3. 实验时，避免仪器周围的东西剧烈振动影响到实验曲线。

4. 要轻拿轻放，防止破坏天平梁。

5. 样品一般不超过坩埚容积的三分之一。

【问题与讨论】

1. 在热重分析过程中，影响测试结果的因素有哪些？可以采取何种措施避免？

2. 升温速率的大小对实验曲线的形状有何影响？

四、知识拓展

1780年，英国Higgins在实验室加热石灰过程中第一次用天平测量其质量变化。
1786年，英国Wedgnood在研究黏土时测得了第一条热重曲线。
1887年，Le Chatelier利用升温速率变化曲线来鉴定黏土。
1899年，Roberts-Austen提出温差法。
1903年，Tammann首次使用热分析这一术语。
1915年，日本物理学家Honda提出了热天平这一术语，奠定了热重法的初步基础。
1945年，首批商品热天平生产。
1964年，Waston提出差示扫描量热法。

1. 热重分析仪的常见故障和解决方法

(1) 样品支架脱落断裂

样品支架的脱落往往是因为黏结胶被破坏而引起的。黏结胶所用的材质虽然是耐高温的，但当测试样品在高温下（700℃以上）长时间循环升温或者保持高温恒温的情况下，黏结胶同样会遭到破坏，致使样品支架脱落。样品坩埚无法平稳地放置在支架，而且还会缩短加热丝的使用寿命。因此，为了有效地保护样品支架，应尽量避免仪器长时间高温运行和使用。

(2) 样品支架断裂或样品坩埚反扣在支架上

当测试样品之前通入气体时，如果通入气流量过大而无法及时导出，会引起热天平炉体内压力瞬间增大。若此时打开天平炉盖，就会因压力释放而导致炉盖爆喷式冲开或引起样品支架剧烈震动而造成样品支架断裂。如果上次样品测试的坩埚忘记拿出，强烈的气流则会掀翻样品坩埚使样品坩埚倒扣在支架上。样品的残留物也会落入天平炉体内，从而影响天平的精确测量，而且残留物不便打扫。因此，在每次测样结束关闭气体钢瓶的主阀后，为了及时将残余气体排出炉体，常将仪器的气体开关打开，并且将气体钢瓶的减压阀开得很大，以尽快促使气体排出、待减压阀指针归零后，再关闭气体钢瓶的减压阀以及仪器的气体控制开关。每次放样之前，必须先将支架升起，再打开炉盖减少气体压力，以保护天平及支架。

(3) TGA曲线异常波动

在TGA曲线上会偶尔出现锯齿峰主要由以下几个因素造成。

① 样品测试过程中是否存在震动源

热重分析仪的分析天平的测量精度一般非常高而热重分析仪的质量可读精度更是达到0.1μg（即百万分之一）。若在样品测试过程中仪器周围存在着振动源，如室外有建筑施工的敲打、窗外马路大型运输车快速经过或本栋楼有较大的仪器轰鸣声及振动等，都会引起热重分析仪的非正常性的振动，导致样品测试过程中的TGA曲线出现异常波动。因此热重分析仪一般要求安放在较为安静稳定的环境中。

② 气体过滤器是否堵塞

气体过滤器堵塞是引起TGA曲线异常波动的另一个主要原因。一般样品在测量过程中会分解产生一些烟气或固体小微粒。在气流的带动下通过过滤器时被气体带出,而固体微粒则被过滤膜阻隔而吸附。热重分析仪使用时间一长,尾气中的固体微粒就会慢慢富集,达到一定的程度后,会导致过滤器中过滤膜发生局部或完全堵塞使尾气不能顺畅排出。被堵塞的气流回流到天平支架周围引起天平晃动,从而导致天平测试不准而出现 TGA 曲线波动异常。

为了预防这一现象发生,通常每次测样之前必须检查仪器尾气排放是否通畅。方法是先打开循环水,保持水温恒定后,放好样品,盖上炉盖,保证炉体密封。打开气体减压阀调节气压至 0.05MPa,打开保护气和吹扫气开关,控制气体流量为 20mL·min^{-1},取装水的烧杯,将出气管插入水中,检查气泡是否连续且均匀排出,由此可以判断气路是否通畅。此外需要定期更换气体过滤器,一般 2~3 月更换一次,可根据具体情况,如测样的多少或样品的受热变化的性质等情况来定。

(4) TGA 测试的精确度降低

热重分析仪在使用了一段时间后会出现精确度下降的情况,其原因有以下几个方面。

① 炉盖排气管以及天平支架是否洁净

通常仪器在使用一段时间后,炉盖及排气管道内侧会附着一些黑色烟尘,在气流的带动下可能会落入炉体内的天平支架上或炉体内,这样会影响天平测试的精度。因此需要定期清洗炉盖、排气管,防止污染物堆积或掉入炉内,确保分析天平测量的准确性。

② 支架杆上的残留物是否除去

长期测样,支架杆上会慢慢附着一些样品分解后的残留物,影响 TGA 的测试精确度。因而需要定期在空气或氧气的气氛下高温空烧支架杆至 800℃,可增加降温段但不可高温恒温! 一般一周一次,具体情况根据测样频率及仪器污染情况来定,以除掉支架上的残留物,提高 TGA 的测试精确度。

(5) 恒温水浴发生尖锐的鸣声或循环水过滤器变色发绿

在样品测试过程中,恒温水槽有时会发生尖锐的鸣声。此时需先关闭水浴电源,检查恒温水槽中的水是否浸没水泵,必要时添加适量纯水。若循环水的过滤器变色发绿,则需要进行更换。一般对水浴滤芯定期清理,2~3 月一次,先用自来水清洗,再超声清洗一个小时左右即可。

2. 影响热分析结果准确度的因素

(1) 升温速率

升温速率是影响 TGA 曲线的主要因素之一,其对热分解的起始温度、终止温度和中间产物的检出都有着较大的影响。升温速率减慢,特别是对多步失重的样品来说,分辨率就会提高,每步的失重过程就会在 TGA 曲线上显示地比较清晰。缺点是测试太耗时。反之,升温速率越快,在 TGA 曲线上邻近的两个失重平台区分越不明显,使曲线的分辨力下降,丢失某些中间产物的信息。如果试样在加热过程中生成中间产物,则在 TGA 曲线上就很难检出。此外,升温速率越快,试样的起始分解温度和终止分解温度也会随升温速率的增大而提高,从而使反应曲线向高温方向移动。这是由升温速率越大,所产生的热滞后现象越严重而导致的。如聚苯乙烯在 N_2 中分解,当分解程度都取失重10%时,用 1℃·min^{-1} 测定为 357℃;用 5℃·min^{-1} 测定为 394℃,二者相差 37℃。

(2) 试样量和试样皿

热重法测定要求试样量要少,一般为 2~5mg;试样粒度越细越好;尽可能将试样铺平。这是因为若升温速率相同，试样用量越大，试样内部的温度梯度越大。当其表面达到分解温度后，要经过较长时间内部才能达到分解温度，导致炉子的程序控温与试样内部温度产生时间上的滞后，表现在 TGA 曲线上就出现程序控温比实际的热分解温度偏高，曲线向高温方向偏移。同时，试样用量也影响逸出气体从试样粒子间的空隙向外的扩散速度。样品的分解与气体挥发是同时进行的。采用较大的样品量时，热分解反应会产生较多的气体，这些气体需要较长的挥发时间。样品量的增加会增加气体的扩散阻力，在试样间隙和表面上形成一定分压，进而影响样品的分解，使样品的分解温度变高，从而使得 TGA 曲线向高温移动。

试样量过小，由仪器灵敏度和表观增重等引起的噪声所占比重增大，图形失真。

试样皿的材质，要求耐高温，对试样、中间产物、最终产物和气氛都是惰性的，即不能有反应活性和催化活性。通常用的试样皿材质有铂、陶瓷、石英、玻璃、铝等。特别要注意，不同的样品要采用不同材质的试样皿，否则会损坏试样皿，如：碳酸钠会在高温时与石英、陶瓷中的 SiO_2 反应生成硅酸钠；所以像碳酸钠一类碱性样品，测试时不要用铝、石英、玻璃、陶瓷试样皿。铂金试样皿对有加氢或脱氢的有机物有活性，也不适用于含磷、硫和卤素的聚合物样品，因此要加以选择。

(3) 气氛影响

热重法可在静态或动态气氛下进行测试。在静态气氛下，虽然随着温度的升高，反应速率加快，但由于试样周围的气体浓度增大，将阻止反应的继续，反应速率反而减慢。为了获得重复性较好的试验结果，多数情况下都是做动态气氛下的热分析，它可以将反应生成的气体及时带走，有利于反应的顺利进行。同时气流增加了炉内气体的对流传热，导致试样升温及时，对程序升温的反应时间缩短。

热天平周围气氛的改变对 TGA 曲线也影响显著。如 $CaCO_3$ 在真空、空气和 CO_2 三种气氛中的 TGA 曲线，其分解温度相差近 600℃。原因在于 CO_2 是 $CaCO_3$ 分解产物，气氛中存在 CO_2 会抑制 $CaCO_3$ 的分解，使分解温度提高。聚丙烯在空气中，150~180℃下会有明显增重，这是聚丙烯氧化的结果，在 N_2 中就没有增重。一般控制气流速度为 $40\text{mL} \cdot \text{min}^{-1}$，流速大对传热和溢出气体扩散有利。

(4) 挥发物冷凝

分解产物从样品中挥发出来，往往会在低温处再冷凝，如果冷凝在吊丝式试样皿上会造成测得失重结果偏低。而当温度进一步升高，冷凝物再次挥发会产生假失重，使 TGA 曲线变形。一般采用加大气体的流速，使挥发物立即离开试样皿。可以采用减少试样用量、选择适当的冲洗气体流量来减小误差。

(5) 浮力

浮力变化是由于升温使样品周围的气体热膨胀，从而相对密度下降，浮力减小，使样品表观增重。如：300℃时的浮力可降低到常温时浮力的一半，900℃时可降低到约 1/4。实用校正方法是做空白试验（空载热重实验），消除表观增重。

3. 应用

热重分析法定量性强，能准确地测量物质的质量变化及变化的速率。因此，它可以研究晶体性质的变化，如熔化、蒸发、升华和吸附等物质的物理现象；研究物质的热稳定性、分解过程、脱水、解离、氧化、还原、成分的定量分析、添加剂与填充剂影响、水分与挥发物、反应动力学等化学现象。

热重分析法已在多学科得到广泛应用。在化学上，可用于结晶水的鉴定、络合物的热稳定性研究、反应动力学研究、混合物组分含量的鉴定等。如测定混合物组分中有两种或三种离子时，常规法必须先经过分离才能测定，费时费力，而 TGA 则不需预分离就能迅速将其分离，时间只需 15～20min，因为每种物质都有它的固有特征曲线。TGA 还可协助 DSC 做定性分析，如一种物质在 DSC 曲线上某温度段有一个吸热峰，但不确定是吸热分解还是熔点，用 TGA 测试即可得到结论。若是吸热分解，在 TGA 曲线上相应的温度段应有失重过程，即有失重台阶出现；若没有失重台阶就可以确定是熔点，因为熔点没有质量损失。

对无机材料陶瓷、金属、矿物、合金等可研究其热稳定性、分解反应、脱水反应、反应动力学、测定纯度等。如对矿物的定量研究，根据矿物中固有组分的脱水来测定试样中矿物的含量，因为矿物受热后有脱水、分解、氧化、升华等反应，这些反应均可引起质量的变化。TGA 还能测定硬化混凝土中的水含量。TGA 与 DTA 联用，还可测定凝固水泥中各种结晶相之比。

对有机材料、高分子材料、塑料、纤维素药物等可研究其稳定性、氧化稳定性、催化活性、热分解、纯度等。

参 考 文 献

[1] 赵文宽. 仪器分析实验 [M]. 北京：高等教育出版社，1997.
[2] 韩喜江. 现代仪器分析实验 [M]. 哈尔滨：哈尔滨工业大学出版社，2008.

第十六章 激光粒度分析法

随着现代科学技术的发展，粉体材料特别是超细粉体材料以其诸多优良性能在微电子、光电技术、医药、精细化工等方面获得广泛的应用。粉体材料的许多特性由颗粒的平均粒度及粒度分布等参数决定。粒度仪按其工作原理可分为：筛分法、显微镜法、沉降法、电阻法和光学法（光散射法，衍射散射法）。衍射散射法是各种光散射式颗粒测量仪中发展最为成熟、应用最为广泛的一种。它以激光为光源，因此习惯上又称为激光粒度分析法。

激光粒度分析法的主要优点如下所述。

① 可测量颗粒的粒径范围广，约为 $0.5 \sim 2000 \mu m$，个别情况下测量上限可达 $3500 \mu m$。当引入侧向和背向散射光检测器后，测量下限可达 $0.02 \mu m$。

② 不仅可用于固体颗粒的测量，还可对液体颗粒进行测量，适用范围广泛。

③ 可实现快速测量。一般情况下，$1 \sim 2 min$ 内即可完成整个测量过程。

④ 在某些情况下，不需要知道被测颗粒和分散介质的物理特性（如密度、黏度等）即可进行测量，使用过程中的限制少。

⑤ 无需从被测介质中分离试样，可以实现非接触测量和在线测量。

⑥ 测量结果准确可靠，且重复性好。

⑦ 操作简单、自动化程度高。

一、基本原理

激光粒度仪（也称激光散射粒度分析仪、激光粒度分析仪）是利用颗粒对光的散射（衍射）现象测量颗粒大小的，即光在行进过程中遇到颗粒（障碍物）时，会有一部分偏离原来的传播方向；颗粒尺寸越小，偏离量越大；颗粒尺寸越大，偏离量越小。散射现象可用严格的电磁波理论，即 Mie 散射理论描述。当颗粒尺寸较大（至少大于 2 倍波长），并且只考虑小角散射（散射角小于 5°）时，散射光场也可用较简单的 Fraunhoff 衍射理论近似描述。

激光散射粒度分析仪一般采用米氏（Mie）散射原理，激光粒度分析仪内有激光器（一般为 He-Ne 激光器），它会发射出一束具有一定波长的激光束。该光束经针孔滤波及扩束器后成为直径约为 $8 \sim 10 mm$ 的平行单色光。由于激光具有很好的单色性和极强的方向性，所以一束平行的激光在没有阻碍的无限空间中将会照射到无限远的地方。当该平行光照射到测量区中的颗粒群时遇到颗粒阻挡，一部分光将发生散射现象。激光束经过滤镜后成为平行的光束照射到颗粒上，散射光的传播方向将与主光束的传播方向形成一个夹角 θ。因为粒径不同，从而产生光散射现象。散射光的角度与颗粒直径的大小成反比。散射角 θ 的大小与颗粒的大小有关，颗粒越大，产生的散射光的 θ 角就越小；颗粒越小，产生的散射光的 θ 角就越大。散射光能量随散射角度的分布也不同，散射光强度随反射角度的增加而呈对数规律衰减。用接收透镜（一般为傅里叶透镜）将由各个颗粒散射出来的相同方向的光聚焦到焦平面上，由光电探测器接收，探测器通过计算散射光的能量分布就可以推测颗粒的大小及分布特性。具体来讲，就是将这些由不同粒径颗粒散射的光信号经放大和 A/D 转换后变成电信号，并传输到计算机中，再采用米氏散射理论通过计算机将这些信号进行数学处理，就可以得出粒度分布了。

激光粒度仪的测试方法可以分为干法和湿法两种。干法以空气作为分散介质，利用紊流分散原理，能够使样品颗粒得到充分分散，被分散的样品再导入光路系统中进行测试。湿法则是把样品直接加入水或者乙醇等分散介质中，机械搅拌使样品均匀散开，超声高频振荡使团聚的颗粒充分分散，电磁循环泵使大小颗粒在整个循环系统中均匀分布，从而在根本上保证了宽分布样品测试的准确重复。目前粒度仪大多数使用湿法进行测试。

二、仪器组成与结构

国内外主要仪器厂商生产的激光粒度仪结构也不尽相同。本文选取英国马尔文公司开发的 MS2000E 为例进行说明。图 16-1 为 MS2000E 激光粒度仪外形图，其光路图如图 16-2 所示。

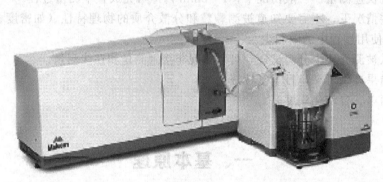

图 16-1　MS2000E 激光粒度仪外形图

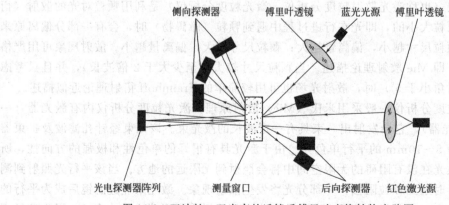

图 16-2　双波长、双光束的透镜后傅里叶变换结构光路图

(1) 红色激光源

光源要求能够提供单色、平行的光束，同时稳定性高、寿命长且信噪比低。由于激光具有很好的单色性和极强的方向性，所以在没有阻碍的无限空间中激光将会照射到无穷远的地方，并且在传播过程中很少有发散的现象。通常以波长为 632.8nm 的 He-Ne 气体激光器作为主光源。

(2) 傅里叶透镜

由于散射光的强度代表该粒径颗粒的数量，所以测量不同角度上的散射光的强度，就可以得到样品的粒度分布。为了测量不同角度上的散射光的光强，需要运用光学手段对散射光进行处理。光学器件是激光束的处理单元和准直系统，它必须保证颗粒测量的光信号能实时全面地传送到探测器单元。

激光粒度仪的光学结构是一个光学傅里叶变换系统，即系统的观察面为系统的后焦面。由于焦面上光强度分布等于物体的光振幅分布函数的数学傅里叶变换的模的平方，即物体光振幅分布的频谱。傅里叶透镜位于测量窗口和激光器之间，它就是针对物方在无限远，像方在后焦面的情况消除像差的透镜。

(3) 蓝色光源

双光束的傅里叶变换结构比普通的单光束结构又增加一束以 45°角入射的短波长（蓝光）的照明光束，通常以波长为 466nm 的固体蓝光为辅助光源。在相同的散射角下，照明光束波长越短，对应的粒径越小。因此，这一结构的作用是拓宽测量范围（下限）。

(4) 测量窗口

测量窗口主要是让被测样品在完全分散的悬浮状态下通过测量区，以便仪器获得样品的粒度信息。激光器发出的激光束经聚焦、低通滤波和准直后，变成直径为 8~25mm 的平行光。平行光束照到测量窗口内的颗粒后，发生散射。散射光经过傅里叶透镜后，同样散射角的光被聚焦到探测器的同一半径上。不同大小的颗粒对应于不同的光能分布，反之由测得的光能分布推算出样品的粒度分布。

(5) 光电探测阵列

激光粒度仪将探测器放在透镜的后焦面上，因此探测器上任一半径都对应某一确定的散射角，也就是说同样散射角的光被聚焦到探测器的同一半径上，光电探测阵列由一系列同心环带组成，每一环带是一个独立的探测器，这样的探测器又称为环形光电探测器阵列，简称光电探测器阵列。一个探测单元输出的光电信号就代表一个角度范围（大小由探测器的内、外半径之差及透镜的焦距决定）内的散射光能量，各单元输出的信号就组成了散射光能的分布。

三、实验部分

实验　纳米粉体的粒度分析

【实验目的】

1. 了解粒度测试的基本知识和基本方法。
2. 了解激光粒度测试的基本原理和特点。

3. 掌握用激光粒度分析仪测定粒度和粒度分布的方法。

【实验原理】

当纳米颗粒被充分分散成胶体溶液时，动态光散射法就成为测量粒度分布的最佳选择。MS2000E 应用反傅里叶变换光学系统，傅里叶透镜位于测量窗口和激光器之间。波长为 632.8nm 的 He-Ne 气体激光器作为主光源，波长为 466nm 的固体蓝光为辅助光源，内置非均匀交叉排列三维扇型检测系统，相当于环形或十字星形排列的 175 个，半圆形排列的 93 个，可使直接检测角达到 135°，扫描速度达 1000 次·s^{-1}，分辨率高，测量下限达到 0.02μm。循环系统采用速率可调的离心循环泵，循环管为普通的塑料管，更换简便。它可以配置干法和湿法两种进样装置，测量范围达到 0.02~2000μm，重现性达到±0.5%。当激光束穿过分散的颗粒样品时，通过测量散射光的强度来完成粒度测量，然后数据用于分析计算形成该散射光谱图的颗粒粒度分布。

【仪器与试剂】

1. 仪器

MS2000E 激光粒度分析仪；研钵；分析天平。

2. 试剂

经过研磨后的 $CaCO_3$；六偏磷酸钠；焦磷酸钠。

【实验步骤】

1. 样品的准备

将少量的样品粉末加入二次蒸馏水中，分别超声振荡分散 5min、10min、20min；适当加入辅助分散剂，相同条件下测定样品的平均粒径。

2. 样品测定

(1) 分别按键接通附件、主机电源。

(2) 打开工作站，双击图标进行联机。

(3) 点击选择方法，按确认，将盛有约 800mL 水的烧杯置于测定台，按附件前侧绿色按钮打开泵开关。

(4) 选择弹出测量显示窗口，观察测试背景，背景显示需小于 80（最好小于 40）。

(5) 选择输入样品信息，点击在左下角黄色提示条显示信息时，加入预处理好的样品，点击进行测定。

(6) 测试完毕，按退出测试，记录栏显示测定结果。

(7) 用清洁的水冲洗样品池 2~3 次，将泵头浸入洁净的水中。

(8) 关闭工作站，按键断开主机、附件电源。

【数据记录及处理】

不同测量条件的平均粒径见表 16-1。

表 16-1 不同测量条件的平均粒径

测量条件	超声时间/min			分散剂种类	
	5	10	20	六偏磷酸钠	焦磷酸钠
平均粒径/μm					

结论：

【注意事项】

1. 加入的样品量应使仪器的遮光度在 10%~20% 之间。

2. 禁止对空的样品池进行对光操作。
3. 关机前要保证样品池清洁。
4. 长期不用时，应使泵头和样品池干燥。

【问题与讨论】
1. 超细粉体粒度测量过程中进行超声分散的作用是什么？
2. 测量结果的影响因素主要有哪些？

四、知识拓展

1. 表示粒度特性的关键指标

（1）等效粒径

当一个颗粒的某一物理特性与同质球形颗粒相同或相近时，用该球形颗粒的直径来代表这个实际颗粒的直径。根据不同的测量方法，等效粒径可分为：等效体积径、等效沉速粒径、等效电阻径和等效投影面积径等。

（2）粒度分布

不同粒径的颗粒分别占粉体总量的百分比称为粒度分布。按粒径大小分为若干级数，表示出每一个级数颗粒的相对含量称为微分布。表示出小于某一级数颗粒的总含量称为累积分布。

（3）粒度分布曲线

以粒度为横坐标，以颗粒单位粒径宽度内的颗粒含量（体积含量、个数含量、表面积含量等）为纵坐标，绘出的曲线称为粒度分布曲线（又称频率分布）。如果纵坐标采用某一粒度下颗粒的累积含量则绘出的曲线称为累积分布曲线（又称积分分布）。需要注意的颗粒含量有多种不同的意义，它们之间差别很大。常用的是体积含量，因此称为体积粒度分布曲线。

（4）平均粒径

表示颗粒平均大小的数据。有很多不同的平均值的算法，如 D [3, 4] 等。

（5）D50

D50 又常被称为中值粒径或中位径，它指的是粒径大于它的颗粒占 50%，小于它的颗粒也占 50%。D50 是平均粒径的另一种表示形式。在大多数情况下，D50 与平均粒径 D [3, 4] 很接近，只有当样品的粒度分布出现严重不对称时，D50 与平均粒径 D [3, 4] 才表现出显著的不一致。

（6）D3

指粒径小于它的颗粒占总颗粒数的 3%。常用来表示粉体的最小粒径。

（7）D97

指粒径小于它的颗粒占总颗粒数的 97%。常用来表示粉体的最大粒径。最大粒径是粒径分布曲线中最大颗粒的等效直径。

（8）D10

指粒径小于它的颗粒占总颗粒数的 10%。

（9）D90

指粒径小于它的颗粒占总颗粒数的 90%。

(10) 边界粒径

边界粒径用来表示样品粒度分布的范围，由一对特征粒径组成，例如：(D10，D90) 表示小于 D10 的颗粒占颗粒总数的 10%，大于 D90 的颗粒也占颗粒总数的 10%，即 80% 的颗粒分布在区间 [D10，D90] 内。一般不能用最小颗粒和最大颗粒来代表样品的下、上限，而是用一对边界粒径来表示下、上限。

2. 应用

医药中的粒度控制着药物的溶解速率和药效；催化剂的粒度影响着生成反应效率；制陶原料的粒度影响着烧结后的物理特性；矿物的粒度影响着长途海运的安全；橡胶原料粒度影响着其寿命；电池原料的粒度影响着电池的充放电效率和寿命；涂料、染料中的粒度影响着产品染色时的发色、光泽；塑料原料的粒度影响着塑料的透明度和加工以及使用性能等。因此，激光散射粒度分析仪作为一种新型的粒度测试仪器，集成了激光技术、现代光电技术、电子技术、精密机械和计算机技术，已经在粉体加工与应用领域得到广泛的应用。

参 考 文 献

[1] 王乃宁. 颗粒粒径的光学测量技术及应用 [M]. 北京：原子能出版社，2000.
[2] 韩喜江. 现代仪器分析实验 [M]. 哈尔滨：哈尔滨工业大学出版社，2008.

第十七章 元素分析

一、基本原理

有机元素通常是指在有机化合物中分布较广和较为常见的元素，如碳（C）、氢（H）、氧（O）、氮（N）、硫（S）等元素。通过测定有机化合物中各有机元素的含量，可确定化合物中各元素的组成比例进而得到该化合物的实验式。有机元素分析最早出现在 19 世纪 30 年代，李比希首先建立燃烧方法测定样品中碳和氢两种元素的含量，他首先将样品充分燃烧，使碳和氢分别转化为二氧化碳和水蒸气，然后分别以氢氧化钾溶液和氧化钙吸收，根据各吸收管的质量变化分别计算出碳和氢的含量。

目前，元素分析仪主要采用微量燃烧法等实现多样品的自动分析。通过自动在线测定和计算可提供数据处理、计算、报告、打印及存储等功能。主要利用高温燃烧法测定原理来分析样品中常规有机元素含量。有机物中常见的元素有碳（C）、氢（H）、氧（O）、氮（N）、硫（S）等。在高温有氧条件下，有机物均可发生燃烧，燃烧后其中的有机元素分别转化为相应稳定形态，如 CO_2、H_2O、N_2、SO_2 等。

$$C_xH_yN_zS_t + uO_2 \longrightarrow xCO_2 + \frac{y}{2}H_2O + \frac{z}{2}N_2 + tSO_2$$

因此，在已知样品质量的前提下，通过测定样品完全燃烧后生成气态产物的多少，并进行换算即可求得试样中各元素的含量。元素分析仪作为一种实验室常规仪器，可同时对有机的固体、高挥发性和敏感性物质中 C、H、N、S、O 元素的含量进行定量分析测定，在研究有机材料及有机化合物的元素组成等方面具有重要作用。可广泛应用于化学和药物化学产品，如精细化工产品、药物、肥料、石油化工产品中碳、氢、氧、氮元素含量，从而揭示化合物性质变化，得到有用信息，是科学研究的有效手段。

二、仪器组成与结构

以德国 Elementar 公司生产的 Vario EL Ⅲ型元素分析仪为例，该仪器主要采用微量燃烧法等实现多样品的自动分析。通过自动在线测定和计算可提供数据处理、计算、报告、打印及存储等功能。仪器有 CHN 模式、CHNS 模式和 O 模式 3 种工作模式，主要测定固体样品。仪器状态稳定后，可实现每 9 min 即可完成一次样品测定，同时给出所测定元素在样品中的百分含量，且仪器可自动连续进样。该仪器具有所需样品量少（几毫克）、分析速度快、适合进行大批量分析的特点。其主要性能指标如下所述。

① 3 种工作模式：CHN 模式、CHNS 模式和 O 模式；
② 空白基线（He 载气）：C：±30；H：±100；N：±16；S：±20；O：±50；
③ K 因子检测（He 载气）：C：±0.15；H：±3.75；N：±0.16；S：±0.15；O：±0.16；
④ 元素测量准确度：C、H、N、S、O 的误差均≤0.3%；
⑤ 元素测量精确度：C、H、N、S、O 的误差均≤0.2%。

下面针对本实验用到的 CHN 模式工作原理进行具体说明。整个装置结构如图 17-1 所示。

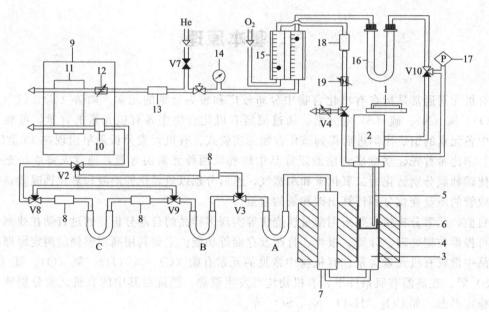

图 17-1　元素分析仪结构装置图

1—旋转式进样盘；2—球阀；3—燃烧试管；4—可容 3 个试管的加热炉；5—O_2 通入口；6—灰坩埚；7—还原管；8—干燥管；9—气体控制插入；10—流量控制器；11—（TCD）热导仪；12—节流阀；13—干燥管（He）；14—量表，测气体入口压力；15—用于 O_2 和 He 的流量表；16—气体清洁管；17—压力传感器；18—干燥管（O_2）；19—用于 O_2 加入的针形阀；A—SO_2 吸附柱；B—H_2O 吸附柱；C—CO_2 吸附柱；V2、V3—用于解吸附 SO_2 的通道阀；V4—O_2 输入阀；V7—He 输入阀；V8、V9—用于解吸附 H_2O 的通道阀；V10—He 输入阀

在 CHN 工作模式下，含有碳（C）、氢（H）、氮（N）元素的样品，经精确称量后（用百万分之一电子分析天平称取），由自动进样器自动加入 CHN 模式热解-还原管，如图 17-2 所示，在氧化剂、催化剂以及 950℃ 的工作温度共同作用下，样品充分燃烧，其中的有机元素分别转化为相应稳定形态，如 CO_2、H_2O、N_2 等。

燃烧反应后生成的各气态形式的产物先经过 CHN 模式还原炉管（如图 17-3 所示），除去多余的 O_2 和干扰物质（如卤素等）。最后从还原管流出的气体除氦气外只有二氧化碳、水和氮气，这些气体进入特殊吸附柱和热导仪（TCD）连续测定 H_2O、CO_2 和 N_2 含量，如通过高氯酸镁以除去水分、通过烧碱石棉吸附二氧化碳等。氦气（He）用于冲洗和载气。

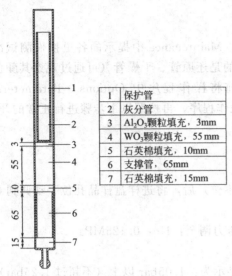

图 17-2 燃烧试管结构示意

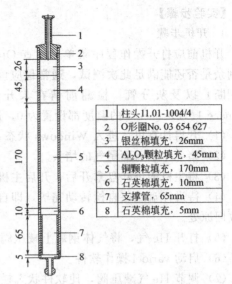

图 17-3 还原炉管结构示意

三、实验部分

实验一 对氨基苯磺酸中各元素的定量测定

【实验目的】
1. 了解有机元素分析仪原理。
2. 掌握有机元素分析仪的一般操作，并对已知样品进行元素分析。

【实验原理】
vario EL Ⅲ 元素分析仪分为 CHNS 模式和 O 模式两种，CHNS 模式是将样品在高温下的氧气环境中经催化氧化使其燃烧分解，而 O 模式要将样品在高温的还原气氛中通过裂解管分解，含氧分子与裂解管中活性炭接触转换成一氧化碳。生成气体中的非检测气体被去除，被检测的不同组分气体通过特殊吸附柱分离，再使用热导检测器对相应的气体进行分别检测，氦气作为载气和吹扫气。

C、H、N、S 元素的定量测定是有机分析中最基本的数据之一，应用广泛。测定有机样品中的各元素含量能够为确定其分子结构及检验样品的纯度提供推断依据。本实验通过检测对氨基苯磺酸样品中 C、H、N、S 的含量，对测定结果的准确度进行分析评估，对进一步优化测试方法，提高实验数据的准确性有重要指导意义。

【仪器与试剂】
1. 仪器
vario EL Ⅲ 元素分析仪；预装有 vario EL Ⅲ 程序计算机；METTLER TOLEDO 高精度天平，打印机。
2. 试剂
氨基苯磺酸（sulfanilic acid，sul）标准样品；高纯氦气。

【实验步骤】

1. 开机步骤

开机前应打开操作程序菜单，检查 Options＞Maintenance 中提示的各更换件测试次数的剩余是否还能满足此次测试，通常最应该注意的是还原管、干燥管（可通过观察其颜色变化判断）以及灰分管。检漏前请在未开主机前将操作程序中 Options＞Parameters 中 Furnace 1、Furnace 2 的温度都设置为 0，退出操作程序，再按照以下步骤进行正常的开机。

（1）开启计算机，进入 Windows 状态。

（2）堵上主机后面尾气的堵头。

（3）将主机的进样盘拿开后，开启主机电源。

（4）待进样盘底座自检转动完毕（即自转至零位）后，将进样盘样品孔位手动调到 0 位后放回原处。

（5）打开 He 气，将气体钢瓶上减压阀输出压力调至：He：0.125MPa。

（6）启动 varioel 操作软件。

（7）调节 He 气减压阀，使软件状态栏压力显示为：1.05bar 以上（不超过 1.25bar）。

（8）进入 Options＞Miscelleaneous＞Rough Leak Check，将出现检漏自动测试的对话框，①将主机背面的两个出气口堵住；②将 He 减压阀的压力降低到与程序对话框中一致，请按照这两点提示执行后，激活这两个功能后点击对话框中 OK 检漏开始，检漏测试后会有文字提示有没有通过检漏测试。

（9）检漏通过后，拔掉主机后面尾气的堵头，将气体钢瓶上减压阀输出压力调至：He：0.22 MPa，O_2：0.25MPa。

（10）进入 Options＞Parameters 中 Furnace 1、Furnace 2 的温度分别设置为：Furnace 1：1150℃；Furnace 2：850℃，开始升温。

2. 操作程序

（1）选择标样（检查操作模式是否正确）

进入操作程序 Standards 窗口，在出现的对话框中确认要使用标样的名称，如没有需使用的标样请在此对话框中定义，如：CHNS 模式：sulfanilic acid（可缩写为 sul）氨基苯磺酸，输入 C%、H%、N%、S% 的理论值。

做日常样品测试时，选择使用 Factor and/or monitor sample 功能；重新制作标准曲线的标样测试时，选择使用 Calibration Sample 功能。

（2）炉温设定

进入操作程序 Options＞Parameters，输入和/或确认加热炉设定温度，其中：CHNS 模式：Furnace 1（右）：1150℃；Furnace 2（中）：850℃；Furnace 3（左）：0℃；O 模式：Furnace 1（右）：1150℃；Furnace 2（中）：0℃；Furnace 3（左）：0℃。

（3）样品名称、质量和通氧方法的输入

① 进入操作程序 Edit＞Input 功能的对话框；或在要输入样品信息的相关行双击鼠标左键，同样可出现 Input 功能的对话框。

② 在其中的 Name、Weight 栏输入样品名称和质量，在 Method 右栏中选择合适的通氧方法。

（4）建议样品测定顺序

（列举 CHNS 模式，其他模式同样，只是标样不同）

① 测试空白值，在 Name 输入 blk，在 Weight 栏输入假设样品质量，在 Method 栏选

Index 2。测试次数根据各元素的积分面积稳定值设置：N（Area）、C（Area）、S（Area）都小于 100；H（Area）<1000；O（Area）<500。

② 做 2～3 个条件化测试，样品名输入 run，使用标样，约 2mg，通氧方法选择 Index 1。

③ 做 3～4 个标样氨基苯磺酸测试，样品名输入 Sulfanilic acid（或输入在 Standards 中已缩写的 sulf），精确称重约 2mg，通氧方法选择 Index 1。

(5) 数据计算（用标样测试值做校正因子修正）

① 进入 Math>Factor Setup，在对话框中选用 Compute Factors Sequentially 功能。

② 检查标样测试几次的数据是否平行，若平行，点击 Math>Factor，完成校正因子计算。

③ 若标样几次测试数据存在不平行，可在选择平行的标样数据行上（做标记）（在选定数据行点击鼠标右键，对所做标记的去除可在相应行上点鼠标右键），再进入 Math>Factor Setup，激活 Compute FactorFrom Tagged Standards only，之后点 Math>Factor 完成校正因子计算。

3. 设定分析结束后自动启动睡眠

(1) 进入 Options>Sleep/Wake Up 功能对话框。

(2) 使用 Activate reduced Gas flow 功能，在 Gas flow reduction to 中输入需要的值（建议 10%）。

(3) 使用 Activate sleep Temperature，并在以下各 Reduce Furnace** to 中输入需要降低到的温度。

(4) 使用 Sleeping at end of Samples 功能。

(5) 点击 OK，就可在样品分析结束后（样品质量为 0），仪器自动进入睡眠状态。

(6) 启动 Auto 进行样品分析，若启动 Single 执行测试，则以上功能无效。

4. 关机步骤

(1) 样品自动分析结束后，如设定睡眠功能，则仪器自动降温，或在 Sleep/Wake Up 功能对话框中手动启动睡眠（点 Sleep Now），待 2 个加热炉都降温至 100℃ 以下。

(2) 关闭氦气和氧气。

(3) 退出 varioel 操作软件（执行 File 中的 Exit）。

(4) 关闭主机电源，开启主机加热炉室的门，让其长时间散去余热。

(5) 将主机后面的尾气出口堵住。

(6) 关闭计算机、打印机和天平等外围设备。

【数据记录及处理】

1. 将实验数据记录与处理填入表 17-1。

表 17-1　样品元素种类及含量记录表

元素	C	H	N
百分含量			
原子个数比			
实验式			

2. 根据实验结果分析多次测试过程中 C、H、N、S 含量的差别及原因。

【注意事项】
1. 检漏一般在拆卸过仪器部件或者外部内部管路的情况下进行,平时不用经常检漏。
2. 不同的操作模式选用的氧化剂/还原剂不同,必须严格按照设定的加热炉温,错误地使用燃烧/还原管将损害加热炉;CHNS/CNS/S 操作模式:燃烧炉温度为 1150℃;还原炉温度为 850℃;CHN/CN/N 操作模式:燃烧炉温度为 950℃;还原炉温度为 500℃。O 操作模式:燃烧炉温度为 1150℃。
3. 加氧空白做 1 遍即可,否则容易消耗还原铜。做所有空白都不要在自动进样盘上放实际的样品,只要给其虚拟质量(5mg)就可以了。不给空白虚拟质量,在实验完成后机器自动进入睡眠状态,界面上样品编号和自动进样器上空位号一定要同步。

【问题与讨论】
1. 怎样降低实验的系统误差?
2. 常见有机元素的测定除了仪器法,是否还有其他方法?不同方法各有什么优缺点?

实验二 煤样中碳氢氮硫元素的定量测定

【实验目的】
1. 了解元素分析仪的基本原理和仪器 CHNS 模式和 O 模式管路的物理连接及不同作用。
2. 熟悉元素分析仪的微量称重处理、自动进样、方法设置、定量分析。

【实验原理】
vario EL Ⅲ 元素分析仪分为 CHNS 模式和 O 模式两种,CHNS 模式是将样品在高温下的氧气环境中经催化氧化使其燃烧分解,而 O 模式要将样品在高温的还原气氛中通过裂解管分解,含氧分子与裂解管中活性炭接触转换成一氧化碳。生成气体中的非检测气体被去除,被检测的不同组分气体通过特殊吸附柱分离,再使用热导检测器对相应的气体进行分别检测,氦气作为载气和吹扫气。

煤中除含有少量矿物杂质和水以外,其余大部分均为有机物质。煤中碳、氢、氮、硫元素的分析是煤质分析中的重要组成部分。通过碳氢元素的含量可以推算发热量等其他指标,煤中氮元素燃烧时转化为氮氧化物等环境污染物,因此煤中碳氢氮的测定十分重要。随着科学技术的发展,煤中碳、氢、氮、硫元素的测定方法逐渐由传统经典方法向元素分析仪分析方法发展。碳、氢、氮、硫元素分析仪具有取样量少、灵敏度高、单人可操作、省时省力等优点。因此,掌握煤样中碳氢氮硫元素的定量测定具有重要的学习意义。

【仪器与试剂】
1. 仪器
vario EL Ⅲ 元素分析仪;预装有 vario EL Ⅲ 程序计算机;METTLER TOLEDO 高精度天平,打印机。
2. 试剂
氨基苯磺酸(sulfanilic acid,sul)标准样品;苯甲酸(benzoic acid,ben)标准样品;炼焦煤样品。

【实验步骤】
1. 开机步骤

开机前应打开操作程序菜单，检查 Options＞Maintenance 中提示的各更换件测试次数的剩余是否还能满足此次测试，通常最应该注意的是还原管、干燥管（可通过观察其颜色变化判断）以及灰分管。检漏前请在未开主机前将操作程序中 Options＞Parameters 中 Furnace 1、Furnace 2 的温度都设置为 0，退出操作程序，再按照以下步骤进行正常的开机。

（1）开启计算机，进入 Windows 状态。

（2）堵上主机后面尾气的堵头。

（3）将主机的进样盘拿开后，开启主机电源。

（4）待进样盘底座自检转动完毕（即自转至零位）后，将进样盘样品孔位手动调到 0 位后放回原处。

（5）打开 He 气，将气体钢瓶上减压阀输出压力调至：He：0.125MPa。

（6）启动 varioel 操作软件。

（7）调节 He 气减压阀，使软件状态栏压力显示为：1.05bar 以上（不超过 1.25bar）。

（8）进入 Options＞Miscelleaneous＞Rough Leak Check，将出现检漏自动测试的对话框，①将主机背面的两个出气口堵住，②将 He 减压阀的压力降低到与程序对话框中一致），请按照这两点提示执行后，激活这两个功能后点击对话框中 OK 检漏开始，检漏测试后会有文字提示有没有通过检漏测试。

（9）检漏通过后，拔掉主机后面尾气的堵头，将气体钢瓶上减压阀输出压力调至：He：0.22MPa，O_2：0.25MPa。

（10）进入 Options＞Parameters 中 Furnace 1、Furnace 2 的温度分别设置为：Furnace 1：1150℃；Furnace 2：850℃，开始升温。

2. 操作程序

（1）选择标样（检查操作模式是否正确）

进入操作程序 Standards 窗口，在出现的对话框中确认要使用标样的名称，如没有需使用的标样请在此对话框中定义，如：CHNS 模式：sulfanilic acid（可缩写为 sul）氨基苯磺酸，输入 C%、H%、N%、S% 的理论值。

O 模式：Benzoic Acid（可缩写为 ben）苯甲酸，输入 O% 的理论值。做日常样品测试时，选择使用 Factor and/or monitor sample 功能；重新制作标准曲线的标样测试时，选择使用 Calibration Sample 功能。

（2）炉温设定

进入操作程序 Options＞Parameters，输入和/或确认加热炉设定温度，其中：CHNS 模式：Furnace 1（右）：1150℃；Furnace 2（中）：850℃；Furnace 3（左）：0℃；O 模式：Furnace 1（右）：1150℃；Furnace 2（中）：0℃；Furnace 3（左）：0℃。

（3）样品名称、质量和通氧方法的输入

① 进入操作程序 Edit＞Input 功能的对话框；或在要输入样品信息的相关行双击鼠标左键，同样可出现 Input 功能的对话框。

② 在其中的 Name、Weight 栏输入样品名称和质量，在 Method 右栏中选择合适的通氧方法。

(4) 建议样品测定顺序

(列举 CHNS 模式，其他模式同样，只是标样不同)

① 测试空白值，在 Name 输入 blk，在 Weight 栏输入假设样品质量，在 Method 栏选 Index 2。测试次数根据各元素的积分面积稳定值设置：N（Area）、C（Area）、S（Area）都小于 100；H（Area）<1000；O（Area）<500。

② 做 2～3 个条件化测试，样品名输入 run，使用标样，约 2mg，通氧方法选择 Index 1。

③ 做 3～4 个标样氨基苯磺酸测试，样品名输入 sulfanilic acid（或输入在 Standards 中已缩写的 sulf），精确称重约 2mg，通氧方法选择 Index1。

④ 以下可进行 20～30 个次样品测试，实验中采用不同炼焦煤样品（根据样品性质决定样品量和通氧参数）。

⑤ 再做 3～4 个 Sulfanilic Acid 氨基苯磺酸标样测试，与③相同。

⑥ 以下又可进行 20～30 个次样品测试（根据样品性质决定样品量和通氧参数），以下可从步骤③循环执行。

(5) 数据计算（用标样测试值做校正因子修正）

① 进入 Math>Factor Setup，在对话框中选用 Compute Factors Sequentially 功能。

② 检查标样测试几次的数据是否平行，若平行，点击 Math>Factor，完成校正因子计算。

③ 若标样几次测试数据存在不平行，可在选择平行的标样数据行上（做标记）（在选定数据行点击鼠标右键，对所做标记的去除可在相应行上点鼠标右键，再进入 Math>Factor Setup，激活 Compute Factor From Tagged Standards only，之后点 Math>Factor 完成校正因子计算。

3. 设定分析结束后自动启动睡眠

(1) 进入 Options>Sleep/Wake Up 功能对话框。

(2) 使用 Activate reduced Gas flow 功能，在 Gas flow reduction to 中输入需要的值（建议 10%）。

(3) 使用 Activate sleep Temperature，并在以下各 Reduce Furnace** to 中输入需要降低到的温度。

(4) 使用 Sleeping at end of Samples 功能。

(5) 点击 OK，就可在样品分析结束后（样品质量为 0），仪器自动进入睡眠状态。

(6) 启动 Auto 进行样品分析，若启动 Single 执行测试，则以上功能无效。

4. 关机步骤

(1) 样品自动分析结束后，如设定睡眠功能，则仪器自动降温，或在 Sleep / Wake Up 功能对话框中手动启动睡眠（点 Sleep Now），待 2 个加热炉都降温至 100℃以下。

(2) 关闭氦气和氧气。

(3) 退出 varioel 操作软件（执行 File 中的 Exit）。

(4) 关闭主机电源，开启主机加热炉室的门，让其长时间散去余热。

(5) 将主机后面的尾气出口堵住。

(6) 关闭计算机、打印机和天平等外围设备。

【数据记录及处理】

1. 将实验数据记录与处理填入表 17-2。

表 17-2　样品元素种类及含量记录表

元素	C	H	N	S
样品 1				
样品 2				
样品 3				
样品 4				

2. 根据实验结果分析不同炼焦煤中 C、H、N、S 含量差别。

【注意事项】

1. vario EL Ⅲ 分析仪根据其操作模式，在一定的燃烧条件下，只适用于对可控制燃烧的大小尺寸样品中的元素含量进行分析。明确禁止对腐蚀性化学品、酸碱溶液、溶剂、爆炸物或可产生爆炸性气体的物质进行测试，这将对仪器产生破坏和对操作人员造成伤害。禁止对有可能对于一些特定物质进行检测，如含氟、磷酸盐或样品含有重金属，会影响到分析结果或仪器部件的使用寿命的样品。

2. 氧气的不足会降低催化氧化剂和还原剂的性能，从而也减少了它们的有效性和使用寿命。没有燃烧的样品物质仍然留在灰分管内，并将影响到下一个样品的测试分析结果。

3. 如果电源电压中断超过 15min，必须对 vario EL Ⅲ 仪器进行检漏。这是由于通风中断，不能散热，有可能造成炉室中的 O 型圈的损坏，必要时应更换。

【问题与讨论】

1. 列举元素分析仪的应用。
2. C、H、N、S 含量不同，对配煤炼焦的可能影响？

四、知识拓展

有机元素分析仪是一种实验室常规仪器，其最基本的应用是化合物组成鉴定。1897 年，科学家 Max Dennstedt 报告了一个简单的有机元素分析的方法，发表为论文 "Über Vereinfachung der organischen Elementaranalyse"，采用来自贺利氏铂金冶炼厂（Heraeus Platinum Smelting Factory）生产出高质量高纯度的石英玻璃和铂金，并很快将其应用到碳元素和氮元素的分析中。1923 年，弗里茨普端格（Fritz Pregl）获得诺贝尔化学奖，以表彰其在"有机化合物微量分析法"的贡献，其研究采用的是贺利氏公司制造的专用元素分析仪器，如今元素分析部门已经从贺利氏分离，建立了独立的 Elementar Analysensysteme GmbH，专注 CHONS 元素分析。

有机元素分析最早出现在 19 世纪 30 年代，李比希首先建立燃烧方法测定样品中碳和氢两种元素的含量，他首先将样品充分燃烧，使碳和氢分别转化为二氧化碳和水蒸气，然后分别以氢氧化钾溶液和氧化钙吸收，根据各吸收管的质量变化分别计算出碳和氢的含量。

目前，元素的一般分析法有化学法、光谱法、能谱法等，其中化学法是最经典的分析方法。传统的化学元素分析方法具有分析时间长、工作量大等不足。随着科学技术的不断发展，自动化技术和计算机控制技术日趋成熟，元素分析自动化便随之应运而生。有机元素分析的自动化仪器最早出现于 20 世纪 60 年代，后经不断改进，配备了微机和微处理器进行条件控制和数据处理,方法简便迅速,逐渐成为元素分析的主要方法手段。目前,有机元素分析仪上常用检测方法主要有:示差热导法、反应气相色谱法、电量法和电导法几种。

毕生研究有机元素分析仪的 Hans-Pieter Sieper 博士说:现代有机元素分析仪与第一代微量分析仪相比,类似于将"现代发射光谱仪与 19 世纪 60 年代的 Bunsen/Kirchhoff 光谱分析仪相比"。现代的微电子学、检测方法和软件已经允许我们开发出分析性能更好、分析效率更高和用户使用更加方便的有机元素分析仪器。他特别解释从低于 1mg 的微量样本到多于 1g 或更多的宏量样本的 C、H、N、S 和 O 的分析能力和将吹扫捕集分离与快速及简便的色谱分离结合起来的可控热解析技术引入元素分析领域。

元素分析仪作为一种实验室常规仪器,可同时对有机的固体、高挥发性和敏感性物质中 C、H、N、S、O 元素的含量进行定量分析测定,在研究有机材料及有机化合物的元素组成等方面具有重要作用。可广泛应用于化学和药物学产品,如精细化工产品、药物、肥料、石油化工产品碳、氢、氧、氮元素含量,从而揭示化合物性质变化,得到有用信息,是科学研究的有效手段。

参 考 文 献

[1] 马辉平. 煤中碳、氢和氮含量测定的操作要点 [J]. 煤炭加工与综合利用, 2015, 07: 72-73.
[2] 于鲸, 杨洁, 朱振忠. 如何提高煤质分析的准确性 [J]. 煤炭加工与综合利用, 2010 (5): 46-48.
[3] 江伟, 李心清, 蒋倩. 凯氏蒸馏法和元素分析仪法测定沉积物中全氮含量的异同及其意义 [J]. 地球化学, 2006, 35 (3): 319-324.
[4] 杨金和, 陈文敏, 段云龙. 煤炭化验手册 [M]. 北京: 煤炭工业出版社, 2004.

第十八章
核磁共振波谱分析

一、基本原理

核磁共振（nuclear magnetic resonance，NMR）波谱学是一门发展非常迅速的科学。核磁共振是原子核，在磁场的作用下会引起能级分裂，若有相应的射频磁场作用时，在核能级之间将引起共振跃迁，从而得到化学结构信息。核磁共振能够深入物质内部而不破坏被测量对象，它通过利用原子核在磁场中的能量变化来获得关于原子核的信息，具有迅速、准确、分辨率高等优点，因而在科研和生产中获得了广泛的应用。

根据量子力学原理，原子核与电子一样，也具有自旋角动量，其自旋角动量的具体数值由原子核的自旋量子数决定，实验结果显示，不同类型的原子核自旋量子数也不同，质量数和质子数均为偶数的原子核，自旋量子数为 0，即 $I=0$，如 ^{12}C、^{16}O、^{32}S 等，这类原子核没有自旋现象，称为非磁性核。质量数为奇数的原子核，自旋量子数为半整数，如 ^1H、^{19}F、^{13}C 等，其自旋量子数不为 0，称为磁性核。质量数为偶数、质子数为奇数的原子核，自旋量子数为整数，这样的核也是磁性核。但迄今为止，只有自旋量子数等于 1/2 的原子核，其核磁共振信号才能够被人们利用，经常为人们所利用的原子核有：^1H、^{11}B、^{13}C、^{17}O、^{19}F、^{31}P，由于原子核携带电荷，当原子核自旋时，会由自旋产生一个磁矩，这一磁矩的方向与原子核的自旋方向相同，大小与原子核的自旋角动量成正比。将原子核置于外加磁场中，若原子核磁矩与外加磁场方向不同，则原子核磁矩会绕外磁场方向旋转，这一现象类似陀螺在旋转过程中转动轴的摆动，称为进动。进动具有能量也具有一定的频率。

原子核进动的频率由外加磁场的强度和原子核本身的性质决定，也就是说，对于某一特定原子，在一定强度的外加磁场中，其原子核自旋进动的频率是固定不变的。原子核发生进动的能量与磁场、原子核磁矩、磁矩与磁场的夹角相关，根据量子力学原理，原子核磁矩与外加磁场之间的夹角并不是连续分布的，而是由原子核的磁量子数决定的，原子核磁矩的方向只能在这些磁量子数之间跳跃，而不能平滑地变化，这样就形成了一系列的能级。当原子核在外加磁场中接收其他来源的能量输入后，就会发生能级跃迁，也就是原子核磁矩与外加磁场的夹角会发生变化。这种能级跃迁是获取核磁共振信号的基础。为了让原子核自旋的进动发生能级跃迁，需要为原子核提供跃迁所需要的能量，这一能量通常是通过外加射频场来提供的。根据物理学原理，当外加射频场的频率与原子核自旋进动的频率相同的时候，射频场的能量才能够有效地被原子核吸收，为能级跃迁提供助力。因此某种特定的原子核，在给定的外加磁场中，只吸收某一特定频率射频场提供的能量，这样就形成了一个核磁共振信号。

核磁共振已成为研究各种固体（包括无机、有机和生物大分子材料）的结构、化学键、相变和化学反应等过程的重要方法。

二、仪器组成与结构

仪器的核心部分为探头，置于磁铁的两极之间，测试的样品放在此处。磁体提供一定强度的磁场，使核磁矩发生空间量子化。永久磁铁和电磁铁的磁场强度的上限约为 2.5T（即 100MHz）。要想提高场强，必须使用低温超导磁体，低温通过液氮来维持。仪器的主要部件是三组线圈：R 为照射线圈，提供一定频率的电磁波；Helmholtz 线圈为扫场线圈，其通直流电所产生的附加磁场用以调节磁场的强度；D 为接收线圈，与放大器和记录系统相连。这三组线圈互相垂直，互不干扰。若所提供的照射频率和磁场强度满足某种原子核的共振条件时，则该核发生能级跃迁，核磁矩方向改变，在接收线圈 D 中产生感应电流（不共振时无感应电流）。感应电流被放大、记录，即得核磁共振信号。结构见图 18-1。

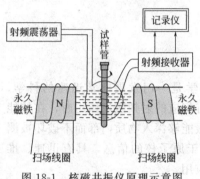

图 18-1 核磁共振仪原理示意图

三、实验部分

实验　对甲氧基苯甲醛核磁共振氢谱的测定及谱峰归属

【实验目的】
1. 了解核磁共振在实验中的具体应用。
2. 了解核磁共振的原理与基本结构。
3. 掌握核磁共振仪器的操作方法与谱图分析。

【实验原理】
利用 H、C、P 等核磁共振谱确定有机化合物分子结构和变化、原子的空间位置和相互间的关联。核磁共振技术发展得最成熟、应用最广泛的是氢核共振，可以提供化合物中氢原子化学位移、氢原子的相对数目等有关信息，为确定有机分子结构提供依据。分析一个化合物的结构时，一般仅需做个氢谱、碳谱、极化转移谱，更多时候除了一维谱还需要做一系列二维谱：氢-氢化学位移相关谱、碳-氢化学位移相关谱、远程化学位移相关谱或做氢检测的异核多键相关谱、氢检测的异核多量子相关谱等。对于简单分子的结构，根据以上谱图解析就能确定，对于全然未知物的结构，还需结合其他数据，如：质谱、红外、元素分析等。

从核磁共振氢谱图上，可以得到如下信息：（1）吸收峰的组数，说明分子中化学环境不同的质子有几组；（2）质子吸收峰出现的频率，即化学位移，说明分子中的基团情况；（3）峰的分裂个数及偶合常数，说明基团间的连接关系；（4）阶梯式积分曲线高度，说明各基团的质子比。

核磁共振谱图中横坐标是化学位移，用 δ 或 τ 表示。化学位移是由核外电子云产生的对抗磁场所引起的，因此，凡是使核外电子云密度改变的因素，都能影响化学位移。影响因素有内部的，如诱导效应、共轭效应和磁的各向异性效应等；外部的如溶剂效应、氢键的形成等。

核磁共振氢谱图上吸收峰下面所包含的面积，与引起该吸收峰的氢核数目呈正比，吸收峰的密集，一般可用阶梯积分曲线表示。积分曲线的画法是由低磁场移向高磁场，而积分曲线的起点到终点的总高度（用小方格数或厘米表示），与分子中所有质子数目呈正比。当然，每一个阶梯的高度则与相应的质子数目呈正比。由此可以根据分子中质子的总数，确定每一组吸收峰质子的绝对个数。

【仪器与试剂】

1. 仪器

400MHz 超导傅里叶变换核磁共振波谱仪。

2. 试剂

对甲氧基苯甲醛；氘代氯仿。

【实验步骤】

1. 样品制备：对于固体样品，如果使用 5mm 样品管，^{1}H-NMR 谱的样品需称量 5mg 至 20mg，对于 ^{13}C-NMR 谱则要适当增加样品质量为 50mg 至 100mg，然后加入 0.5mL 左右氘代试剂，混合均匀，用核磁管帽盖住管口，减少溶剂挥发，核磁管做好标记。

2. 将样品管插入转子，调整样品管的高度，样品管插入深度与量筒的底部相平。如果液体较少，则使液体中刻度与量筒刻度齐平。

3. 将转子按序列放入进样器，在控制台中编制样品名称、序号、溶剂、检测种类和其他参数。设置完成后提交，开始测试。

4. 在实验记录本上对实验进行记录。并在测试结束后将样品管取下。

测试过程中，仪器会经历 6 个步骤。

（1）Load 进样：通过压缩空气使样品进入机体。

（2）ATM 调谐。

（3）Lock 锁场：根据相应的氘代溶剂，进行锁场，已消除电磁波漂移或电磁体的不稳定情况。

（4）Shim 匀场：保持稳定均匀地磁场。

（5）Acq 采集：采集核磁信号。

（6）Proc 处理：控制台对谱图进行自动处理。

测试完成后，对所的谱图进行处理。

（1）Adjust phase 调整相位：将谱图变形的相位调回最佳的对称位置。

（2）Calibrate axis 谱图校准：通过 TMS 或溶剂对核磁谱图进行校准。

（3）Pick peaks 标峰：标识出峰的位置。

（4）Integrate peaks 积分：计算对应吸收峰的大小，并选择其中峰型较好的作为基准。

（5）Plot 打印：调整谱图范围，打印谱图。

【数据记录及处理】

1. 对照试样的结构,对核磁谱图中的出峰进行归属。

表 18-1　核磁谱图中的谱参数记录及分析

样品名称	峰位置	对应峰面积	对应峰的裂分类型
样品 1			
样品 2			
样品 3			

2. 查找样品的标准谱图,并将自己所测样品谱图与标准谱图进行评价和讨论。

【注意事项】

1. 在测试样品时,选择合适的溶剂配制样品溶液,样品的溶液应有较低的黏度,否则会降低谱峰的分辨率。若溶液黏度过大,应减少样品的用量或升高测试样品的温度(通常是在室温下测试)。当样品需做变温测试时,应根据低温的需要选择凝固点低的溶剂或按高温的需要选择沸点高的溶剂。对于核磁共振氢谱的测量,应采用氘代试剂以便不产生干扰信号。氘代试剂中的氘核又可用于核磁谱仪锁场。以用氘代试剂作锁场信号的"内锁"方式作图,所得谱图分辨率较好。特别是在微量样品需进行较长时间的累加时,可以边测量边调节仪器分辨率。对低、中极性的样品,最常采用氘代氯仿作为溶剂,因其价格远低于其他氘代试剂。极性大的化合物可采用氘代丙酮、重水等。针对一些特殊的样品,可采用相应的氘代试剂:如氘代苯(用于芳香化合物、芳香高聚物)、氘代二甲基亚砜(用于某些在一般溶剂中难溶的物质)、氘代吡啶(用于难溶的酸性或芳香化合物)等。对核磁共振碳谱的测量,为兼顾氢谱的测量及锁场的需要,一般仍采用相应的氘代试剂。

2. 为测定化学位移值,需加入一定的基准物质。基准物质加在样品溶液中称为内标。若出于溶解度或化学反应性等考虑,基准物质不能加在样品溶液中,可将液态基准物质(或固态基准物质的溶液)封入毛细管再插到样品管中,称之为外标。对碳谱和氢谱,基准物质最常用四甲基硅烷。

【问题与讨论】

1. 产生核磁共振的必要条件是什么?
2. 什么是屏蔽作用及化学位移?
3. 核磁共振波谱能为有机化合物结构分析提供哪些信息?

四、知识拓展

早在 1924 年 Pauli 就预见某些原子核具有自旋和磁矩的性质,它们在磁场中可以发生能级的分裂。1946 年美国科学家布洛赫(Bloch,斯坦福大学)和珀塞尔(Purcell,哈佛大学)分别发现在射频区(频率 0.1~100MHz,波长 1~1000m)的电磁波能与暴露在强磁场中的磁性原子核(又称磁性核或自旋核)相互作用,引起磁性原子核在外磁场中发生核自旋能级的共振跃迁,从而产生吸收信号,他们把这种原子对射频辐射的吸收称为核磁共振

(nuclear magnetic resonance spectroscopy，NMR），他们也因此分享了 1952 年的诺贝尔物理学奖。所产生的波谱，叫核磁共振（波）谱。通过研究核磁共振波谱获得相关信息的方法，称为核磁共振波谱法。

NMR 和红外光谱、紫外-可见光谱相同之处是微观粒子吸收电磁波后发生能级上的跃迁，但引起核磁共振的电磁波能量很低，不会引起振动或转动能级跃迁，更不会引起电子能级跃迁。

1949 年，Kight 第一次发现了化学环境对核磁共振信号的影响，并发现了信号与化合物结构有一定的关系。而 1951 年 Arnold 等也发现了乙醇分子由三组峰组成，共振吸收频率随不同基团而异,，揭开了核磁共振与化学结构的关系。

1953 年出现了世界上第一台商品化的核磁共振波谱仪。1956 年，曾在 Block 实验室工作的 Varian 制造出第一台高分辨率的仪器，从此，核磁共振波谱法成为化学家研究化合物的有力工具，并逐步扩大其应用领域。20 世纪 70 年代以后，由于科学技术的发展，科学仪器的精密化、自动化，核磁共振波谱法得到迅速发展，在许多领域中得到广泛应用，特别在有机化学、生物化学领域中的研究和应用发挥着巨大的作用。20 世纪 80 年代以来，又不断出现新仪器，如高强磁场的超导核磁共振波谱仪，脉冲傅里叶变换核磁共振波谱仪，大大提高灵敏度和分辨率，使灵敏度小的原子核能被测定；计算机技术的应用和多脉冲激发方法的采用，产生二维谱，对判断化合物的空间结构起了重大作用。瑞士科学家恩斯特 R. R. Ernst 教授因对二维谱的贡献而获得 1991 年的诺贝尔化学奖（对核磁共振光谱高分辨方法发展作出重大贡献）。瑞士科学家库尔特·维特里希因"发明了利用核磁共振技术测定溶液中生物大分子三维结构的方法"而获得 2002 年诺贝尔化学奖。

产生核磁共振波谱的必要条件有三条。

① 原子核必须具有核磁性质，即必须是磁性核（或称自旋核），有些原子核不具有核磁性质，它就不能产生核磁共振波谱。

② 需要有外加磁场，磁性核在外磁场作用下发生核自旋能级的分裂，产生不同能量的核自旋能级，才能吸收能级发生能级的跃迁。

③ 只有那些能量与核自旋能级能量差相同的电磁辐射才能被共振吸收，这就是核磁共振波谱的选择性。由于核磁能级的能量差很小，所以共振吸收的电磁辐射波长较长，处于射频辐射光区。

核磁共振波谱法的特点如下所述。

① 核磁共振波谱法是结构分析最强有力的手段之一，因为它把有机化合物最常见的组成元素氢（氢谱）或碳（碳谱）等作为"生色团"来使用，因此它可能确定几乎所有常见官能团的环境，有的是其他光谱或分析法所不能判断的环境，NMR 法谱图的直观性强，特别是碳谱能直接反映分子的骨架，谱图解释较为容易。

② 有多种原子核的共振波谱（除了常用的氢谱外，还有碳谱、氟谱、磷谱等），因此，扩大了应用范围，各种谱之间还可以互相印证。

③ 可以进行定量测定，因而也可以用于了解化学反应的进程，研究反应机理，还可以求得某些化学过程的动力学和热力学的参数。

④ 该法的缺点是：有的灵敏度比较低，但现代高级精密的仪器可以使灵敏度得到极大的提高；实际上不能用于固体的测定，仪器比较昂贵，工作环境要求比较苛刻，因而影响了应用的普及性。

参 考 文 献

[1] 赵东保等.2,4,6-三甲氧基苯-1-O-D 葡萄糖苷的核磁共振谱的理论研究[J].化学物理学报,2005,18(5):74-749.
[2] 秦海林,赵天增.核磁共振氢谱鉴别植物中药的研究[J].药学学报,1999,34(1):58-62.
[3] 裘祖文,裘奉奎.高分辨核磁共振波谱[M].长春:吉林科学技术出版社,1989.364.

附录

附录一 实验室常用酸、碱的浓度

试剂名称	密度（20℃）/g·mL^{-1}	浓度/mol·L^{-1}	质量分数
浓硫酸	1.84	18.0	0.960
浓盐酸	1.19	12.1	0.372
浓硝酸	1.42	15.9	0.704
磷酸	1.70	14.8	0.855
冰醋酸	1.05	17.45	0.998
浓氨水	0.90	14.53	0.566
浓氢氧化钠	1.54	19.4	0.505

附录二 一些溶剂与水形成的二元共沸物

溶剂	沸点/℃	共沸点/℃	含水量/%	溶剂	沸点/℃	共沸点/℃	含水量/%
氯仿	61.2	56.1	2.5	甲苯	110.5	85.0	20
四氯化碳	77.0	66.0	4.0	正丙醇	97.2	87.7	28.8
苯	80.4	69.2	8.8	异丁醇	108.4	89.9	88.2
丙烯腈	78.0	70.0	13.0	二甲苯	137	92.0	37.5
二氯乙烷	83.7	72.0	19.5	正丁醇	117.7	92.2	37.5
乙腈	82.0	76.0	16.0	吡啶	115.5	94.0	42
乙醇	78.3	78.1	4.4	异戊醇	131.0	95.1	49.6
乙酸乙酯	77.1	70.4	8.0	正戊醇	138.3	95.4	44.7
异丙醇	82.4	80.4	12.1	氯乙醇	129.0	97.8	59
乙醚	35	34	1.0	二硫化碳	46	44	2.0
甲酸	101	107	26				

附录三　常见的各种有机溶剂的极性、黏度、沸点

溶剂	极性	黏度/cP 20℃	沸点/℃
异戊烷	0	—	30
正戊烷	0	0.23	36
石油醚	0.01	0.3	30~60
己烷	0.06	0.33	69
环己烷	0.1	1	81
异辛烷	0.1	0.53	99
三氟乙酸	0.1	—	72
三甲基戊烷	0.1	0.47	99
环戊烷	0.2	0.47	49
正庚烷	0.2	0.41	98
丁基氯（氯丁烷）	1	0.46	78
四氯化碳	1.6	0.97	77
三氯三氟代乙烷	1.9	0.71	48
丙基醚（丙醚）	2.4	0.37	68
甲苯	2.4	0.59	111
对二甲苯	2.5	0.65	138
氯苯	2.7	0.8	132
邻二氯苯	2.7	1.33	180
二乙醚（乙醚）	2.9	0.23	35
苯	3	0.65	80
异丁醇	3	4.7	108
二氯甲烷	3.4	0.44	40
丁醇	3.9	2.95	117
醋酸丁酯（乙酸丁酯）	4	—	126
正丙醇	4	2.27	98
四氢呋喃	4.2	0.55	66
乙醇	4.3	1.2	79
乙酸乙酯	4.3	0.45	77
异丙醇	4.3	2.37	82
氯仿	4.4	0.57	61
吡啶	5.3	0.97	115
丙酮	5.4	0.32	57
乙酸（醋酸）	6.2	1.28	118

续表

溶剂	极性	黏度/cP 20℃	沸点/℃
乙腈	6.2	0.37	82
苯胺	6.3	4.4	184
DMF（二甲基甲酰胺）	6.4	0.92	153
甲醇	6.6	0.6	65
乙二醇	6.9	19.9	197
DMSO（二甲亚砜）	7.2	2.24	189

附录四　常用溶剂的极限波长

溶剂	极限波长/nm	溶剂	极限波长/nm
正戊烷	190	戊基氯	225
二烷基硫酸钠	190	柠檬酸钠 10mM	225
乙腈	190	四氢呋喃	230
碳酸氢铵 10mmol·L^{-1}	190	乙酸 1%	230
甲酸钠 10mmol·L^{-1}	200	二氯乙烯	230
环戊烷	200	甘油	230
环己烷	200	二氯甲烷	235
醋酸铵 10mmol·L^{-1}	205	三乙胺 1%	235
异丙醇	205	三氯甲烷	245
甲醇	205	乙酸甲酯	260
氯化钠 1mol·L^{-1}	207	乙酸乙酯	260
正丁醇	210	乙酸丁酯	260
石油醚	210	四氯化碳	265
乙醇	210	二乙胺	275
乙醚	210	苯	280
水	210	甲苯	285
96%硫酸	210	二甲苯	290
乙二醇	210	二乙硫	290
二氧杂环己烷	215	吡啶	300
异辛烷	215	丁酮	330
2-丁氧基乙醇	220	丙酮	330
1,4-二氧六环	220	嘧啶	330
异丙醚	220	甲基异丁酮	334
2-氯丙烷	225	二硫化碳	380
二氯甲烷	235	硝基甲烷	380

附录五　典型发色团的最大吸收

化合物	跃迁类型	λ_{max}/nm	$\lg\varepsilon$	化合物	跃迁类型	λ_{max}/nm	$\lg\varepsilon$
R—OH	$n\to\sigma^*$	180	2.5	R—NO$_2$	$n\to\pi^*$	271	<1.0
R—OR	$n\to\sigma^*$	180	3.5	R-CHO	$\pi\to\pi^*$	190	2.0
R—NH$_2$	$n\to\sigma^*$	190	3.5		$n\to\pi^*$	290	1.0
R—SH	$n\to\sigma^*$	210	3.0	R$_2$CO	$\pi\to\pi^*$	180	3.0
R$_2$C=CR$_2$	$\pi\to\pi^*$	175	3.0		$n\to\pi^*$	280	1.5
R—C≡C—R	$\pi\to\pi^*$	170	3.0	RCOOH	$n\to\pi^*$	205	1.5
R—C≡N	$n\to\pi^*$	160	<1.0	RCOOR'	$n\to\pi^*$	205	1.5
R—N=N—R	$n\to\pi^*$	340	<1.0	RCONH$_2$	$n\to\pi^*$	210	1.5

附录六　典型有机物的特征吸收带

化合物	E 吸收带		B 吸收带		R 吸收带	
	λ_{max}/nm	ε_{max}/L·mol^{-1}·cm^{-1}	λ_{max}/nm	ε_{max}/L·mol^{-1}·cm^{-1}	λ_{max}/nm	ε_{max}/L·mol^{-1}·cm^{-1}
苯	204	7900	254	204		
甲苯	206	7000	261	225		
苯酚	210	6200	270	1450		
苯甲酸	230	11600	273	970		
苯胺	230	8600	287	1430		
苯乙烯	248	14000	282	750		
苯甲醛	249	11400			320	50
硝基苯	268	11000			330	200

附录七　缓冲溶液的 pH 值与温度关系

温度/℃	0.05mol·kg^{-1} 邻苯二钾酸氢钾	0.025mol·kg^{-1} 混合物磷酸盐	0.01mol·kg^{-1} 硼砂
5	4.00	6.95	9.39
10	4.00	6.92	9.33
15	4.00	6.90	9.28
20	4.00	6.88	9.23
25	4.00	6.86	9.18

续表

温度/℃	0.05mol·kg^{-1} 邻苯二钾酸氢钾	0.025mol·kg^{-1} 混合物磷酸盐	0.01mol·kg^{-1} 硼砂
30	4.01	6.85	9.14
35	4.02	6.84	9.11
40	4.03	6.84	9.07
45	4.04	6.84	9.04
50	4.06	6.83	9.03
55	4.07	6.83	8.99
60	4.09	6.84	8.97

附录八 金属-无机配位体配合物的稳定常数

配位体 (Ligand)	金属离子 (Metal ion)	配位体数目 n (Number of ligand)	lgβ_n
NH$_3$	Ag$^+$	1, 2	3.24, 7.05
	Au^{3+}	4	10.3
	Cd^{2+}	1, 2, 3, 4, 5, 6	2.65, 4.75, 6.19, 7.12, 6.80, 5.14
	Co^{2+}	1, 2, 3, 4, 5, 6	2.11, 3.74, 4.79, 5.55, 5.73, 5.11
	Co^{3+}	1, 2, 3, 4, 5, 6	6.7, 14.0, 20.1, 25.7, 30.8, 35.2
	Cu$^+$	1, 2	5.93, 10.86
	Cu^{2+}	1, 2, 3, 4, 5	4.31, 7.98, 11.02, 13.32, 12.86
	Fe^{2+}	1, 2	1.4, 2.2
	Hg^{2+}	1, 2, 3, 4	8.8, 17.5, 18.5, 19.28
	Mn^{2+}	1, 2	0.8, 1.3
	Ni^{2+}	1, 2, 3, 4, 5, 6	2.80, 5.04, 6.77, 7.96, 8.71, 8.74
	Pd^{2+}	1, 2, 3, 4	9.6, 18.5, 26.0, 32.8
	Pt^{2+}	6	35.3
	Zn^{2+}	1, 2, 3, 4	2.37, 4.81, 7.31, 9.46
Br$^-$	Ag$^+$	1, 2, 3, 4	4.38, 7.33, 8.00, 8.73
	Bi^{3+}	1, 2, 3, 4, 5, 6	2.37, 4.20, 5.90, 7.30, 8.20, 8.30
	Cd^{2+}	1, 2, 3, 4	1.75, 2.34, 3.32, 3.70,
	Ce^{3+}	1	0.42
	Cu$^+$	2	5.89
	Cu^{2+}	1	0.30
	Hg^{2+}	1, 2, 3, 4	9.05, 17.32, 19.74, 21.00
	In^{3+}	1, 2	1.30, 1.88
	Pb^{2+}	1, 2, 3, 4	1.77, 2.60, 3.00, 2.30

续表

配位体 (Ligand)	金属离子 (Metal ion)	配位体数目 n (Number of ligand)	$\lg\beta_n$
Br^-	Pd^{2+}	1, 2, 3, 4	5.17, 9.42, 12.70, 14.90
	Rh^{3+}	2, 3, 4, 5, 6	14.3, 16.3, 17.6, 18.4, 17.2
	Sc^{3+}	1, 2	2.08, 3.08
	Sn^{2+}	1, 2, 3	1.11, 1.81, 1.46
	Tl^{3+}	1, 2, 3, 4, 5, 6	9.7, 16.6, 21.2, 23.9, 29.2, 31.6
	U^{4+}	1	0.18
	Y^{3+}	1	1.32
Cl^-	Ag^+	1, 2, 4	3.04, 5.04, 5.30
	Bi^{3+}	1, 2, 3, 4	2.44, 4.7, 5.0, 5.6
	Cd^{2+}	1, 2, 3, 4	1.95, 2.50, 2.60, 2.80
	Co^{3+}	1	1.42
	Cu^+	2, 3	5.5, 5.7
	Cu^{2+}	1, 2	0.1, −0.6
	Fe^{2+}	1	1.17
	Fe^{3+}	2	9.8
	Hg^{2+}	1, 2, 3, 4	6.74, 13.22, 14.07, 15.07
	In^{3+}	1, 2, 3, 4	1.62, 2.44, 1.70, 1.60
	Pb^{2+}	1, 2, 3	1.42, 2.23, 3.23
	Pd^{2+}	1, 2, 3, 4	6.1, 10.7, 13.1, 15.7
	Pt^{2+}	2, 3, 4	11.5, 14.5, 16.0
	Sb^{3+}	1, 2, 3, 4	2.26, 3.49, 4.18, 4.72
	Sn^{2+}	1, 2, 3, 4	1.51, 2.24, 2.03, 1.48
	Tl^{3+}	1, 2, 3, 4	8.14, 13.60, 15.78, 18.00
	Th^{4+}	1, 2	1.38, 0.38
	Zn^{2+}	1, 2, 3, 4	0.43, 0.61, 0.53, 0.20
	Zr^{4+}	1, 2, 3, 4	0.9, 1.3, 1.5, 1.2
CN^-	Ag^+	2, 3, 4	21.1, 21.7, 20.6
	Au^+	2	38.3
	Cd^{2+}	1, 2, 3, 4	5.48, 10.60, 15.23, 18.78
	Cu^+	2, 3, 4	24.0, 28.59, 30.30
	Fe^{2+}	6	35.0
	Fe^{3+}	6	42.0
	Hg^{2+}	4	41.4
	Ni^{2+}	4	31.3
	Zn^{2+}	1, 2, 3, 4	5.3, 11.70, 16.70, 21.60
F^-	Al^{3+}	1, 2, 3, 4, 5, 6	6.11, 11.12, 15.00, 18.00, 19.40, 19.80
	Be^{2+}	1, 2, 3, 4	4.99, 8.80, 11.60, 13.10

续表

配位体 (Ligand)	金属离子 (Metal ion)	配位体数目 n (Number of ligand)	$\lg\beta_n$
F^-	Bi^{3+}	1	1.42
	Co^{2+}	1	0.4
	Cr^{3+}	1, 2, 3	4.36, 8.70, 11.20
	Cu^{2+}	1	0.9
	Fe^{2+}	1	0.8
	Fe^{3+}	1, 2, 3, 5	5.28, 9.30, 12.06, 15.77
	Ga^{3+}	1, 2, 3	4.49, 8.00, 10.50
	Hf^{4+}	1, 2, 3, 4, 5, 6	9.0, 16.5, 23.1, 28.8, 34.0, 38.0
	Hg^{2+}	1	1.03
	In^{3+}	1, 2, 3, 4	3.70, 6.40, 8.60, 9.80
	Mg^{2+}	1	1.30
	Mn^{2+}	1	5.48
	Ni^{2+}	1	0.50
	Pb^{2+}	1, 2	1.44, 2.54
	Sb^{3+}	1, 2, 3, 4	3.0, 5.7, 8.3, 10.9
	Sn^{2+}	1, 2, 3	4.08, 6.68, 9.50
	Th^{4+}	1, 2, 3, 4	8.44, 15.08, 19.80, 23.20
	TiO^{2+}	1, 2, 3, 4	5.4, 9.8, 13.7, 18.0
	Zn^{2+}	1	0.78
	Zr^{4+}	1, 2, 3, 4, 5, 6	9.4, 17.2, 23.7, 29.5, 33.5, 38.3
I^-	Ag^+	1, 2, 3	6.58, 11.74, 13.68
	Bi^{3+}	1, 4, 5, 6	3.63, 14.95, 16.80, 18.80
	Cd^{2+}	1, 2, 3, 4	2.10, 3.43, 4.49, 5.41
	Cu^+	2	8.85
	Fe^{3+}	1	1.88
	Hg^{2+}	1, 2, 3, 4	12.87, 23.82, 27.60, 29.83
	Pb^{2+}	1, 2, 3, 4	2.00, 3.15, 3.92, 4.47
	Pd^{2+}	4	24.5
	Tl^+	1, 2, 3	0.72, 0.90, 1.08
	Tl^{3+}	1, 2, 3, 4	11.41, 20.88, 27.60, 31.82
OH^-	Ag^+	1, 2	2.0, 3.99
	Al^{3+}	1, 4	9.27, 33.03
	As^{3+}	1, 2, 3, 4	14.33, 18.73, 20.60, 21.20
	Be^{2+}	1, 2, 3	9.7, 14.0, 15.2
	Bi^{3+}	1, 2, 4	12.7, 15.8, 35.2
	Ca^{2+}	1	1.3

续表

配位体 (Ligand)	金属离子 (Metal ion)	配位体数目 n (Number of ligand)	$\lg\beta_n$
OH$^-$	Cd^{2+}	1, 2, 3, 4	4.17, 8.33, 9.02, 8.62
	Ce^{3+}	1	4.6
	Ce^{4+}	1, 2	13.28, 26.46
	Co^{2+}	1, 2, 3, 4	4.3, 8.4, 9.7, 10.2
	Cr^{3+}	1, 2, 4	10.1, 17.8, 29.9
	Cu^{2+}	1, 2, 3, 4	7.0, 13.68, 17.00, 18.5
	Fe^{2+}	1, 2, 3, 4	5.56, 9.77, 9.67, 8.58
	Fe^{3+}	1, 2, 3	11.87, 21.17, 29.67
	Hg^{2+}	1, 2, 3	10.6, 21.8, 20.9
	In^{3+}	1, 2, 3, 4	10.0, 20.2, 29.6, 38.9
	Mg^{2+}	1	2.58
	Mn^{2+}	1, 3	3.9, 8.3
	Ni^{2+}	1, 2, 3	4.97, 8.55, 11.33
	Pa^{4+}	1, 2, 3, 4	14.04, 27.84, 40.7, 51.4
	Pb^{2+}	1, 2, 3	7.82, 10.85, 14.58
	Pd^{2+}	1, 2	13.0, 25.8
	Sb^{3+}	2, 3, 4	24.3, 36.7, 38.3
	Sc^{3+}	1	8.9
	Sn^{2+}	1	10.4
	Th^{3+}	1, 2	12.86, 25.37
	Ti^{3+}	1	12.71
	Zn^{2+}	1, 2, 3, 4	4.40, 11.30, 14.14, 17.66
	Zr^{4+}	1, 2, 3, 4	14.3, 28.3, 41.9, 55.3
NO$_3^-$	Ba^{2+}	1	0.92
	Bi^{3+}	1	1.26
	Ca^{2+}	1	0.28
	Cd^{2+}	1	0.40
	Fe^{3+}	1	1.0
	Hg^{2+}	1	0.35
	Pb^{2+}	1	1.18
	Tl$^+$	1	0.33
	Tl^{3+}	1	0.92
P$_2$O$_7^{4-}$	Ba^{2+}	1	4.6
	Ca^{2+}	1	4.6
	Cd^{3+}	1	5.6
	Co^{2+}	1	6.1

续表

配位体 (Ligand)	金属离子 (Metal ion)	配位体数目 n (Number of ligand)	$\lg\beta_n$
$P_2O_7^{4-}$	Cu^{2+}	1, 2	6.7, 9.0
	Hg^{2+}	2	12.38
	Mg^{2+}	1	5.7
	Ni^{2+}	1, 2	5.8, 7.4
	Pb^{2+}	1, 2	7.3, 10.15
	Zn^{2+}	1, 2	8.7, 11.0
SCN^-	Ag^+	1, 2, 3, 4	4.6, 7.57, 9.08, 10.08
	Bi^{3+}	1, 2, 3, 4, 5, 6	1.67, 3.00, 4.00, 4.80, 5.50, 6.10
	Cd^{2+}	1, 2, 3, 4	1.39, 1.98, 2.58, 3.6
	Cr^{3+}	1, 2	1.87, 2.98
	Cu^+	1, 2	12.11, 5.18
	Cu^{2+}	1, 2	1.90, 3.00
	Fe^{3+}	1, 2, 3, 4, 5, 6	2.21, 3.64, 5.00, 6.30, 6.20, 6.10
	Hg^{2+}	1, 2, 3, 4	9.08, 16.86, 19.70, 21.70
	Ni^{2+}	1, 2, 3	1.18, 1.64, 1.81
	Pb^{2+}	1, 2, 3	0.78, 0.99, 1.00
	Sn^{2+}	1, 2, 3	1.17, 1.77, 1.74
	Th^{4+}	1, 2	1.08, 1.78
	Zn^{2+}	1, 2, 3, 4	1.33, 1.91, 2.00, 1.60
$S_2O_3^{2-}$	Ag^+	1, 2	8.82, 13.46
	Cd^{2+}	1, 2	3.92, 6.44
	Cu^+	1, 2, 3	10.27, 12.22, 13.84
	Fe^{3+}	1	2.10
	Hg^{2+}	2, 3, 4	29.44, 31.90, 33.24
	Pb^{2+}	2, 3	5.13, 6.35
SO_4^{2-}	Ag^+	1	1.3
	Ba^{2+}	1	2.7
	Bi^{3+}	1, 2, 3, 4, 5	1.98, 3.41, 4.08, 4.34, 4.60
	Fe^{3+}	1, 2	4.04, 5.38
	Hg^{2+}	1, 2	1.34, 2.40
	In^{3+}	1, 2, 3	1.78, 1.88, 2.36
	Ni^{2+}	1	2.4
	Pb^{2+}	1	2.75
	Pr^{3+}	1, 2	3.62, 4.92
	Th^{4+}	1, 2	3.32, 5.50
	Zr^{4+}	1, 2, 3	3.79, 6.64, 7.77

附录九　金属-有机配位体配合物的稳定常数

配位体（Ligand）	金属离子（Metal ion）	配位体数目 n（Number of ligand）	$\lg\beta_n$
乙二胺四乙酸（EDTA）$[(HOOCCH_2)_2NCH_2]_2$	Ag^+	1	7.32
	Al^{3+}	1	16.11
	Ba^{2+}	1	7.78
	Be^{2+}	1	9.3
	Bi^{3+}	1	22.8
	Ca^{2+}	1	11.0
	Cd^{2+}	1	16.4
	Co^{2+}	1	16.31
	Co^{3+}	1	36.0
	Cr^{3+}	1	23.0
	Cu^{2+}	1	18.7
	Fe^{2+}	1	14.83
	Fe^{3+}	1	24.23
	Ga^{3+}	1	20.25
	Hg^{2+}	1	21.80
	In^{3+}	1	24.95
	Li^+	1	2.79
	Mg^{2+}	1	8.64
	Mn^{2+}	1	13.8
	$Mo(V)$	1	6.36
	Na^+	1	1.66
	Ni^{2+}	1	18.56
	Pb^{2+}	1	18.3
	Pd^{2+}	1	18.5
	Sc^{2+}	1	23.1
	Sn^{2+}	1	22.1
	Sr^{2+}	1	8.80
	Th^{4+}	1	23.2
	TiO^{2+}	1	17.3
	Tl^{3+}	1	22.5
	U^{4+}	1	17.50
	VO^{2+}	1	18.0
	Y^{3+}	1	18.32
	Zn^{2+}	1	16.4
	Zr^{4+}	1	19.4

续表

配位体（Ligand）	金属离子 (Metal ion)	配位体数目 n (Number of ligand)	$\lg\beta_n$
乙酸 (Acetic acid) CH_3COOH	Ag^+	1, 2	0.73, 0.64
	Ba^{2+}	1	0.41
	Ca^{2+}	1	0.6
	Cd^{2+}	1, 2, 3	1.5, 2.3, 2.4
	Ce^{3+}	1, 2, 3, 4	1.68, 2.69, 3.13, 3.18
	Co^{2+}	1, 2	1.5, 1.9
	Cr^{3+}	1, 2, 3	4.63, 7.08, 9.60
	Cu^{2+}（20℃）	1, 2	2.16, 3.20
	In^{3+}	1, 2, 3, 4	3.50, 5.95, 7.90, 9.08
	Mn^{2+}	1, 2	9.84, 2.06
	Ni^{2+}	1, 2	1.12, 1.81
	Pb^{2+}	1, 2, 3, 4	2.52, 4.0, 6.4, 8.5
	Sn^{2+}	1, 2, 3	3.3, 6.0, 7.3
	Tl^{3+}	1, 2, 3, 4	6.17, 11.28, 15.10, 18.3
	Zn^{2+}	1	1.5
乙酰丙酮 (Acetyl acetone) $CH_3COCH_2CH_3$	Al^{3+}（30℃）	1, 2	8.6, 15.5
	Cd^{2+}	1, 2	3.84, 6.66
	Co^{2+}	1, 2	5.40, 9.54
	Cr^{2+}	1, 2	5.96, 11.7
	Cu^{2+}	1, 2	8.27, 16.34
	Fe^{2+}	1, 2	5.07, 8.67
	Fe^{3+}	1, 2, 3	11.4, 22.1, 26.7
	Hg^{2+}	2	21.5
	Mg^{2+}	1, 2	3.65, 6.27
	Mn^{2+}	1, 2	4.24, 7.35
	Mn^{3+}	3	3.86
	Ni^{2+}（20℃）	1, 2, 3	6.06, 10.77, 13.09
	Pb^{2+}	2	6.32
	Pd^{2+}（30℃）	1, 2	16.2, 27.1
	Th^{4+}	1, 2, 3, 4	8.8, 16.2, 22.5, 26.7
	Ti^{3+}	1, 2, 3	10.43, 18.82, 24.90
	V^{2+}	1, 2, 3	5.4, 10.2, 14.7
	Zn^{2+}（30℃）	1, 2	4.98, 8.81
	Zr^{4+}	1, 2, 3, 4	8.4, 16.0, 23.2, 30.1

续表

配位体 (Ligand)	金属离子 (Metal ion)	配位体数目 n (Number of ligand)	$\lg\beta_n$
草酸 (Oxalic acid) HOOCCOOH	Ag^+	1	2.41
	Al^{3+}	1, 2, 3	7.26, 13.0, 16.3
	Ba^{2+}	1	2.31
	Ca^{2+}	1	3.0
	Cd^{2+}	1, 2	3.52, 5.77
	Co^{2+}	1, 2, 3	4.79, 6.7, 9.7
	Cu^{2+}	1, 2	6.23, 10.27
	Fe^{2+}	1, 2, 3	2.9, 4.52, 5.22
	Fe^{3+}	1, 2, 3	9.4, 16.2, 20.2
	Hg^{2+}	1	9.66
	Hg_2^{2+}	2	6.98
	Mg^{2+}	1, 2	3.43, 4.38
	Mn^{2+}	1, 2	3.97, 5.80
	Mn^{3+}	1, 2, 3	9.98, 16.57, 19.42
	Ni^{2+}	1, 2, 3	5.3, 7.64, ~8.5
	Pb^{2+}	1, 2	4.91, 6.76
	Sc^{3+}	1, 2, 3, 4	6.86, 11.31, 14.32, 16.70
	Th^{4+}	4	24.48
	Zn^{2+}	1, 2, 3	4.89, 7.60, 8.15
	Zr^{4+}	1, 2, 3, 4	9.80, 17.14, 20.86, 21.15
乳酸 (Lactic acid) $CH_3CHOHCOOH$	Ba^{2+}	1	0.64
	Ca^{2+}	1	1.42
	Cd^{2+}	1	1.70
	Co^{2+}	1	1.90
	Cu^{2+}	1, 2	3.02, 4.85
	Fe^{3+}	1	7.1
	Mg^{2+}	1	1.37
	Mn^{2+}	1	1.43
	Ni^{2+}	1	2.22
	Pb^{2+}	1, 2	2.40, 3.80
	Sc^{2+}	1	5.2
	Th^{4+}	1	5.5
	Zn^{2+}	1, 2	2.20, 3.75
水杨酸 (Salicylic acid) $C_6H_4(OH)COOH$	Al^{3+}	1	14.11
	Cd^{2+}	1	5.55
	Co^{2+}	1, 2	6.72, 11.42

续表

配位体 (Ligand)	金属离子 (Metal ion)	配位体数目 n (Number of ligand)	$\lg\beta_n$
水杨酸 (Salicylic acid) $C_6H_4(OH)COOH$	Cr^{2+}	1, 2	8.4, 15.3
	Cu^{2+}	1, 2	10.60, 18.45
	Fe^{2+}	1, 2	6.55, 11.25
	Mn^{2+}	1, 2	5.90, 9.80
	Ni^{2+}	1, 2	6.95, 11.75
	Th^{4+}	1, 2, 3, 4	4.25, 7.60, 10.05, 11.60
	TiO^{2+}	1	6.09
	V^{2+}	1	6.3
	Zn^{2+}	1	6.85
磺基水杨酸 (5-sulfosalicylicacid) $HO_3SC_6H_3(OH)COOH$	Al^{3+} (0.1 mol·L^{-1})	1, 2, 3	13.20, 22.83, 28.89
	Be^{2+} (0.1 mol·L^{-1})	1, 2	11.71, 20.81
	Cd^{2+} (0.1 mol·L^{-1})	1, 2	16.68, 29.08
	Co^{2+} (0.1 mol·L^{-1})	1, 2	6.13, 9.82
	Cr^{3+} (0.1 mol·L^{-1})	1	9.56
	Cu^{2+} (0.1 mol·L^{-1})	1, 2	9.52, 16.45
	Fe^{2+} (0.1 mol·L^{-1})	1, 2	5.9, 9.9
	Fe^{3+} (0.1 mol·L^{-1})	1, 2, 3	14.64, 25.18, 32.12
	Mn^{2+} (0.1 mol·L^{-1})	1, 2	5.24, 8.24
	Ni^{2+} (0.1 mol·L^{-1})	1, 2	6.42, 10.24
	Zn^{2+} (0.1 mol·L^{-1})	1, 2	6.05, 10.65
酒石酸 (Tartaric acid) $(HOOCCHOH)_2$	Ba^{2+}	2	1.62
	Bi^{3+}	3	8.30
	Ca^{2+}	1, 2	2.98, 9.01
	Cd^{2+}	1	2.8
	Co^{2+}	1	2.1
	Cu^{2+}	1, 2, 3, 4	3.2, 5.11, 4.78, 6.51
	Fe^{3+}	1	7.49
	Hg^{2+}	1	7.0
	Mg^{2+}	2	1.36
	Mn^{2+}	1	2.49
	Ni^{2+}	1	2.06
	Pb^{2+}	1, 3	3.78, 4.7
	Sn^{2+}	1	5.2
	Zn^{2+}	1, 2	2.68, 8.32

续表

配位体 (Ligand)	金属离子 (Metal ion)	配位体数目 n (Number of ligand)	$\lg\beta_n$
丁二酸 (Butanedioic acid) $HOOCCH_2CH_2COOH$	Ba^{2+}	1	2.08
	Be^{2+}	1	3.08
	Ca^{2+}	1	2.0
	Cd^{2+}	1	2.2
	Co^{2+}	1	2.22
	Cu^{2+}	1	3.33
	Fe^{3+}	1	7.49
	Hg^{2+}	2	7.28
	Mg^{2+}	1	1.20
	Mn^{2+}	1	2.26
	Ni^{2+}	1	2.36
	Pb^{2+}	1	2.8
	Zn^{2+}	1	1.6
硫脲 (Thiourea) $H_2NC(=S)NH_2$	Ag^+	1, 2	7.4, 13.1
	Bi^{3+}	6	11.9
	Cd^{2+}	1, 2, 3, 4	0.6, 1.6, 2.6, 4.6
	Cu^+	3, 4	13.0, 15.4
	Hg^{2+}	2, 3, 4	22.1, 24.7, 26.8
	Pb^{2+}	1, 2, 3, 4	1.4, 3.1, 4.7, 8.3
乙二胺 (Ethyoenediamine) $H_2NCH_2CH_2NH_2$	Ag^+	1, 2	4.70, 7.70
	Cd^{2+} (20℃)	1, 2, 3	5.47, 10.09, 12.09
	Co^{2+}	1, 2, 3	5.91, 10.64, 13.94
	Co^{3+}	1, 2, 3	18.7, 34.9, 48.69
	Cr^{2+}	1, 2	5.15, 9.19
	Cu^+	2	10.8
	Cu^{2+}	1, 2, 3	10.67, 20.0, 21.0
	Fe^{2+}	1, 2, 3	4.34, 7.65, 9.70
	Hg^{2+}	1, 2	14.3, 23.3
	Mg^{2+}	1	0.37
	Mn^{2+}	1, 2, 3	2.73, 4.79, 5.67
	Ni^{2+}	1, 2, 3	7.52, 13.84, 18.33
	Pd^{2+}	2	26.90
	V^{2+}	1, 2	4.6, 7.5
	Zn^{2+}	1, 2, 3	5.77, 10.83, 14.11

续表

配位体 (Ligand)	金属离子 (Metal ion)	配位体数目 n (Number of ligand)	$\lg\beta_n$
吡啶 (Pyridine) C_5H_5N	Ag^+	1, 2	1.97, 4.35
	Cd^{2+}	1, 2, 3, 4	1.40, 1.95, 2.27, 2.50
	Co^{2+}	1, 2	1.14, 1.54
	Cu^{2+}	1, 2, 3, 4	2.59, 4.33, 5.93, 6.54
	Fe^{2+}	1	0.71
	Hg^{2+}	1, 2, 3	5.1, 10.0, 10.4
	Mn^{2+}	1, 2, 3, 4	1.92, 2.77, 3.37, 3.50
	Zn^{2+}	1, 2, 3, 4	1.41, 1.11, 1.61, 1.93
甘氨酸 (Glycin) H_2NCH_2COOH	Ag^+	1, 2	3.41, 6.89
	Ba^{2+}	1	0.77
	Ca^{2+}	1	1.38
	Cd^{2+}	1, 2	4.74, 8.60
	Co^{2+}	1, 2, 3	5.23, 9.25, 10.76
	Cu^{2+}	1, 2, 3	8.60, 15.54, 16.27
	Fe^{2+} (20℃)	1, 2	4.3, 7.8
	Hg^{2+}	1, 2	10.3, 19.2
	Mg^{2+}	1, 2	3.44, 6.46
	Mn^{2+}	1, 2	3.6, 6.6
	Ni^{2+}	1, 2, 3	6.18, 11.14, 15.0
	Pb^{2+}	1, 2	5.47, 8.92
	Pd^{2+}	1, 2	9.12, 17.55
	Zn^{2+}	1, 2	5.52, 9.96
2-甲基-8-羟基喹啉 (50%二恶烷) (8-Hydroxy-2-methyl quinoline)	Cd^{2+}	1, 2, 3	9.00, 9.00, 16.60
	Ce^{3+}	1	7.71
	Co^{2+}	1, 2	9.63, 18.50
	Cu^{2+}	1, 2	12.48, 24.00
	Fe^{2+}	1, 2	8.75, 17.10
	Mg^{2+}	1, 2	5.24, 9.64
	Mn^{2+}	1, 2	7.44, 13.99
	Ni^{2+}	1, 2	9.41, 17.76
	Pb^{2+}	1, 2	10.30, 18.50
	UO_2^{2+}	1, 2	9.4, 17.0
	Zn^{2+}	1, 2	9.82, 18.72

附录十 官能团红外特征吸收峰

类别	键和官能团	拉伸	说明
卤代烃	C—F C—Cl C—Br C—I	$1350\sim1100 cm^{-1}$（强） $750\sim700 cm^{-1}$（中） $700\sim500 cm^{-1}$（中） $610\sim485 cm^{-1}$（中）	1. 如果同一碳上卤素增多，吸收位置向高波数位移 2. 卤化物，尤其是氟化物与氯化物的伸缩振动吸收易受邻近基团的影响，变化较大 3. δ_{C-Cl}与δ_{C-H}（面外）的值较接近
醇	—OH	游离：$3650\sim3610 cm^{-1}$（峰尖，强度不定） 分子内缔合：$3500\sim3000 cm^{-1}$ 分子间缔合：二聚 $3600\sim3500 cm^{-1}$ 多聚 $3400\sim3200 cm^{-1}$	1. 缔合体峰形较宽（缔合程度越大，峰越宽，越向低波数移动） 2. 一般羟基吸收峰出现在比碳氢吸收峰所在频率高的部位，即大于$3000 cm^{-1}$，故$>3000 cm^{-1}$的吸收峰通常表示分子中含有羟基
		伯醇 $\delta_{OH} 1500\sim1260 cm^{-1}$ 仲醇 $\delta_{OH} 1350\sim1260 cm^{-1}$ 叔醇 $\delta_{OH} 1410\sim1310 cm^{-1}$	—OH 的面内变形振动，吸收位置与醇的类型、缔合状态、浓度有关（稀释时稀释带移向低波数）
	在解谱时注意，H_2O 和 N 上质子的伸缩振动也会在—OH 的伸缩振动区域出现，如 H_2O 的 ν_{OH} 在 ~$3400 cm^{-1}$，ν_{NH} 会在 $3500\sim3200 cm^{-1}$ 出峰		
	C—O	$1200\sim1100\pm5 cm^{-1}$ 伯醇 $\nu_{C-O} 1070\sim1000 cm^{-1}$ 仲醇 $\nu_{C-O} 1120\sim1030 cm^{-1}$ 叔醇 $\nu_{C-O} 1170\sim1100 cm^{-1}$	1. 这也是分子中含有羟基的一个特征吸收峰 2. 有时可根据该吸收峰确定醇的级数，如：三级醇：$1200\sim1125 cm^{-1}$ 二级醇、烯丙型三级醇、环三级醇：$1125\sim1085 cm^{-1}$ 一级醇、烯丙型二级醇、环二级醇：$1085\sim1050 cm^{-1}$
酚	O—H	极稀溶液：$3611\sim3603 cm^{-1}$（尖锐） 浓溶液：$3500\sim3200 cm^{-1}$（较宽）	多数情况下，两个吸收峰并存
	C—O	$1300\sim1200 cm^{-1}$	
醚	C—O	$1275\sim1020 cm^{-1}$ 脂肪族醚 $1275\sim1020 cm^{-1}$（ν^{as}_{C-O-C}） 芳香族和乙烯基醚 $1310\sim1020 cm^{-1}$（ν^{as}_{C-O-C}）（强）$1075\sim1020 cm^{-1}$（ν^{as}_{C-O-C}）（较弱）	醚的特征吸收为碳氧碳键的伸缩振动 ν^{as}_{C-O-C} 和 ν^{as}_{C-O-C} 脂肪族醚中 ν^{s}_{C-O-C} 太小，只能根据 ν^{as}_{C-O-C} 来判断 Ph—O—R、Ph—O—Ph、R—C=C—O—R′ 都具有 ν^{as}_{C-O-C} 和 ν^{s}_{C-O-C} 吸收带。由于 O 原子未共用电子对与苯环或烯键的 p-π 共轭，使=C—O 键级升高，键长缩短，力常数增加，故伸缩振动频率升高

续表

类别	键和官能团	拉伸		说明
醚	C—O	饱和环醚　　　　as　　　s 六元双氧环　　　1124　　878 六元单氧环　　　1098　　813 五元单氧环　　　1071　　913 四元单氧环　　　983　　1028 三元单氧环　　　839　　1270		饱和六元环醚与非环醚谱带位置接近。环减小时，ν_{C-O-C}^{as} 频率降低，而 ν_{C-O-C}^{s} 频率升高
		环氧化合物　8μ 峰 $1280\sim1240cm^{-1}$ 　　　　　　11μ 峰 $950\sim810cm^{-1}$ 　　　　　　12μ 峰 $840\sim750cm^{-1}$		环氧化合物有三个特征吸收带，即所谓的 8μ 峰、11μ 峰、12μ 峰
	一般情况下，只用 IR 来判断醚是困难的，因为其他一些含氧化合物，如醇、羧酸、酯类都会在 $1250\sim1100cm^{-1}$ 范围内有强的 ν_{C-O} 吸收			
醛	C=O RCHO C=C—CHO ArCHO R_2C=O C=C—C(R)=O ArRC=O	$1750\sim1680cm^{-1}$ $1740\sim1720cm^{-1}$（强） $1705\sim1680cm^{-1}$（强） $1717\sim1695cm^{-1}$（强） $1725\sim1705cm^{-1}$（强） $1685\sim1665cm^{-1}$（强） $1700\sim1680cm^{-1}$（强）		鉴别羰基最迅速的一个方法 1. 酮羰基的力常数较醛的小，故吸收位置较醛的低，不过差别不大，一般不易区分。—CHO 中 C—H 键在 $\sim2720cm^{-1}$ 区域的伸缩振动吸收峰可用来判断是否有 —CHO 存在 2. 羰基与苯环共轭时，芳环在 $1600cm^{-1}$ 区域的吸收峰分裂为两个峰，即在 $\sim1580cm^{-1}$ 位置又出现一个新的吸收峰，称为环振吸收峰
	醛有 ν_{C-O} 和醛基质子 ν_{CH} 的两个特征吸收带			
	醛的 ν_{C-O} 高于酮。饱和脂肪醛 ν_{C-O} $1740\sim1715cm^{-1}$；α,β-不饱和脂肪醛 ν_{C-O} $1705\sim1685cm^{-1}$；芳香醛 ν_{C-O} $1710\sim1695cm^{-1}$			
	醛基质子的伸缩振动	醛基在 $2880\sim2650cm^{-1}$ 出现两个强度相近的中强吸收峰，一般这两个峰在 $\sim2820cm^{-1}$ 和 $2740\sim2720cm^{-1}$ 出现，后者较尖，是区别醛与酮的特征谱带。这两处吸收是由醛基质子 ν_{CH} 与 δ_{CH} 倍频的费米共振产生的		
	C—C—C(O) 面内弯曲振动	脂肪醛在 $695\sim665cm^{-1}$ 在此有中强吸收，当 α 位有取代基时则移动到 $665\sim635cm^{-1}$		
	C—C=O 面内弯曲振动	脂肪醛在 $535\sim520cm^{-1}$ 有一强谱带，当 α 位有取代基时则移动到 $565\sim540cm^{-1}$		
酮	酮的特征吸收为 ν_{C-O}，常是第一强峰。饱和脂肪酮的 ν_{C-O} 在 $1725\sim1705cm^{-1}$			
	α-C 上有吸电子基团将使 ν_{C-O} 升高			
	羰基与苯环、双键或炔键共轭时，使羰基的双键性减小，力常数减小，使吸收峰吸收向低波数位移			
	环酮中 ν_{C-O} 随张力的增大波数增大			
	α-二酮 R—CO—CO—R' 在 $1730\sim1710cm^{-1}$ 有一强吸收。β-二酮 R—CO—CH$_2$—CO—R' 有酮式和烯醇式互变异构体。酮式中因两个羰基偶合效应，在 $1730\sim1690cm^{-1}$ 有两个强吸收；烯醇式在 $1640\sim1540cm^{-1}$ 出现一个宽且很强的吸收			
	C—CO—C 面内弯曲振动	脂肪酮当 α 位无取代基时在 $630\sim620cm^{-1}$ 有一强吸收，当 α 位有取代基时移到 $580\sim560cm^{-1}$ 有一中强吸收。芳香酮类除芳香甲酮在 $600\sim580cm^{-1}$ 有一强吸收外，其他芳香酮无此谱带与结构的关系		
	C—C=O 面内弯曲振动	脂肪酮当 α 位无取代基时在 $540\sim510cm^{-1}$ 出现一强谱带，α 位有取代时，在 $560\sim550cm^{-1}$ 有一强度有变化的吸收。甲基酮则在 $530\sim510cm^{-1}$ 有一中强吸收。环酮在 $505\sim480cm^{-1}$ 有一强吸收带		

续表

类别	键和官能团	拉伸	说明
羧酸	C=O	RCOOH：单体：1770～1750cm^{-1} 二缔合体：约1710cm^{-1} CH$_2$=CH—COOH：单体：～1720cm^{-1} 二缔合体：约1690cm^{-1}；ArCOOH：单体：1770～1750cm^{-1} 二缔合体：～1745cm^{-1}	1. 二缔合体C=O的吸收，由于氢键的影响，吸收位置向低波数位移 2. 芳香羧酸，由于形成氢键及与芳环共轭两种影响，更使C=O吸收向低波数方向位移
		$\nu_{C=O}$高于酮的$\nu_{C=O}$，这是OH的作用结果	
	OH	气相（游离）：约3550cm^{-1} 液/固（二缔合体）：3200～2500cm^{-1}（宽而散，以3000cm^{-1}为中心。此吸收在2700～2500cm^{-1}常有几个小峰，因为此区域其他峰很少出现，故对判断羧酸很有用，这是由伸缩振动和变形振动的倍频及组合频引起的）	羧酸的O—H在约1400cm^{-1}和约920cm^{-1}区域有两个比较强且宽的弯曲振动吸收峰，这可以作为进一步确定存在羧酸结构的证据
	CH$_2$的面外摇摆吸收	晶态的长链羧酸及其盐在1350～1180cm^{-1}范围内出现峰间距相等的特征吸收峰组，峰的个数与亚基的个数有关。当链中不含不饱和键时，长链脂肪酸及其盐内若含有n个亚基，若n为偶数，谱带数为$n/2$个；若n为奇数，谱带数为$(n+1)/2$个。一般$n>10$时可使用此法计算	
		在955～915cm^{-1}有一特征性宽峰，是酸二聚体中OH···O=的面外变形振动引起的，可用于确认羧基的存在	
		$\nu_{C=O}$高于酮的$\nu_{C=O}$，这是OH的作用结果	
		羧酸盐中的—COO$^-$无$\nu_{C=O}$吸收。COO$^-$是一个多电子的共轭体系，两个C=O振动偶合，故在两个地方出现其强吸收，其中反对称伸缩振动在1610～1560cm^{-1}；对称伸缩振动在1440～1360cm^{-1}，强度弱于反对称伸缩振动吸收，并且常是两个或三个较宽的峰。	
酯	C=O	1735cm^{-1}（强） C=C—COOR或ArCOOR的C=O吸收因与C=C共轭移向低波数方向，在约1720cm^{-1}区域 —COOC=C 或RCOOAr结构的C=O则向高波数方向位移，在约1760cm^{-1}区域吸收	1. 在1300～1050cm^{-1}区域有两C—O伸缩振动吸收，其中波数较高的吸收峰比较特征，可用于酯的鉴定 2. 芳香酯在1605～1585cm^{-1}区域还有一个特征的环的振动吸收峰
		酯有两个特征吸收，即$\nu_{C=O}$和ν_{C-O-C}	
		ν_{C-O-C}在1330～1050cm^{-1}有两个吸收带，即ν^{as}_{C-O}和ν^{s}_{C-O}。其中ν^{as}_{C-O}在1330～1150cm^{-1}，峰强大且宽，在酯的红外光谱中常为第一强峰。酯的ν^{as}_{C-O}与结构有关	
		内酯的$\nu_{C=O}$与环的大小及共轭基团和吸电子取代基团的连接位置有关。羰基与双键个共轭时，$\nu_{C=O}$频率减小；内酯的氧原子与双键连接时$\nu_{C=O}$增大。α,β-不饱和内酯和γ-内酯常有两个$\nu_{C=O}$吸收带，约在1780cm^{-1}，1755cm^{-1}附近。这是羰基的α位的δ_{CH}（881cm^{-1}附近）倍频与$\nu_{C=O}$发生费米共振的结果	
酸酐	C=O	1860～1800cm^{-1}（强） 1800～1750cm^{-1}（强）	1. 反对称、对称的两个C=O伸缩振动吸收峰往往相隔60cm^{-1}左右； 2. 对于线性酸酐，高频峰较强于低频峰，而环状酸酐则反之
	C—O	1310～1045cm^{-1}（强） 饱和脂肪酸酐：1180～1045cm^{-1} 环状酸酐：1300～1200cm^{-1}	各类酸酐在1250cm^{-1}都有一中强吸收

续表

类别	键和官能团	拉伸	说明
酰卤	C=O	脂肪酰卤：1800cm^{-1}（强）	如 C=O 与不饱和基共轭，吸收在 1800~1750cm^{-1} 区域
		芳香酰卤：1785~1765cm^{-1}（两强峰）	波数较高的是 C=O 伸缩振动吸收，在 1785~1765cm^{-1}（强）；较低的是芳环与 C=O 之间的 C—C 伸缩振动吸收（~875cm^{-1}）的弱倍频峰，由于在强峰附近而被强化，吸收强度升高，在 1750~1735cm^{-1} 区域
	C—C(O)	脂肪酰卤在 965~920cm^{-1}，芳香酰卤在 890~850cm^{-1}。芳香酰卤在 1200cm^{-1} 还有一吸收	
酰胺	C=O	一级酰胺 RCONH$_2$ 游离：约 1690cm^{-1}（强）缔合体：约 1650cm^{-1}	
		二级酰胺 RCONHR 游离：约 1680cm^{-1}（强）缔合体：约 1650cm^{-1}（强）	
		三级酰胺 RCONR'R" 约 1650cm^{-1}（强）	
	N—H	1°在无极性稀的溶液：约 3520cm^{-1} 和 3400cm^{-1} 1°在浓溶液或固态：约 3350cm^{-1} 和 3180cm^{-1}	N—H 的弯曲振动吸收在 1640cm^{-1} 和 1600cm^{-1} 是一级酰胺的两个特征吸收峰
		2°游离：约 3400cm^{-1} 2°缔合体（固态）：约 3300cm^{-1}	N—H 弯曲振动吸收在 1550cm^{-1}~1530cm^{-1} 区
	C—N	1°约 1400cm^{-1}（中）	
	伯酰胺	ν_{NH}：NH$_2$ 的伸缩振动吸收在 3540~3180cm^{-1} 有两个尖的吸收带。当在稀的 CHCl$_3$ 中测试时，在 3400~3390cm^{-1} 和 3530~3520cm^{-1} 出现	
		$\nu_{C=O}$：即酰胺Ⅰ带。由于氮原子上未共用电子对与羰基的 p-π 共轭，使 $\nu_{C=O}$ 伸缩振动频率降低。出现在 1690~1630cm^{-1}	
		NH$_2$ 的面内变形振动：即酰胺Ⅱ带。此吸收较弱，并靠近 $\nu_{C=O}$。一般在 1655~1590cm^{-1}	
		ν_{C-N} 谱带：在 1420~1400cm^{-1} 内有一个很强碳氮键伸缩振动的吸收带。在其他酰胺中也有此吸收	
		NH$_2$ 的摇摆振动吸收：伯酰胺在约 1150cm^{-1} 有一个弱吸收，在 750~600cm^{-1} 有一个宽吸收	
	仲酰胺	ν_{NH} 吸收：在稀溶液中伯酰胺有一个很尖的吸收，在仪器分辨率很高时，可以分裂为相似的双线，由顺反异构产生。在压片法或浓溶液中，仲酰胺的 ν_{NH} 可能会出现几个吸收带，由顺反两种异构产生的靠氢键连接的多聚物所致	
		$\nu_{C=O}$：即酰胺Ⅰ带。仲酰胺在 1680~1630cm^{-1} 有一个强吸收是 $\nu_{C=O}$，叫酰胺Ⅰ带	
		δ_{NH} 和 ν_{C-N} 之间偶合造成酰胺Ⅱ带和酰胺Ⅲ带。酰胺Ⅱ带在 1570~1510cm^{-1}。酰胺Ⅲ带在 1335~1200cm^{-1}	
		其他：还有酰胺的Ⅳ、Ⅴ、Ⅵ带，但应用上不如前面谱带那么重要	
	叔酰胺	叔酰胺的氮上没有质子，其唯一的特征谱带是 $\nu_{C=O}$，在 1680~1630cm^{-1}	
腈	C≡N	2260~2210cm^{-1}	特征吸收峰
胺	RNH$_2$ NH$_2$ R$_2$NH NH	3500~3400cm^{-1}（游离）缔合降低 100 3500~3300cm^{-1}（游离）缔合降低 100	

附录十一 元素常用光谱特征线

元素	灵敏线	次灵敏线	元素	灵敏线	次灵敏线
Ag	328.068	338.289	Er	400.797	415.110 381.033 393.702 397.360
Al	309.271	308.216 309.284 394.403 396.153	Eu	459.403	311.143 321.057 462.722 466.188
As	188.990	193.696 197.197	Fe	248.327	208.412 248.637 252.285 302.064
Au	242.795	267.595 274.826 312.278	Ga	287.424	294.418 403.298 417.206
B	249.678	249.773	Gd	368.413	371.357 371.748 378.305 407.870
Ba	553.548	270.263 307.158 350.111 388.933	Ge	265.158	259.254 270.963 275.459
Be	234.861	313.042 313.107	Hf	307.288	286.637 290.441 302.053 377.764
Bi	223.061	206.170 222.825 227.658 306.772	Hg	184.957 *	253.652
Ca	422.673	239.356 272.164 393.367 396.847	Ho	410.384	405.393 410.109 412.716 417.323
Co	240.725	242.493 304.400 352.685 252.136	In	303.936	256.015 325.609 410.476 451.132
Cr	357.869	359.349 360.533 425.437 427.480	Ir	263.971	263.942 266.479 284.972 237.277

续表

元素	灵敏线	次灵敏线	元素	灵敏线	次灵敏线
Cs	852.110	894.350 455.536 459.316	K	766.491	404.414 404.720 769.898
Cu	324.754	216.509 217.894 218.172 327.396	La	550.134	357.443 392.756 407.918 494.977
Dy	421.172	419.485 404.599 394.541 394.470	Li	670.784	274.120 323.261
Mg	385.213	279.553 202.580 230.270	Lu	335.956	308.147 328.174 331.211 356.784
Mn	279.482	222.183 280.106 403.307 403.449	Se	196.090	203.985 206.219 207.479
Mo	313.259	317.035 319.400 386.411 390.296	Si	251.612	250.690 251.433 252.412 252.852
Na	588.995	330.232 330.299 589.592	Sm	429.674	476.027 520.059 528.291
Nb	334.371	334.906 358.027 407.973 412.381	Sn	224.605	235.443 286.333
Nd	463.424	468.35 489.693 492.453 562.054	Sr	460.733	242.810 256.947 293.183 407.771
Ni	232.003	231.096 231.10 233.749 323.226	Ta	271.467	255.943 264.747 277.588
Os	290.906	305.866 790.10	Tb	432.647	390.135 431.885 433.845
Pb	216.999	202.202 205.327 283.306	Te	214.275	225.904 238.576
Pd	247.642	244.791 276.309 340.458	Ti	364.268	319.990 363.546 365.350 399.864

续表

元素	灵敏线	次灵敏线	元素	灵敏线	次灵敏线
Pr	495.136	491.403 504.553 513.342	Tl	276.787	231.598 237.969 258.014 377.572
Pt	265.945	214.423 248.717 283.030 306.471	U	351.463	355.082 358.488 394.382 415.400
Rb	789.023	420.185 421.556 794.760	V	318.398	382.856 318.540 437.924
Re	346.046	345.188 242.836 346.473	W	255.135	265.654 268.141 294.740
Rh	343.489	339.685 350.252 369.236 370.091	Y	407.738	410.238 412.831 414.285
Ru	349.894	372.803 379.940	Yb	398.799	266.449 267.198 346.437
Sb	217.581	206.833 212.739 231.147	Zn	213.856	202.551 206.191 307.590
Sc	391.181	326.991 290.749 402.040 402.369	Zr	360.119	301.175 302.952 354.768

注：带有 * 号者为真空紫外线，通常条件下不能应用

附录十二　25℃下水溶液中的条件电势（V，相当于 NHE）

反应	条件	电势/V
$Cu(Ⅱ)+e^- \rightleftharpoons Cu(Ⅰ)$	$1mol \cdot L^{-1} NH_3 + 1mol \cdot L^{-1} NH_4^+$	0.01
	$1mol \cdot L^{-1} KBr$	0.52
$Ce(Ⅳ)+e^- \rightleftharpoons Ce(Ⅲ)$	$1mol \cdot L^{-1} HNO_3$	1.61
	$1mol \cdot L^{-1} HCl$	1.28
	$1mol \cdot L^{-1} HClO_4$	1.70
	$1mol \cdot L^{-1} H_2SO_4$	1.44

续表

反应	条件	电势/V
Fe(Ⅲ)+e⁻ ⇌ Fe(Ⅱ)	1mol·L⁻¹ HCl	0.70
	10mol·L⁻¹ HCl	0.53
	1mol·L⁻¹ HClO$_4$	0.735
	1mol·L⁻¹ H$_2$SO$_4$	0.68
	2mol·L⁻¹ H$_3$PO$_4$	0.46
Fe(CN)$_6^{3-}$+e⁻ ⇌ Fe(CN)$_6^{4-}$	0.1mol·L⁻¹ HCl	0.56
	1mol·L⁻¹ HCl	0.71
	1mol·L⁻¹ HClO$_4$	0.72
Sn(Ⅳ)+2e⁻ ⇌ Sn(Ⅱ)	1mol·L⁻¹ HCl	0.14

附录十三　常用参比电极在水溶液中的电极电位

温度 /℃	甘汞电极			Hg∣Hg$_2$SO$_4$, H$_2$SO$_4$ [a(SO$_4^{2-}$)=1mol·L⁻¹]	Ag∣AgCl,Cl⁻		氢醌电极
	0.1mol·L⁻¹ KCl	1mol·L⁻¹ KCl	饱和 KCl		3.5mol·L⁻¹ KCl	饱和 KCl	
0	0.3380	0.2888	0.2601	0.63495			0.6807
5	0.3377	0.2876	0.2568	0.63097			0.6844
10	0.3374	0.2864	0.2536	0.62704	0.2152	0.2138	0.6881
15	0.3371	0.2852	0.2503	0.62307	0.2117	0.2089	0.6918
20	0.3368	0.2840	0.2471	0.61930	0.2082	0.2040	0.6955
25	0.3365	0.2828	0.2438	0.61515	0.2046	0.1989	0.6992
30	0.3362	0.2816	0.2405	0.61107	0.2009	0.1939	0.7029
35	0.3359	0.2804	0.2373	0.60701	0.1971	0.1887	0.7066
40	0.3356	0.2792	0.2340	0.60305	0.1933	0.1835	0.7103
45	0.3353	0.2780	0.2308	0.59900			0.7140
50	0.3350	0.2768	0.2275	0.59487			0.7177

附录十四　一些无机去极剂的极谱半波电位

去极剂	支持电解质	反应	$\varphi_{1/2}$/V (vs. SHE)
Cd(Ⅱ)	0.4mol·L⁻¹ Ac⁻, pH4.7	2⟶0	−0.61
	0.1mol·L⁻¹ KCl	2⟶0	−0.600
	1mol·L⁻¹ NH$_4$Cl+1mol·L⁻¹ NH$_3$·H$_2$O	2⟶0	−0.81

续表

去极剂	支持电解质	反应	$\varphi_{1/2}/V$ (vs. SHE)
Co（Ⅲ）	$0.05\ mol·L^{-1}\ K_2SO_4$	$2 \longrightarrow 0$	-1.21
$[Co(NH_3)_5H_2O]^{2+}$	$1.25\ mol·L^{-1}\ NH_3·H_2O + 1\ mol·L^{-1}\ NH_4Cl$	$2 \longrightarrow 0$	-1.40
Cu（Ⅱ）	$0.5\ mol·L^{-1}\ H_2SO_4$	$2 \longrightarrow 0$	0.00
	$1\ mol·L^{-1}\ HCl$	$2 \longrightarrow 1$	0.00
		$1 \longrightarrow 0$	-0.23
	$1\ mol·L^{-1}\ NH_3·H_2O + 1\ mol·L^{-1}\ NH_4Cl$	$2 \longrightarrow 1$	-0.25
		$1 \longrightarrow 0$	-0.54
Eu（Ⅲ）	$0.2\ mol·L^{-1}\ KCl$	$3 \longrightarrow 2$	-0.72
	$1\ mol·L^{-1}\ EDTA,\ pH\ 6\sim8$	$3 \longrightarrow 2$	-1.22
$Fe(CN)_6^{3-}$	$0.1\ mol·L^{-1}\ H_2SO_4$	$3 \longrightarrow 2$	$+0.24$
Fe（Ⅱ）	$1\ mol·L^{-1}\ NaClO_3$	$2 \longrightarrow 0$	-1.43
H_3O^+	$0.1\ mol·L^{-1}\ KCl$	$1 \longrightarrow 0$	-1.58
$Hg(SO_3)_2^{2-}$	$0.1\ mol·L^{-1}\ KNO_3,\ 2\times10^{-3}\ mol·L^{-1}\ Na_2SO_4$	$0 \longrightarrow 2$	-0.02
Ni（Ⅱ）	$1\ mol·L^{-1}\ KCl$	$2 \longrightarrow 0$	-1.1
	$1\ mol·L^{-1}\ NH_3·H_2O + 1\ mol·L^{-1}\ NH_4Cl$	$2 \longrightarrow 0$	-1.09
O_2	$pH\ 1\sim10$ 缓冲溶液	$0 \longrightarrow (-1)$	-0.05
		$(-1) \longrightarrow (-2)$	-0.94
Pb（Ⅱ）	$0.1\ mol·L^{-1}\ KCl$	$2 \longrightarrow 0$	-0.386
	$0.8\ mol·L^{-1}\ KI$	$2 \longrightarrow 0$	-0.59
	$0.4\ mol·L^{-1}\ Ac^-,\ pH\ 4.7$	$2 \longrightarrow 0$	-0.43
Ti（Ⅳ）	$0.2\ mol·L^{-1}\ H_3Cit$	$4 \longrightarrow 3$	-0.37
Zn（Ⅱ）	$1\ mol·L^{-1}\ Ac^-,\ pH\ 4.7$	$2 \longrightarrow 0$	-1.04
	$1\ mol·L^{-1}\ NH_3·H_2O + 1\ mol·L^{-1}\ NH_4Cl$	$2 \longrightarrow 0$	-1.33
	$0.1\ mol·L^{-1}\ KCl$	$2 \longrightarrow 0$	-0.995

附录十五 标准电极电位(25℃)

还原型	氧化型		$E^\ominus/V$	pK
Ag	Ag^+	$+e^-$	0.79996	13.5
$Ag+Cl^-$	AgCl	$+e^-$	0.2221	3.75
$Ag+Br^-$	AgBr	$+e^-$	0.0713	1.20
$Ag+I^-$	AgI	$+e^-$	-0.1519	-2.57
$Ag+2CN^-$	$[Ag(CN)_2]^-$	$+e^-$	-0.395	-6.7
$2Ag+S^{2-}$	Ag_2S	$+2e^-$	-0.7051	-23.8
Ag^+	Ag^{2+}	$+e^-$	1.987	33.6

续表

还原型	氧化型		$E^{\ominus}/V$	pK
Al	Al^{3+}	+3e$^-$	−1.67	−84.6
As+3H$_2$O	H$_3$AsO$_3$+3H$^+$	+3e$^-$	0.2475	12.5
H$_3$AsO$_3$+H$_2$O	H$_3$AsO$_4$+2H$^+$	+2e$^-$	0.58	19.6
AsO$_3^{3-}$+2OH$^-$	AsO$_4^{3-}$+H$_2$O	+2e$^-$	−0.08	−2.7
Au	Au$^+$	+e$^-$	1.46	24.8
Au	Au^{3+}	+3e$^-$	1.42	72.0
Au+4Cl$^-$	[AuCl$_4$]$^-$	+3e$^-$	1.0	50.7
Au+2CN$^-$	[Au(CN)$_2$]$^-$	+e$^-$	−0.60	−10.1
Ba	Ba^{2+}	+2e$^-$	−2.90	−98
Be	Be^{2+}	+2e$^-$	−1.70	−57.4
Bi	Bi^{3+}	+3e$^-$	0.277	14.0
Bi^{3+}+3H$_2$O	BiO$_3^-$+6H$^+$	+2e$^-$	1.73	58.4
2Br$^-$	Br$_2$ (aq)	+2e$^-$	1.087	36.7
Br$^-$+H$_2$O	HBrO+H$^+$	+2e$^-$	1.33	44.9
Br$^-$+3H$_2$O	BrO$_3^-$+6H$^+$	+6e$^-$	1.44	146
Br$^-$+2OH$^-$	BrO$^-$+H$_2$O	+2e$^-$	0.75	25.3
Br$^-$+6OH$^-$	BrO$_3^-$+3H$_2$O	+6e$^-$	0.61	61.8
HCHO+H$_2$O	HCOOH+2H$^+$	+2e$^-$	0.056	1.89
HCOOH	CO$_2$+2H$^+$	+2e$^-$	−0.196	−6.62
Ca	Ca^{2+}	+2e$^-$	−2.76	−93.2
Cd	Cd^{2+}	+2e$^-$	−0.402	−13.6
Cd (Hg)	Cd^{2+}	+2e$^-$	−0.3519	−11.9
Ce^{3+}	Ce^{4+}	+e$^-$	1.713	28.9
2Cl$^-$	Cl$_2$	+2e$^-$	1.3583	45.89
Cl$^-$+H$_2$O	HClO+H$^+$	+2e$^-$	1.498	50.6
Cl$^-$+2H$_2$O	HClO$_2$+3H$^+$	+4e$^-$	1.57	106
Cl$^-$+3H$_2$O	ClO$_3^-$+6H$^+$	+6e$^-$	1.45	147
Cl$^-$+4H$_2$O	ClO$_4^-$+8H$^+$	+8e$^-$	1.36	184
Cl$^-$+2OH$^-$	ClO$^-$+H$_2$O	+2e$^-$	0.88	29.8
Cl$^-$+4OH$^-$	ClO$_2^-$+2H$_2$O	+4e$^-$	0.77	52
Cl$^-$+6OH$^-$	ClO$_3^-$+3H$_2$O	+6e$^-$	0.62	62.8
Cl$^-$+8OH$^-$	ClO$_4^-$+4H$_2$O	+8e$^-$	0.53	71.6
Co	Co^{2+}	+2e$^-$	−0.277	−9.4
Co^{2+}	Co^{3+}	+e$^-$	1.842	31.1
Cr	Cr^{3+}	+2e$^-$	−0.0557	−18.8
Cr^{2+}	Cr^{3+}	+e$^-$	−0.40	−6.67
2Cr^{3+}+7H$_2$O	Cr$_2$O$_7^{2-}$+14H$^+$	+6e$^-$	1.36	138
Cr(OH)$_3$+5OH$^-$	CrO$_4^{2-}$+4H$_2$O	+3e$^-$	−0.12	−6.1
Cr^{3+}+8OH$^-$	CrO$_4^{2-}$+4H$_2$O	+3e$^-$	−0.72	−36.5
Cs	Cs$^+$	+e$^-$	−2.923	49.4
Cu	Cu$^+$	+e$^-$	0.522	8.82

续表

还原型	氧化型		$E^\ominus$/V	pK
Cu	Cu^{2+}	$+2e^-$	0.3460	11.69
Cu(Hg)	Cu^{2+}	$+2e^-$	0.3511	11.86
Cu^+	Cu^{2+}	$+e^-$	0.170	2.87
$2F^-$	F_2	$+2e^-$	2.87	96.9
Fe^{2+}	Fe^{3+}	$+e^-$	0.7704	13.0
$[Fe(CN)_6]^{4-}$	$[Fe(CN)_6]^{3-}$	$+e^-$	0.36	6.1
亚铁菲咯啉离子	高铁菲咯啉离子	$+e^-$	1.04	17.6
H_2	$2H^+$	$+2e^-$	0.0000	0
$2H^-$	H_2	$+2e^-$	-2.24	-76
Hg	Hg^{2+}	$+2e^-$	0.852	28.8
2Hg	Hg_2^{2+}	$+2e^-$	0.7986	27.0
$2Hg+2Cl^-$（饱和 KCl）	Hg_2Cl_2	$+2e^-$	0.2412	8.15
$2Hg+2Cl^-$	Hg_2Cl_2	$+2e^-$	0.2677	9.04
$2Hg+2Br^-$	Hg_2Br_2	$+2e^-$	0.1396	4.72
$2Hg+2I^-$	Hg_2I_2	$+2e^-$	-0.0405	-1.37
$2Hg+SO_4^{2-}$	Hg_2SO_4	$+2e^-$	0.6151	20.8
$2I^-$	I_2	$+2e^-$	0.5355	18.1
I^-+H_2O	$IOH+H^+$	$+2e^-$	0.99	33.4
I^-+3H_2O	$IO_3^-+6H^+$	$+6e^-$	1.085	110
I^-+2OH^-	$IO_3^-+H_2O$	$+2e^-$	0.49	16.6
I^-+6OH^-	$IO_3^-+3H_2O$	$+6e^-$	0.26	26.4
K	K^+	$+e^-$	-2.9241	-49.4
Li	Li^+	$+e^-$	-2.9595	-50
Mg	Mg^{2+}	$+2e^-$	-2.375	-80
Mn	Mn^{2+}	$+2e^-$	-1.18	-39.9
Mn^{2+}	Mn^{3+}	$+e^-$	1.51	25.5
$Mn^{2+}+2H_2O$	MnO_2+4H^+	$+2e^-$	1.23	41.6
$Mn^{2+}+4H_2O$	$MnO_4^{2-}+8H^+$	$+4e^-$	1.74	118
$Mn^{2+}+4H_2O$	$MnO_4^-+8H^+$	$+5e^-$	1.51	127
$Mn+2OH^-$	$Mn(OH)_2$	$+2e^-$	-1.52	-51
MnO_2+4OH^-	$MnO_4^{2-}+2H_2O$	$+2e^-$	0.58	19.6
MnO_2+4OH^-	$MnO_4^-+2H_2O$	$+3e^-$	0.58	29.4
Na	Na^+	$+e^-$	-2.7131	-45.8
Ni	Ni^{2+}	$+2e^-$	-0.23	-7.77
$2NH_4^+$	$N_2H_5^++3H^+$	$+2e^-$	1.28	43.2
$NH_4^++H_2O$	$NH_3OH^++2H^+$	$+2e^-$	1.32	44.6
$2HN_4^+$	N_2+8H^+	$+6e^-$	0.27	27.4
$2NH_4^++H_2O$	N_2O+10H^+	$+8e^-$	0.65	87.8
$NH_4^++H_2O$	$NO+6H^+$	$+5e^-$	0.84	70.9
$NH_4^++2H_2O$	$NO_2^-+8H^+$	$+6e^-$	0.86	87.2
$NH_4^++2H_2O$	NO_2+8H^+	$+7e^-$	0.89	105

续表

还原型	氧化型		$E^{\ominus}/V$	pK
$NH_4^+ + 3H_2O$	$NO_3^- + 10H^+$	$+8e^-$	0.88	119
$2NH_3$	$3N_2 + 2H^+$	$+2e^-$	−3.09	−104
$2NH_3 + 2OH^-$	$N_2H_4 + 2H_2O$	$+2e^-$	0.10	3.38
$NH_3 + 2OH^-$	$NH_2OH + H_2O$	$+2e^-$	0.42	14.2
$2NH_3 + 6OH^-$	$N_2 + 6H_2O$	$+6e^-$	−0.73	−74
$2NH_3 + 8OH^-$	$N_2O + 7H_2O$	$+8e^-$	−0.42	−56.8
$NH_3 + 5OH^-$	$NO + 4H_2O$	$+5e^-$	−0.10	−8.45
$NH_3 + 7OH^-$	$NO_2^- + 5H_2O$	$+6e^-$	−0.16	−16.2
$NH_3 + 7OH^-$	$NO_2 + 5H_2O$	$+7e^-$	−0.013	−1.54
$NH_3 + 9OH^-$	$NO_3^- + 6H_2O$	$+8e^-$	−0.12	−16.2
$2H_2O$	$O_2 + 4H^+$	$+4e^-$	1.229	83.0
H_2O_2	$O_2 + 2H^+$	$+2e^-$	0.682	23.0
$2H_2O$	$H_2O_2 + 2H^+$	$+2e^-$	1.77	59.8
$4OH^-$	$O_2 + 2H_2O$	$+4e^-$	0.401	27.1
$2HO_2^-$	$2O_2 + 2H_2O$	$+4e^-$	−0.075	−5.07
$P + 3H_2O$	$H_3PO_3 + 3H^+$	$+3e^-$	−0.50	−25.3
$P + 4H_2O$	$H_3PO_4 + 5H^+$	$+5e^-$	−0.41	−34.6
$PH_3 + 3OH^-$	$P + 3H_2O$	$+3e^-$	−0.87	−44
$P + 2OH^-$	$H_2PO_2^-$	$+e^-$	−2.05	−34.6
$P + 5OH^-$	$HPO_3^{2-} + 2H_2O$	$+3e^-$	−1.57	−79.6
$P + 8OH^-$	$PO_4^{3-} + 4H_2O$	$+5e^-$	−1.49	−126
Pb	Pb^{2+}	$+2e^-$	−0.1263	−4.27
$Pb^{2+} + 2H_2O$	$PbO_2 + 4H^+$	$+2e^-$	1.46	49.3
$PbSO_4 + 2H_2O$	$PbO_2 + SO_4^{2-} + 4H^+$	$+2e^-$	1.685	56.9
Rb	Rb^+	$+e^-$	−2.9259	−49.4
H_2S	$S + 2H^+$	$+2e^-$	0.141	4.76
$H_2S + 4H_2O$	$SO_4^{2-} + 10H^+$	$+8e^-$	0.30	40.5
$2S + 3H_2O$	$H_2S_2O_3 + 4H^+$	$+4e^-$	0.50	33.8
$2S + 4H_2O$	$H_2S_2O_4 + 6H^+$	$+6e^-$	0.63	64
$S + 3H_2O$	$H_2SO_3 + 4H^+$	$+4e^-$	0.45	30.4
$S + 4H_2O$	$SO_4^{2-} + 8H^+$	$+6e^-$	0.356	36.1
$2S_2O_3^{2-}$	$S_4O_6^{2-}$	$+2e^-$	0.06	2.0
S^{2-}	S	$+2e^-$	−0.48	−16.2
$S + 6OH^-$	$SO_3^{2-} + 3H_2O$	$+4e^-$	−0.61	−41.2
$S + 8OH^-$	$SO_4^{2-} + 4H_2O$	$+6e^-$	−0.72	−73
$S_2O_3^{2-} + 10OH^-$	$2SO_4^{2-} + 5H_2O$	$+8e^-$	−0.76	−103
$Sb + H_2O$	$SbO^+ + 2H^+$	$+3e^-$	−0.212	−10.7
$H_3SbO_3 + 3H_2O$	$H[Sb(OH)_6] + 2H^+$	$+2e^-$	0.75	25.3
Sn	Sn^{2+}	$+2e^-$	−0.1496	−4.75
Sn^{2+}	Sn^{4+}	$+2e^-$	0.15	5.1
Sr	Sr^{2+}	$+2e^-$	−2.89	−97.6

续表

还原型	氧化型		$E^{\ominus}/V$	pK
Tl	Tl$^+$	$+e^-$	-0.336	-5.7
Tl$^+$	Tl^{3+}	$+2e^-$	1.247	42.2
V^{2+}	V^{3+}	$+e^-$	-0.253	-4.3
V^{3+}+H$_2$O	VO^{2+}+2H$^+$	$+e^-$	0.337	5.7
VO^{2+}+3H$_2$O	V(OH)$_4^+$+2H$^+$	$+e^-$	1.00	16.9
Zn	Zn^{2+}	$+2e^-$	-0.7628	-25.8

附录十六 不同温度时水的饱和蒸气压

温度/℃	p_w/mmHg	温度/℃	p_w/mmHg	温度/℃	p_w/mmHg
10	9.12	20	17.5	30	31.8
11	9.84	21	18.7	31	33.7
12	10.5	22	19.8	32	35.7
13	11.2	23	21.1	33	37.7
14	12.0	24	22.4	34	39.9
15	12.8	25	23.8	35	42.2
16	13.6	26	25.2	36	44.6
17	14.5	27	26.7	37	47.1
18	15.5	28	28.3	38	49.7
19	16.5	29	30.0	39	52.4

附录十七 氢谱中常见溶剂在不同氘代溶剂中的化学位移值

常见溶剂	mult.	氘代溶剂							
		CDCl$_3$	(CD$_3$)$_2$CO	(CD$_3$)$_2$SO	C$_6$D$_6$	CD$_3$CN	CD$_3$OD	D$_2$O	C$_5$D$_5$N
残余溶剂峰		7.26	2.05	2.50	7.16	1.94	3.31	4.79	7.20 7.57 8.72
水峰	brs	1.56	2.84	3.33	0.40	2.13	4.87	4.79	4.96
CHCl$_3$	s	7.26	8.02	8.32	6.15	7.58	7.90		
(CH$_3$)$_2$CO	s	2.17	2.09	2.09	1.55	2.08	2.15	2.22	
(CH$_3$)$_2$SO	s	2.62	2.52	2.54	1.68	2.50	2.65	2.71	
C$_6$H$_6$	s	7.36	7.36	7.37	7.15	7.37	7.33		
CH$_3$CN	s	2.10	2.05	2.07	1.55	1.96	2.03	2.06	
CH$_3$OH	CH$_3$, s OH, s	3.49 1.09	3.31 3.12	3.16 4.01	3.07	3.28 2.16	3.34	3.34	

续表

常见溶剂	mult.	氘代溶剂							
		$CDCl_3$	$(CD_3)_2CO$	$(CD_3)_2SO$	C_6D_6	CD_3CN	CD_3OD	D_2O	C_5D_5N
C_5H_5N	CH (2), m CH (3), m CH (4), m	8.62 7.29 7.68	8.58 7.35 7.76	8.58 7.39 7.79	8.53 6.66 6.98	8.57 7.33 7.73	8.53 7.44 7.85	8.52 7.45 7.87	8.72 7.20 7.57
$CH_3COOC_2H_5$	CH_3, s CH_2, q CH_3, t	2.05 4.12 1.26	1.97 4.05 1.20	1.99 4.03 1.17	1.65 3.89 0.92	1.97 4.06 1.20	2.01 4.09 1.24	2.07 4.14 1.24	
CH_2Cl_2	s	5.30	5.63	5.76	4.27	5.44	5.49		
n-hexane	CH_3, t CH_2, m	0.88 1.26	0.88 1.28	0.86 1.25	0.89 1.24	0.89 1.28	0.90 1.29		
C_2H_5OH	CH_3, t CH_2, q	1.25 3.72	1.12 3.57	1.06 3.44	0.96 3.34	1.12 3.54	1.19 3.60	1.17 3.65	

附录十八 碳谱中常见溶剂在不同氘代溶剂中的化学位移值

常见溶剂	氘代溶剂							
	$CDCl_3$	$(CD_3)_2CO$	$(CD_3)_2SO$	C_6D_6	CD_3CN	CD_3OD	D_2O	C_5D_5N
溶剂峰	77.16	206.26 29.84	39.52	128.06	1.32 118.26	49.00	—	123.44 135.43 149.84
$CHCl_3$	77.36	79.19	79.16	77.79	79.17	79.44		
$(CH_3)_2CO$	207.07 30.92	205.87 30.60	206.31 30.56	204.43 30.14	207.43 30.91	209.67 30.67	215.94 30.89	
$(CH_3)_2SO$	40.76	41.23	40.45	40.03	41.31	40.45	39.39	
C_6H_6	128.37	129.15	128.30	128.62	129.32	129.34		
CH_3CN	116.43 1.89	117.60 1.12	117.91 1.03	116.02 0.20	118.26 1.79	118.06 0.85	119.68 1.47	
CH_3OH	50.41	49.77	48.59	49.97	49.90	49.86	49.50	
C_5H_5N	149.90 123.75 135.96	150.67 124.57 136.56	149.58 123.84 136.05	150.27 123.58 135.28	150.76 127.76 136.89	150.07 125.53 138.35	149.18 125.12 138.27	
$CH_3COOC_2H_5$	21.04 171.36 60.49 14.19	20.83 170.96 60.56 14.50	20.68 170.31 59.74 14.40	20.56 170.44 60.21 14.19	21.16 171.68 60.98 14.54	20.88 172.89 61.50 14.49	21.15 175.26 62.32 13.92	
CH_2Cl_2	53.52	54.95	54.84	53.46	55.32	54.78		
n-hexane	14.14 22.70 31.64	14.34 23.28 32.30	13.88 22.05 30.95	14.32 23.04 31.96	14.43 23.40 32.36	14.45 23.68 32.73		
C_2H_5OH	18.41 58.28	18.89 57.72	18.51 56.07	18.72 57.86	18.80 57.96	18.40 58.26	17.47 58.05	